TypeScript实战

汪 明 著

清華大學出版社
北 京

内 容 简 介

微软推出的开源 TypeScript 语言是 JavaScript 的超集，引入了静态类型和面向对象的若干特征，可以分模块构建易维护的 JavaScript 代码。本书用于 TypeScript 3.3.3 入门，以构建大型可扩展的 Web 应用。

本书分为 10 章，介绍 TypeScript 的基本类型、变量、运算符、数字和字符串，流程控制，数组、元组、迭代器和生成器，函数，常用的几款工具，面向对象编程，泛型，声明文件与项目配置，以及 App 实战项目等。最后，给出 TypeScript JSX 的基础内容作为参考。作者还为每章配备了课件与教学视频，方便自学。

本书内容详尽、示例丰富，既适合 TypeScript 初学者及前端开发人员阅读，也适合高等院校和培训学校计算机相关专业的师生教学参考。

图书在版编目（CIP）数据

TypeScript 实战 / 汪明著.—北京：清华大学出版社，2020.1（2024.2 重印）
（Web 前端技术丛书）
ISBN 978-7-302-53981-0

Ⅰ. ①T… Ⅱ. ①汪… Ⅲ. ①超文本标记语言—程序设计 Ⅳ. ①TP312

中国版本图书馆 CIP 数据核字（2019）第 230706 号

责任编辑： 夏毓彦
封面设计： 王　翔
责任校对： 闫秀华
责任印制： 沈　露

出版发行： 清华大学出版社
网　　址：https://www.tup.com.cn, https://www.wqxuetang.com
地　　址：北京清华大学学研大厦 A 座　　邮　　编：100084
社 总 机：010-83470000　　邮　　购：010-62786544
投稿与读者服务：010-62776969，c-service@tup.tsinghua.edu.cn
质量反馈：010-62772015，zhiliang@tup.tsinghua.edu.cn

印 装 者： 涿州市般润文化传播有限公司
经　　销： 全国新华书店
开　　本： 190mm×260mm　　**印　　张：** 22.25　　**字　　数：** 570 千字
版　　次： 2020 年 1 月第 1 版　　**印　　次：** 2024年 2月第 3次印刷
定　　价： 69.00 元

产品编号：083699-01

前言

读懂本书

TypeScript 是什么？

TypeScript 是微软开发的一款开源的编程语言。它是 JavaScript 的超集，本质上是在 JavaScript 语言上添加了可选的静态类型和基于类的面向对象编程特征。

——微软出品，必属精品。

TypeScript 对比 JavaScript，有哪些优势？

首先，TypeScript 中的类型检查可以在编译阶段进行语法分析，从而检测语法错误，同时提高代码可读性。其次，TypeScript 可以用面向对象进行编程，支持类、接口、命名空间以及模块。再次，TypeScript 有强大的 IDE 工具支持，提供先进的自动完成、导航和重构工具，而这些工具几乎完全满足了大型项目的需求。最后，TypeScript 可以兼容绝大部分 JavaScript 语法，同时可以编译为特定版本的 JavaScript。

——TypeScript 就是为构建大型可扩展 Web 应用而生的。

TypeScript 可以干什么？

TypeScript 可以在任何支持 JavaScript 的环境下运行，无须额外配置。大名鼎鼎的 Visual Studio Code 就是用 TypeScript 编写的，同时新版本的 angular 和 Vue 3.0 都选用 TypeScript 作为编写语言。

——只要敢想，TypeScript 让一切皆有可能。

本书真的适合你吗？

如果你对编程有一定兴趣，了解基本的 HTML、CSS 和 JavaScript 语法，心怀用代码改变世界的理想，励志构建可扩展易维护的 Web 应用，那么本书很适合你。本书作为 TypeScript 的入门教材，由浅入深地对 TypeScript 的基本语法进行介绍，同时结合实战项目来说明各个知识点如何进行有机整合，做到理论联系实际。

——怕 TypeScript 学不会？TypeScript 比 JavaScript 更容易学习，借助 IDE 开发工具，可以非常方便地进行代码编写和调试。

示例代码、课件与教学视频下载

本书示例代码、课件与教学视频下载地址请通过扫描右边二维码获得。

如果下载有问题，请电子邮件联系 booksaga@163.com，邮件主题为“TypeScript 实战”。

本书特点

（1）理论联系实际，先从基本语法出发，然后对数组、元组、函数、类、接口以及模块等知识点进行讲解，并结合代码进行阐述，最后通过一个实战项目说明如何从头到尾搭建一个简单的列表 App。

（2）由浅入深、轻松易学，以实例为主线，激发读者的阅读兴趣，让读者能够真正学习 TypeScript 实用、前沿的技术。

（3）技术新颖、与时俱进，结合时下热门技术，如 Node.js、移动开发和 Restful API 等让读者在学习 TypeScript 的同时了解熟识更多相关的先进技术。

（4）配备课件与教学视频，让读者可以在学习过程中更轻松地理解相关知识点及概念。

本书读者

- Web 前端开发初学者
- 前端开发工程师
- 对前端开发有兴趣的后端开发人员
- 想用 JavaScript 构建大型可扩展应用的技术人员
- 喜欢网页设计的高校的学生
- 可作为各种培训学校的入门+实践教程

致　谢

封面照片由蜂鸟网的摄影家 ptwkzj 先生友情提供，在此表示衷心感谢。

著　者

2020 年 1 月

目录

第1章

◀ TypeScript基础 ▶

JavaScript可以说是当前Web开发中流行的脚本语言，是作为前端开发工程师必备的一项技能。随着编程技术的发展，JavaScript现在已经成为一门功能全面的编程语言，能够处理复杂的计算和交互。Node.js的出现，让JavaScript可以编写服务端代码，Node.js的出现使得JavaScript成为与PHP、Python、Perl和Ruby等服务端脚本语言平起平坐的语言。在目前各类应用程序Web化和移动化的背景下，JavaScript语言可谓如日中天。

JavaScript是弱类型的语言，设计得过于灵活，导致编写的代码可能存在预期之外的各类奇葩Bug，因此在使用JavaScript构建大型可扩展的应用时，可能会出现代码后续难以升级和维护的情况。

那么有没有这样一种语言，既可以兼容标准的JavaScript语法，同时又具有C#或Java这类高级语言的若干特征呢？如可以采用面向对象的编程方法，分模块地构建JavaScript库和Web应用；在编写JavaScript代码时，可以实现智能语法提示，并在编码（编译）阶段发现语法和类型错误，从而降低代码在运行时的错误率。

鉴于JavaScript目前在构建大规模、可扩展应用上的不足，微软公司设计了TypeScript语言。TypeScript语言具有静态类型检测和面向对象的特征，在编译阶段可以及时发现语法错误，同时支持分模块开发，编译后转换成原生的JavaScript代码，可以直接运行在各类浏览器上，而不需要额外的配置。

通过本章的学习，可以让读者了解TypeScript的基本概念以及开发环境搭建。本章主要涉及的知识点有：

- TypeScript相关概念。
- TypeScript和JavaScript区别。
- TypeScript相比JavaScript具有哪些优势。
- TypeScript开发环境搭建，学会基本的TypeScript开发环境搭建，以及构建第一个简单的TypeScript应用。

本章重点介绍一下TypeScript背景，下一章开始介绍TypeScript的基本语法知识。

1.1 什么是 TypeScript

TypeScript 是微软公司开发的开源编程语言。它本质上是在 JavaScript 语言中添加了可选的静态类型和基于类的面向对象编程等新特征。TypeScript 是由大神 Anders Hejlsberg 主导设计的。他是 Turbo Pascal 编译器的主要作者、Delphi、C#和 TypeScript 之父以及.NET 的创立者，有评论说他对语言和汇编的理解全世界没几个人能超越，足见其造诣之高。

2012 年 10 月，微软发布第一个 TypeScript 版本，截止到此书写作时，最新版本为 TypeScript 3.3，经过多次版本的迭代，目前 TypeScript 语言已经日趋成熟。

维基百科（https://en.wikipedia.org/wiki/TypeScript）中整理的关于 TypeScript 的历史版本如表 1.1 所示。

表 1.1　TypeScript 的历史版本

版本号	发布日期	重大变化
0.8	2012 年 10 月 1 日	首次发布
0.9	2013 年 6 月 18 日	无
1.1	2014 年 10 月 6 日	性能改进，1.1 版本的编译器速度比之前发布的版本快 4 倍
1.3	2014 年 11 月 12 日	protected 修饰符，元组类型
1.4	2015 年 1 月 20 日	联合类型，let 和 const 声明，类型别名等
1.5	2015 年 7 月 20 日	ES6 模块，namespace 关键字，for..of 支持，装饰器
1.6	2015 年 9 月 16 日	JSX 支持，交集类型，本地类型声明，抽象类和方法，用户定义的类型保护功能
1.7	2015 年 11 月 30 日	async 和 await 支持
1.8	2016 年 2 月 22 日	约束泛型，控制流分析错误和 allowJs 选项
2.0	2016 年 9 月 22 日	null 和 undefined 类型，基于控制流的类型分析，区分联合类型，never 类型，readonly 关键字和 this 函数类型
2.1	2016 年 11 月 8 日	keyof 和查找类型，映射类型
2.2	2017 年 2 月 22 日	混合类，object 类型
2.3	2017 年 4 月 27 日	async 迭代，泛型参数默认值，严格选项
2.4	2017 年 6 月 27 日	动态导入表达式，字符串枚举，泛型的改进推理，回调参数的严格逆解
2.5	2017 年 8 月 31 日	可选的 catch 子句变量
2.6	2017 年 10 月 31 日	严格的功能类型
2.7	2018 年 1 月 31 日	常量命名属性，固定长度元组
2.8	2018 年 3 月 27 日	条件类型，keyof 改进

（续表）

版本号	发布日期	重大变化
2.9	2018 年 5 月 14 日	支持 keyof 和映射对象类型中的符号和数字文字
3.0	2018 年 7 月 30 日	项目引用，使用元组提取和传播参数列表
3.1	2018 年 9 月 27 日	可映射的元组和数组类型
3.2	2018 年 11 月 30 日	更严格地检查绑定和调用
3.3	2019 年 1 月 31 日	关于联合类型方法的宽松规则，复合项目的增量构建

那么到底什么是 TypeScript 呢？

TypeScript 是 JavaScript 的超集，专门为开发大规模可扩展的应用程序而设计，且可编译为原生 JavaScript 的一种静态类型语言。TypeScript 从命名上可以看出是由 Type 和 Script 组成的，其中 Type 表示是一种类型语言，可以进行静态类型检查，Script 表示是兼容 JavaScript 的脚本语言。

编程语言中类型系统是提高代码性能的一个关键因素，类型系统对构建优化的编译器和进行语法正确性检查等非常有用。同时类型系统可以为集成开发环境（Integrated Development Environment，简称 IDE ）提供智能代码补全、重构和代码导航这些功能，而这背后都离不开具有类型系统的编译器。

如果希望编程语言具有可维护性，在灵活和规范之间寻求合适的度非常重要。动态语言对于开发小型项目非常有用，但大型项目需要采用严格的类型检查。Python 作者 Guido 计划在 Python 语言中也添加类似 TypeScript 的类型系统技术。

TypeScript 和 JavaScript 的逻辑关系可以用图 1.1 表示。

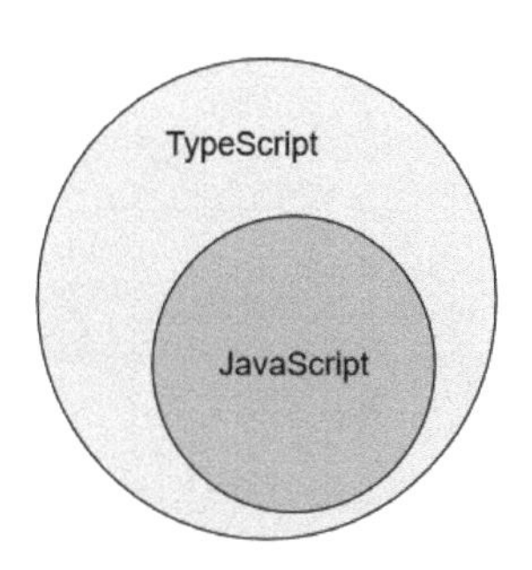

图 1.1　TypeScript 和 JavaScript 的关系图

虽然图 1.1 表示的是 TypeScript 包含 JavaScript，但还有极少数 JavaScript 语法在 TypeScript 中不支持，如 with。

在很多介绍 JavaScript 和 TypeScript 的地方都会涉及一个名词 ECMAScript。这里有必要先介绍一下 ECMAScript 的基本概念。

ECMAScript 是一种由 ECMA 国际（European Computer Manufacturers Association）通过

ECMA-262 标准化的脚本程序设计语言。ECMAScript 可以理解为 JavaScript 的标准规范。到写本书为止有 6 个 ECMAScript 版本，具体如表 1.2 所示。

表 1.2　ECMAScript 版本

版本	时间	说明
ECMAScript 1	1997 年 06 月	首版
ECMAScript 2	1998 年 06 月	格式修正，以使得其形式与 ISO/IEC16262 国际标准一致
ECMAScript 3	1999 年 12 月	强大的正则表达式，更好的文字链处理，新的控制指令，异常处理，错误定义更加明确，数字输出的格式化及其他改变
ECMAScript 4		放弃发布
ECMAScript 5	2009 年 12 月	完善了 ECMAScript 3 版本、增加严格模式"strict mode"以及新的功能，如 getter 和 setter、JSON 库支持和更完整的对象属性
ECMAScript 5.1	2011 年 06 月	使规范更符合 ISO/IEC16262:2011 第三版
ECMAScript 6	2015 年 06 月	ECMAScript 6（ES6），也称为 ECMAScript 2015（ES2015）。增加了非常重要的内容：let、const、class、modules、arrow functions、template string、destructuring、default、rest argument、binary data、promises 等
ECMAScript 7	2016 年 06 月	也被称为 ECMAScript 2016（ES2016）。主要是完善 ES6 规范，除此之外还包括两个新的功能：求幂运算符（**）和 array.prototype.includes 方法
ECMAScript 8	2017 年 06 月	增加新的功能，如并发、原子操作、字符串填充、Object.values 和 Object.entries、await/async 等

虽然 ECMAScript 6 有大量的更新，但是它依旧完全向后兼容以前的版本。各主流浏览器的新版本基本都支持 ECMAScript 5 特征，具体可以访问 https://caniuse.com 网址输入 ES5 关键词进行查询，如图 1.2 所示。

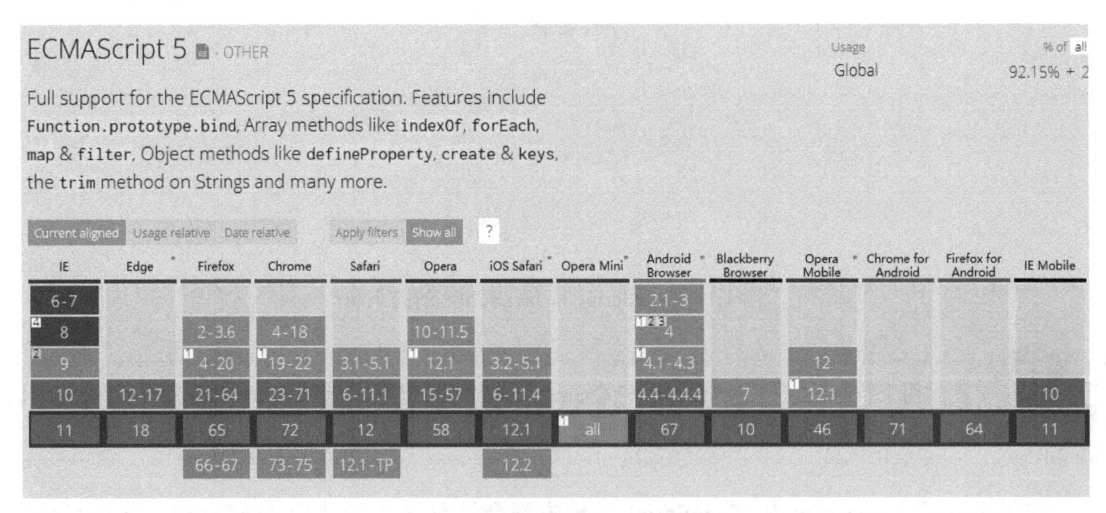

图 1.2　ES5 各浏览器支持情况

截止到写此书时，ES6 的新特征仍然没有被目前所有主流浏览器所支持，所以热衷于使用

ES6 最新特性的开发者需要将代码转译为 ES5 代码。若想一睹各浏览器对于 ES6 特性的具体支持情况，这里推荐参考由 kangax 维护的 ECMAScript 兼容表（ECMAScript Compatibility Table），网址为 https://kangax.github.io/compat-table/es6/。

TypeScript 与 ECMAScript 6 规范一致。TypeScript 设计的目标是让 JavaScript 语言可以用来编写复杂的大型应用程序，成为企业级开发语言。TypeScript 的语言功能除符合 ECMAScript 6 规范外，还包含泛型和类型注释等功能，这些功能是对 ECMAScript 6 规范的扩展。

一般来说，TypeScript 需要编译成 JavaScript 才能运行。

TypeScript 语言具有如下特点：

- TypeScript 以 JavaScript 为基础

TypeScript 是 JavaScript 的超集，意味着合法的 JavaScript 代码（也有少数例外）可以直接保存成扩展名为.ts 的文件，即可用 TypeScript 编译器进行编译并运行。

- TypeScript 支持第三方 JavaScript 库

由于 TypeScript 在编译后就转成原生的 JavaScript 代码，因此第三方 JavaScript 框架或工具可以很方便地在 TypeScript 代码中进行引用。

- TypeScript 是可移植的

TypeScript 是可以跨浏览器、设备和操作系统进行移植的，即“一处编写，多处运行”。它可以在 JavaScript 的任何环境中运行，而且可以用 ES6 的语法来编写代码，通过配置生成 ES5 版本（或其他版本）JavaScript 代码。

- TypeScript 是静态类型语言

TypeScript 是静态类型语言，可以在代码编辑阶段进行类型检查，及时发现语法等错误，以提高代码的稳定性。

1.2 为什么要学习 TypeScript

任何一门语言的诞生和发展都是有缘由的，从某种程度上来说，TypeScript 语言的诞生是历史发展的必然。目前 Web 应用越来越复杂，必然导致 JavaScript 代码的快速增长。

由于目前各主流浏览器中的 JavaScript 引擎还没有完全实现 ES6 的特征，如 JavaScript 模块导入与导出和面向对象编程中的类与接口等。另外，JavaScript 是一种动态语言，很难做到静态类型检查。这将导致很多 JavaScript 语法问题在编码阶段无法暴露，而只能在运行时暴露。

在这种背景下，微软使用 Apache 授权协议推出开源语言 TypeScript，增加了可选类型、类和模块等特征，可编译成标准的 JavaScript 代码，并保证编译后的 JavaScript 代码兼容性。

另外，TypeScript 是一门静态类型语言，本身具有静态类型检查的功能，很好地弥补了 JavaScript 在静态类型检查上的不足。

因此，TypeScript 非常适合开发大规模可扩展的 JavaScript 应用程序。这也是我们要学习 TypeScript 的主要原因。换句话说，学习 TypeScript 可以让开发和维护大规模可扩展的 JavaScript 应用程序以满足目前日益复杂的 Web 应用对 JavaScript 的要求。

不能说 TypeScript 有多牛，只能说 TypeScript 顺应了时代。TypeScript 带有编译期类型检查，在编写大规模应用程序的时候有明显优势，更容易进行代码重构和让别人理解代码的意图。TypeScript 语言从 C#语言中继承了很多优雅的设计，比如枚举、泛型等语言特性，这让 TypeScript 在语法上更加优雅。

1.2.1 TypeScript 与 JavaScript 对比有什么优势

TypeScript 和 JavaScript 的关系实际上就像 Java 和 Groovy 的关系，一个静态，一个动态，前者稳健，后者灵活。

JavaScript 是一种脚本语言，无须编译，基于对象和事件驱动，只要嵌入 HTML 代码中，就能由浏览器逐行加载解释执行，JavaScript 的语法虽然简单，但是比较难以掌握，使用的变量为弱类型，比较灵活。

TypeScript 是微软开发和维护的一种具有面向对象功能的编程语言，是 JavaScript 的超集，可以载入 JavaScript 代码运行，并扩展了 JavaScript 的语法。TypeScript 增加了静态类型、类、模块、接口和类型注解等特征。

概括起来，TypeScript 与 JavaScript 相比，主要具有以下优势：

- 编译时检查

TypeScript 是静态类型的语言，静态类型可以让开发工具（编译器）在编码阶段（编译阶段）即时检测各类语法错误。对于任何一门语言来说，利用开发工具即时发现并提示修复错误是当今开发团队的迫切需求。有了这项功能后，就会让开发人员编写出更加健壮的代码，同时也提高了代码的可读性。

- 面向对象特征

面向对象编程可以更好地构建大规模应用程序，通过对现实问题合理的抽象，可以利用面向对象特征中的接口、类等来构建可复用、易扩展的大型应用程序。TypeScript 支持面向对象功能，可以更好地构建大型 JavaScript 应用程序。

- 更好的协作

当开发大型项目时，会有许多开发人员参与，此时分模块开发尤其重要。TypeScript 支持分模块开发，这样可以更好地进行分工协作，最后在合并的时候解决命名冲突等问题，这对于团队协作来说是至关重要的。

● 更强的生产力

TypeScript 遵循 ES6 规范，可以让代码编辑器（IDE）实现代码智能提示，代码自动完成和代码重构等操作，这些功能有助于提高开发人员的工作效率。

不是任何规模的 Web 应用都适合用 TypeScript，对于小规模应用 JavaScript 可能更合适。

1.2.2 TypeScript 给前端开发带来的好处

鉴于前面阐述的 TypeScript 语言的设计初衷，以及相比 JavaScript 的若干优势，可以概括出 TypeScript 给前端开发带来的好处：

● 提高编码效率和代码质量

传统的 JavaScript 在编写代码时，往往比较痛苦的是没有一个很好的编辑器（IDE），可以像 C#或者 Java 那样，IDE 对代码进行智能提示和语法错误检查，从而导致 JavaScript 代码在编码阶段很难发现潜在的错误。

TypeScript 是一种静态类型语言，可以让编辑器实现包括代码补全、接口提示、跳转到定义和代码重构等操作。借助编辑器，可以在编译阶段就发现大部分语法错误，这总比 JavaScript 在运行时发现错误要好得多。

● 增加了代码的可读性和可维护性

一般来说，理解 C#代码或者 Java 代码会比 JavaScript 代码更加容易，因为 C#或 Java 语言是强类型的，且支持面向对象特征。强类型语言本身就是一个很好的说明文档，大部分函数可以看类型定义就大致明白如何使用。JavaScript 很多库中利用了不少高级语言特征，开发人员可能无法很好地理解其意图。

● 胜任大规模应用开发

TypeScript 是具有面向对象特征的编程语言，在大规模应用开发中，可以利用模块和类等特征对代码进行合理规划，达到高内聚低耦合的目的。TypeScript 可以让复杂的代码结构更加清晰、一致和简单，降低了代码后续维护和升级的难度。因此，在面对大型应用开发时，使用 TypeScript 往往更加合适。

● 使用最先进的 JavaScript 语法

TypeScript 语法遵循 ES6 规范，由于其语法和 JavaScript 类似，因此前端从 JavaScript 转入 TypeScript 会感觉差异并不大，降低了 TypeScript 的学习难度。TypeScript 更新速度较快，不断支持最新的 ECMAScript 版本特性，以帮助构建强大的 Web 应用。

TypeScript 可以让前端开发人员利用先进的 JavaScript 功能去编写代码，然后通过编译，自动生成针对 ES5 或者 ECMAScript 3 环境的 JavaScript，让先进的技术落地。

1.3 安装 TypeScript

前面阐述了 TypeScript 的相关概念，以及 TypeScript 相比 JavaScript 来说具备的若干优势。作为程序员来说，经常挂在嘴上的是“光说好没用，关键是给我看代码”（Talk is cheap. Show me the code）。

假设把学习 TypeScript 当作一次自驾游，那么搭建 TypeScript 的开发环境就相当于确定自驾游的代步工具。

获取 TypeScript 开发工具有两种主要方法：

- 通过 npm 命令行安装。
- 通过安装 TypeScript 的 Visual Studio 插件。

下面分别说明这两种方法的安装步骤。

1.3.1 npm 安装

npm 是 JavaScript 常用的包管理工具，也是 Node.js 的默认包管理工具。通过 npm 可以安装、共享、分发代码和管理项目依赖关系。

由于 TypeScript 需要通过 npm 安装，而 npm 依赖于 Node.js，因此第一步就是先安装 Node.js 环境。

1. 安装 Node.js

（1）Node.js 发布于 2009 年 5 月，由 Ryan Dahl 开发，实质是对 Chrome V8 引擎进行封装。可以在 https://nodejs.org 官网上下载最新的版本（例如下载 10.15.1 LTS 版），如图 1.3 所示。

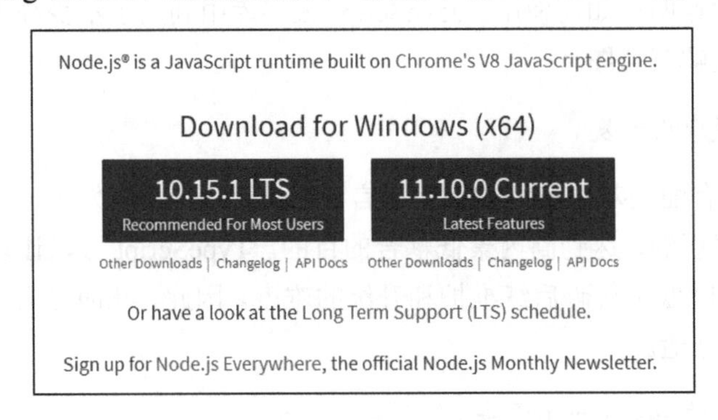

图 1.3 Node.js 下载界面

（2）如果需要下载之前的版本，可以在 https://nodejs.org/en/download/releases/中下载。这里下载 Node.js 10.13.0 进行安装。下载完成后双击文件，打开安装界面，如图 1.4 所示。

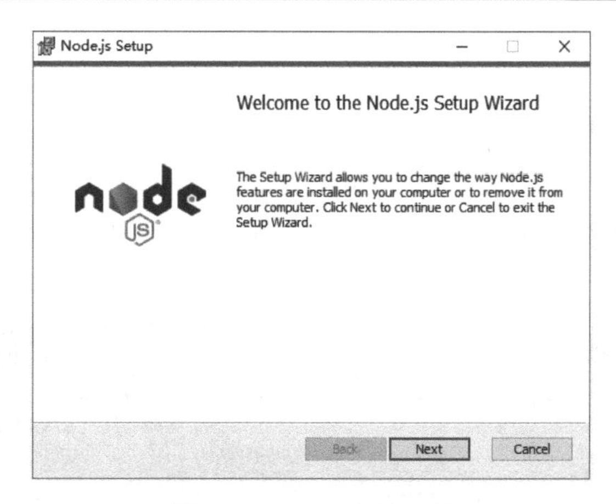

图 1.4　Node.js 安装界面

（3）一般来说，按照向导一步一步根据默认配置进行安装即可，安装完成后，需要验证一下安装是否成功。用组合键 Win+R 打开 Windows 操作系统上的运行界面，输入“cmd”后按回键车打开命令行工具。

演示环境的操作系统是 Windows 10 64 位教育版。

（4）在命令行工具中输入“node -v”和“npm -v”查看是否安装成功，如果安装成功就会显示版本号，如图 1.5 所示。

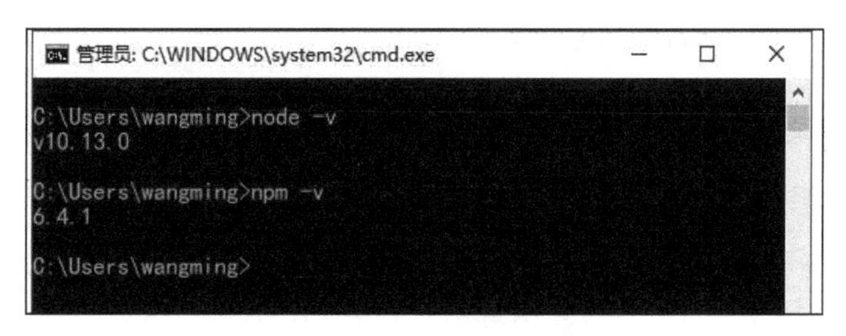

图 1.5　Node.js 查看版本界面

从图 1.5 可以看出，node –v 命令输出 Node.js 的版本为 10.13.0，说明 Node.js 安装成功，且 Node.js 目录已经注册到环境变量 path 中。npm 是随同 Node.js 一起安装的包管理工具，能解决 Node.js 代码部署上的很多问题。

npm 的包安装分为本地安装（local）和全局安装（global）两种，从命令来看，差别只是有没有-g。例如，npm install express -g 表示全局安装，如果不带-g 就表示本地安装。

本地安装将安装包放在./node_modules 下（运行 npm 命令时所在的目录），如果没有 node_modules 目录，就会在当前执行 npm 命令的目录下生成 node_modules 目录。本地安装的模块需要通过 require()来引入。

全局安装则将安装包放在 node 的安装目录下（window），全局安装的模块可以直接在命令行里使用。

2. 使用 npm 安装 TypeScript

在命令行工具界面中输入命令"npm install -g typescript"全局安装 TypeScript，稍等片刻，等待安装完成后，用命令 tsc -v 查看其版本号来验证是否安装成功，如图 1.6 所示。

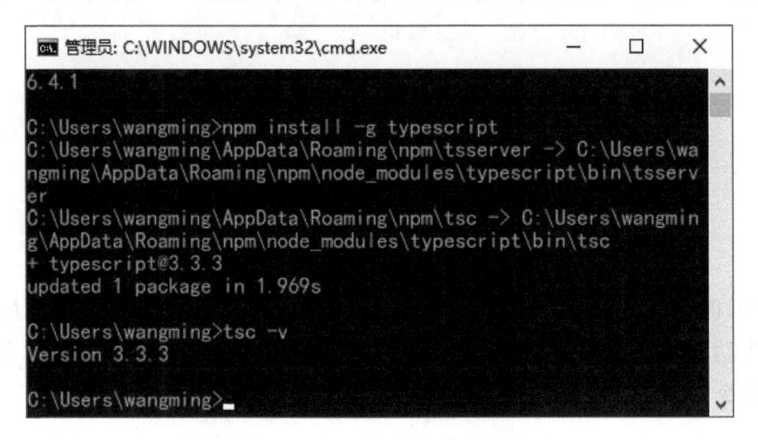

图 1.6 npm 安装 TypeScript 界面

从图 1.6 可以看出，当前安装的 TypeScript 版本为 3.3.3。至此，TypeScript 安装完成。

npm 默认镜像是国外的地址，速度可能会比较慢，或者无法下载包。建议将包仓库地址配置为国内镜像，如 npm 淘宝镜像。

修改 npm 的镜像如代码 1-1 所示。

【代码 1-1】 持久修改 npm 的镜像：npm_register.txt

```
01    //持久使用
02    npm config set registry https://registry.npm.taobao.org
03    //验证是否成功
04    npm config get registry
```

1.3.2 Visual Studio 插件安装

由于 TypeScript 语言是微软公司开发的，因此势必在其 IDE Visual Studio 上进行集成。Visual Studio 2017 和 Visual Studio 2015 Update 3 默认包含 TypeScript。

Visual Studio 是一个完整的集成开发工具，提供了一站式开发工具集合，能够支持现在 IT 行业上主流的编程语言。它包括了整个软件生命周期中所需要的大部分工具，如 UML 建模工具、代码管理工具、代码编辑和调试、程序测试和程序发布等。Visual Studio 所写的目标代码适用于微软支持的所有平台。

Visual Studio 版本很多，其中 Visual Studio Community 为社区版，适用于学生、开源和个人。该版本有相对完备的免费 IDE，可用于开发 Android、iOS、Windows 和 Web 的应用程序。

如果在安装Visual Studio的时候未安装TypeScript工具，后续仍可通过下载插件TypeScript SDK for Visual Studio 进行安装。

1. 安装 TypeScript SDK for Visual Studio

（1）打开 Visual Studio 开发工具，在菜单【工具】下单击【扩展和更新(U)...】菜单项，界面如图 1.7 所示。

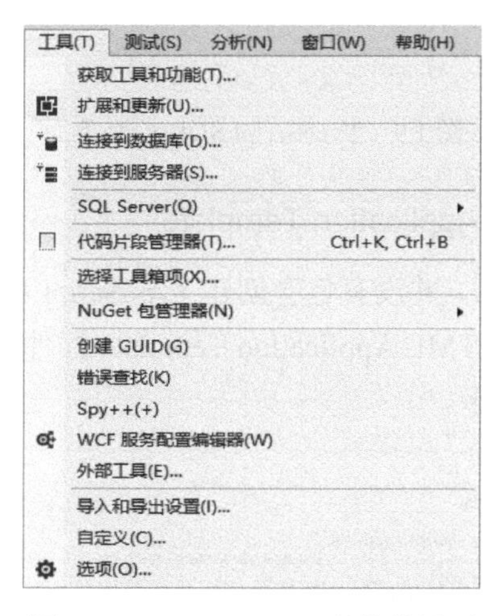

图 1.7　Visual Studio 工具菜单界面

（2）在弹出的【扩展和更新】界面，通过在右边的文本框中输入 typescript 进行联网搜索，找到对应版本的 TypeScript SDK for Visual Studio，这里选择 TypeScript 3.3.1 for Visual Studio 2017，单击【下载】按钮进行插件下载，如图 1.8 所示。

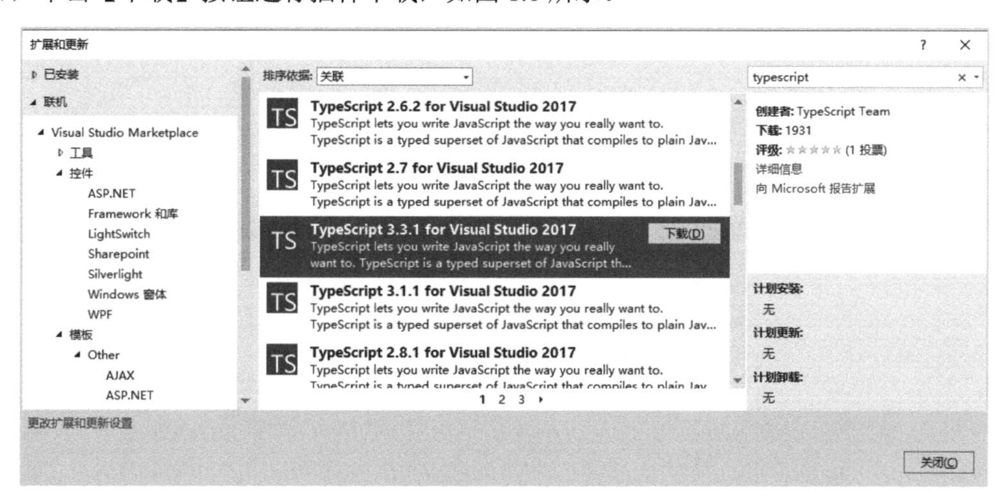

图 1.8　Visual Studio 扩展和更新界面

（3）下载完成后，双击 TypeScript_SDK.exe 文件进行 TypeScript 环境安装，在弹出的安装界面上单击【Install】按钮完成安装，如图 1.9 所示。

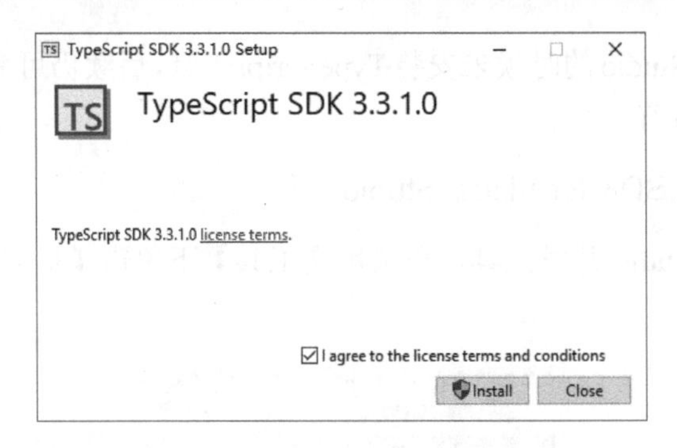

图 1.9　TypeScript SDK 安装界面

2. 安装 TypeScript HTML Application Template

TypeScript SDK 安装完成后，并没有包含创建 TypeScript 项目的模板，因此还需要通过扩展和更新界面安装 TypeScript HTML Application Template 插件，单击【下载】按钮进行联网下载并完成安装，如图 1.10 所示。

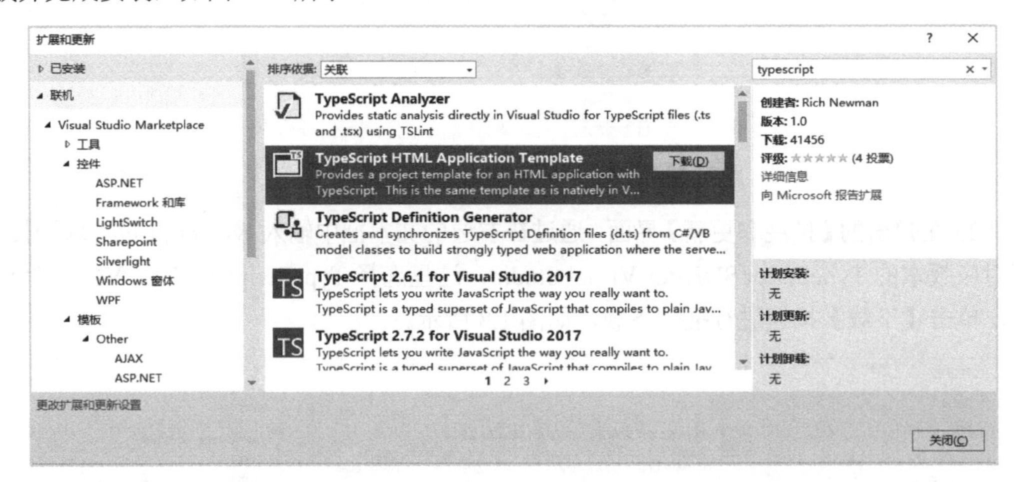

图 1.10　TypeScript HTML Application Template 下载界面

在弹出的【VSIX Installer】界面中，单击【修改】按钮进行安装，如图 1.11 所示。

图 1.11　TypeScript HTML Application Template 插件安装界面

至此，通过 Visual Studio 安装 TypeScript 相关插件来搭建开发环境就完成了。

TypeScript HTML Application Template 插件在下载完成后，需要重启 Visual Studio 才能安装。

1.4 开始第一个 TypeScript 文件

在 TypeScript 开发环境搭建完成后，就可以正式进入 TypeScript 程序开发了。本节通过创建一个简单的 TypeScript 程序让读者首先从感性上直观地了解 TypeScript 的编码、编译和运行基本过程。

按照惯例，学习一门新的语言，第一个程序往往都是 HelloWorld。我们也遵循这样的习惯，定义一个 helloWorld 函数，让 TypeScript 打印出“Hello，My First TypeScript”。

1.4.1 选择 TypeScript 编辑器

工欲善其事，必先利其器。虽然可以用任何文本编辑器进行 TypeScript 程序的开发，但是借助强大的编辑器既可以提高开发效率，也可以通过类型检测等手段保证代码质量。从 TypeScript 官网可以看出编辑器还是比较多的，如图 1.12 所示。

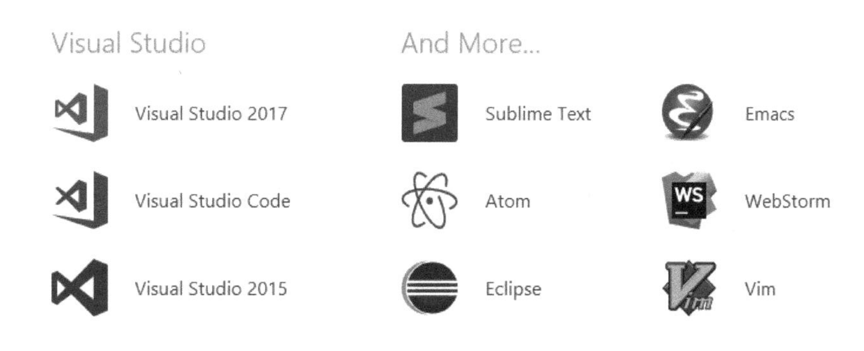

图 1.12 TypeScript 常用的编辑器

Visual Studio 2017/2015 安装所需空间比较大，比较消耗电脑资源，我们也可以选择微软的开源轻量级编辑器 Visual Studio Code 来开发，而且 Visual Studio Code 是跨操作系统的，不但可以在 Window 操作系统上进行程序开发，也可以在 Linux 和 Mac 中进行开发。

微软在 2015 年 4 月 30 日的 Build 开发者大会上正式宣布了 Visual Studio Code 项目，一个运行于 Mac OS X、Windows 和 Linux 之上的，针对编写现代 Web 和云应用的跨平台源代码编辑器。Visual Studio Code 对 Web 开发的支持尤其好，同时支持多种主流语言，例如 C#、Java、PHP、C++、JavaScript 和 TypeScript 等。

在网站 https://code.visualstudio.com/download 中可以下载安装文件，这里下载的是 Window

64 位 1.31.1 版本。下载完成后双击 VSCodeUserSetup-x64-1.31.1.exe 进行安装，如图 1.13 所示。

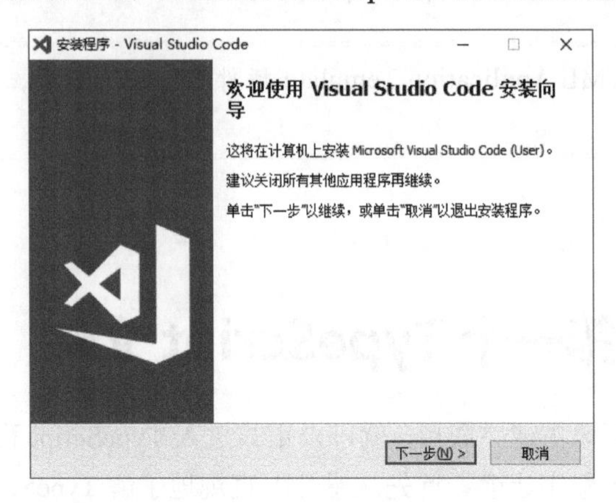

图 1.13　Visual Studio Code 安装界面

按照向导操作即可，最后完成 Visual Studio Code 的安装。

Visual Studio Code 默认情况下是不包含 TypeScript 语言的，但可以通过安装插件来开发 TypeScript，同时 Visual Studio Code 通过插件还支持 C#、Java 和 PHP 等语言。

对于单个文件而言，用在线的编辑器进行编码会更加方便，在 TypeScript 官网上有一个练习（Playground）链接，即 http://www.typescriptlang.org/play/index.html，具体界面如图 1.14 所示。

图 1.14　在线 TypeScript Playground 界面

TypeScript Playground 只能编写单个文件。使用它本地无须安装任何 TypeScript 环境。

由图 1.14 可以看出，在左边的区域是 TypeScript 脚本，其中【编译项】按钮可以配置一些编译选项。当修改 TypeScript 脚本时，右边会自动转译成对应的 JavaScript 代码。当单击右边的【运行】按钮时，即可执行右边生成的 JavaScript 代码。

本书中前几章的演示代码只要是单文件的形式都可以在 TypeScript 官网上 Playground 提供的在线编辑器上运行。

1.4.2　编写 TypeScript 文件

当 Visual Studio Code（VSCode）完成安装后，双击桌面快捷方式打开 VSCode 编辑器，在【File】菜单下单击【New File】创建一个新文件，并保存为 helloworld.ts。

TypeScript 编码有一些指导规则，函数命名采用 camelCase 命名规则，也就是首字母小写、其他单词首字母大写。文件 helloworld.ts 的内容如代码 1-2 所示。

【代码 1-2】 helloWorld 函数：helloworld.ts

```
01    /**
02     * 第一个 TS 程序（注释用于代码提示）
03     * @param <msg 字符串类型>
04     * @return(字符串)
05    */
06    function helloWorld(msg:string):string{
07        return "Hello, " + msg;
08    }
09    let msg = "My First TypeScript";
10    document.body.innerHTML = helloWorld(msg);
```

从上述代码中可以看出，helloWorld 的函数上用/**...*/ 写了一段注释。TypeDoc 可以自动根据写在/** ... */之间的注释生成 api 文档。在 Visual Studio Code 中打开 helloworld.ts，如图 1.15 所示。

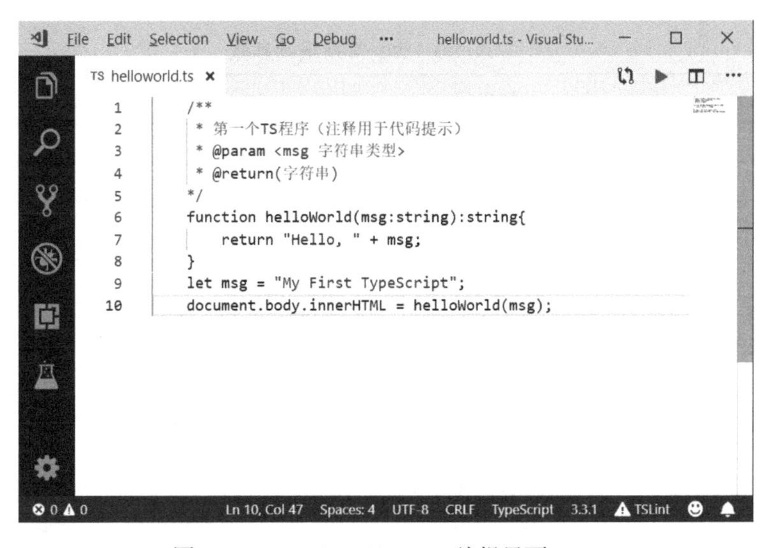

图 1.15　Visual Studio Code 编辑界面

1.4.3 编译 TypeScript 文件

前面提到，TypeScript 文件需要经过编译器编译后转成原生 JavaScript 代码才能执行。因此，为了运行 helloworld.ts 中的代码，需要对 helloworld.ts 文件进行编译。这里用 Windows 命令行工具调用 tsc 命令编译 helloworld.ts，命令如下：

```
tsc helloworld.ts
```

编译成功后，会在 helloworld.ts 同一个目录下生成一个 helloworld.js 文件，内容如代码 1-3 所示。

【代码 1-3】 helloworld.ts 编译后代码：helloworld.js

```
01    /**
02     * 第一个 TS 程序
03     * @param <msg>
04     * @return(string)
05    */
06    function helloWorld(msg) {
07        return "Hello, " + msg;
08    }
09    var msg = "My First TypeScript";
10    document.body.innerHTML = helloWorld(msg);
```

从代码 1-3 可以看出，TypeScript 代码和生成的 JavaScript 代码很相似。

在 Visual Studio Code 中需要经过配置才能自动进行 TypeScript 文件编译。

当然也可以同时编译多个.ts 文件，语法如下：

```
tsc file1.ts, file2.ts
```

tsc 常用编译参数如表 1.3 所示。

表 1.3 tsc 常用编译参数

编译参数	参数说明
--help	显示帮助信息
--module	载入扩展模块
--target	设置 ECMA 版本，如 ES5
--declaration	额外生成一个.d.ts 扩展名的文件，命令 tsc ts-hw.ts --declaration 会生成 ts-hw.d.ts、ts-hw.js 两个文件
--removeComments	删除文件的注释
--out	编译多个文件并合并到一个输出的文件
--sourcemap	生成一个 sourcemap (.map)文件。sourcemap 是一个存储源代码与编译代码对应位置映射的信息文件
--module noImplicitAny	在表达式和声明上有隐含的 any 类型时报错
--watch	在监视模式下运行编译器，会监视输出文件，在它们改变时重新编译

1.4.4 在网页中调用 TypeScript 文件

我们编写的 helloworld.ts 代码如何在浏览器里面运行呢？一般来说，浏览器不能直接嵌入 TypeScript 文件，而是嵌入 TypeScript 文件编译后对应的 JavaScript 文件。下面创建一个 index.html 来作为容器，将编译好的 helloworld.js 引入。index.html 具体内容如代码 1-4 所示。

【代码 1-4】 调用 helloworld.ts 生成的 helloworld.js 文件：index.html

```
01    <!DOCTYPE html>
02    <html lang="en">
03    <head>
04        <meta charset="UTF-8">
05        <meta name="viewport" content="width=device-width,
      initial-scale=1.0">
06        <meta http-equiv="X-UA-Compatible" content="ie=edge">
07        <title>index</title>
08    </head>
09    <body>
10        <!-- 引入文件 -->
11        <script src="helloworld.js" ></script>
12    </body>
13    </html>
```

用浏览器打开 index.html，可以看到页面上打印出“Hello,My First TypeScript”的文本信息，界面如图 1.16 所示。

图 1.16 index.html 运行界面

虽然通过动态编译技术可以在浏览器中直接嵌入 TypeScript 文件，但是一般不建议这么做。

1.5 TypeScript 的组成部分（语言、编译器、语言服务）

TypeScript 整个体系组成比较复杂，从本质上讲它主要由以下 3 个部分构成：

- TypeScript 编译器核心：包括语法、关键字和类型注释等。
- 独立的 TypeScript 编译器(tsc.exe): 将 TypeScript 编写的代码转换成等效的 JavaScript 代码，可以通过参数动态生成 ES5 或者 ES3 等目标代码。
- TypeScript 语言服务：在 TypeScript 编译器核心层上公开了一个额外的层，是类似编辑器的应用程序。语言服务支持常见的代码编辑器中需要的操作，如代码智能提示、代码重构、代码格式化、代码折叠和着色等。

TypeScript 组成部分的分层示意如图 1.17 所示。

独立的TypeScript编译器	TypeScript语言服务
TypeScript编译器核心	

图 1.17　TypeScript 的组成分层示意图

1.6 小结

本章首先阐述了 TypeScript 语言的相关概念及其产生的缘由。TypeScript 作为 JavaScript 的超集，提供了面向对象和类型检查等新的特征，可以更好地支撑大规模应用程序的开发；然后阐述了与 JavaScript 相比 TypeScript 语言的主要优势以及我们学习 TypeScript 的目的。接着对搭建基本的 TypeScript 开发环境进行了详细说明，并在 Visual Studio Code 中构建了第一个 TypeScript 应用程序，让读者对 TypeScript 从基本编码以及用 tsc 命令进行编译到引入网页运行这个过程有了一个感性认识。

第 2 章

TypeScript基本语法

上一章主要对 TypeScript 语言相关概念和特点进行了概述，并罗列了 TypeScript 相比于 JavaScript 而言有哪些优势，以及 TypeScript 给前端开发带来的好处。本章将对 TypeScript 语言的基本语法进行详细说明。

学习任何一门编程语言，掌握其语言的基本语法是后续进行实战的基础。通过本章的学习，读者可以掌握 TypeScript 语言中的基本语法，如数据类型、变量和运算符。最后对数字（数值）和字符串这两种数据类型的基本方法进行详细说明。

本章主要涉及的知识点有：

- 类型：学会 TypeScript 的基础类型、枚举和特有的类型。
- 变量：学会 TypeScript 的变量声明以及作用域等。
- 运算符：学会 TypeScript 各类运算符的语法，如算术运算符、逻辑运算符和类型运算符等。
- 数字：学会 TypeScript 语言中数字的基本操作，如数值对象的属性和方法。
- 字符串：学会 TypeScript 语言中字符串的基本操作，如字符串的构造函数和方法。

本章内容会涉及后续章节才详细说明的函数和流程控制语句等内容，读者先不必细究。

2.1 认识一些编程语言的术语

TypeScript 是一门计算机编程语言，必然会涉及一些编程方面的术语。这些术语会经常在后面提及，因此有必要对这些术语的基本概念做一个说明，如果你之前学过面向对象或者其他语言，可以选择性地跳过阅读这些概念。

2.1.1 标识符

在计算机编程语言中，为了便于记忆和理解，使用一个符合约定的名字给变量、常量、函数和类等命名，以建立起名称与实体之间的映射关系，这个名字就是标识符（identifier）。标识符通常由字母和数字以及其他少数几个特有的字符构成。

通俗来讲，标识符可以理解为人的姓名，往往我们用一个人的姓名来代表这个人，以区分不同的人。

2.1.2 数据类型

数据类型（Data Type）是一种数据分类，包含一组数据的共性属性和方法总称，它告诉编译器或解释器如何使用数据。数据类型限定了开发人员可以对数据执行的操作、数据的组成以及存储该类型的值的方式。

举例而言，鸟和鱼可以看成是一种动物的类型，鱼这个类型就限制了它的数据组成只能是草鱼、鲑鱼和鲨鱼等，同时鱼这个类型还有一些特有的行为，如在水中游；而鸟这个类型限制了它的数据组成只能是燕子、大雁和麻雀等，同时鸟这个类型还有一些特有行为，如在天上飞。

也就是说，只要某个事物可以归为某类型，那么它就必须具备这个类型的特有属性和方法。

2.1.3 原始数据类型

原始数据类型（Primitive Data Type）通常是内置或基本的语言实现类型。原始数据类型一般情况下与计算机内存中的对象一一对应，但由于语言及其实现的不同，也可能不一致。但是，通常情况下对原始数据类型的操作是最快的。原始类型基本上都是值类型，其赋值都是在内存中复制的副本。

2.1.4 变量和参数

变量（Variable）是一个用于保存值的占位符，可以通过变量名称来获得对值的引用。变量一般由变量名、变量类型和变量值组成。在计算机编程中，变量或标量是与关联的标识符配对的存储位置（由存储器地址标识），其包含值的一些信息。变量名称是引用存储值的常用方法。变量名和变量值的这种分离结构允许在程序运行时，变量名可以动态绑定值，换句话说，变量的值可以在程序执行过程中改变。变量名往往就是一个标识符，命名规则二者一致。

参数通俗地讲就是函数运算时需要参与运算的值。参数虽然和变量比较类似，但是二者还是不同的概念：参数一般用于函数中，变量既可以在函数中也可以在其他地方使用；参数一般用于传递值，而变量一般用于存储值。

2.1.5 函数和方法

函数是一段代码，通过函数名来进行调用，从而给外界提供服务。它能将一些数据（参数）传递进去进行处理，然后返回一些数据（返回值），也可以没有返回值。方法也是一段代码，也通过方法名来进行调用，但它必须依附于一个对象。方法和函数形式上大致是相同的，但使用上存在差异。将函数与某个对象建立联系时，函数就是方法。函数可以直接通过函数名调用，而方法必须通过对象和方法名来调用。

2.1.6　表达式和语句

表达式（Expression）是由数字、运算符、括号、变量名等按照一定顺序组成的且能求得值的式子，如 $x+(7*y)+2$。表达式本质上是一个值，可以当作一个具体的值使用。因此可以将它赋给变量，也可以当作参数传递。单独的一个运算对象（常量或变量）也可以叫作表达式，这是最简单的表达式。表达式一般只能出现在赋值的右边，而不能是左边。

语句（Statement）在 TypeScript 中是由分号结尾的，一条语句相当于一个完整的计算机指令，包括声明语句、赋值语句、函数表达式语句、空语句、复合语句（由花括号{}括起来的一条或多条语句）。二者的区别就是表达式可以求值，但是语句不可以。

2.1.7　字面量

字面量（Literal）是在编码中表示一个固定值的表示法（Notation）。几乎所有计算机编程语言都具有对基本值的字面量表示，如浮点数、字符串和布尔类型等。字面量也叫作直接量。例如，“Hello World”就是字符串字面量；99.88 就是数值字面量，true 就是布尔字面量。

2.2　认识 TypeScript 的简单语法

在介绍类型的时候会用一些代码来进行说明，就必然涉及一些 TypeScript 的编码规范和基本语法。因此在正式开始介绍 TypeScript 类型之前，本节有必要简要地介绍一下 TypeScript 的基本语法。

2.2.1　注释语法

为了提高代码的可读性，让其他人可以更好地理解某段代码的逻辑意图，必须在关键的地方对代码进行注释。在 TypeScript 语言中，注释方式主要有 3 种，分别是单行注释、多行注释以及用于生成 API 文档的注释。3 种注释方式如下所示：

```
01    //当行注释
02    /*
03      多行注释
04      可以跨行进行注释
05    */
06    /**
07     * API 文档注释，可以供 TypeDoc 工具识别生成 API 说明文档
08    */
```

可以看出，// ... 表示单行注释，/* ... */用于多行注释 ，而 /** ... */ 用于自动生成 API 说明文档的注释。API 文档注释一般用于函数上，用来说明函数中参数的类型及参数的具体含义，同时说明函数的返回值。

通俗来讲，注释是给人阅读的，TypeScript 编译器并不会去解析它。一般情况下，当脚本文件发布到生产环境下后，会利用工具对代码进行混淆和压缩，这个过程中就将注释进行了删除，从而减少文件大小，且增加了被阅读的难度。

2.2.2 区分大小写

TypeScript 是区分大小写的，变量名 someThing 和 something 是不同的。因此在编码的时候一定要注意。

2.2.3 保留字

TypeScript 中有很多内置的类型和对象等，从而占用了一些标识符，这些用于系统的特殊标识符为语言的保留字，不能用于变量的命名（标识符）。例如，下面的关键词是保留字，是不能用作标识符的：

```
break       case        catch       class
const       continue    debugger    default
delete      do          else        enum
export      extends     false       finally
for         function    if          import
in          instanceof  new         null
return      super       switch      this
throw       true        try         typeof
var         void        while       with
```

下面的关键词不能用于用户定义的类型名称，这些是 TypeScript 内置的类型：

```
any         boolean     number      string
symbol
```

下面的关键词在特定上下文中有特殊意义，虽然是合法的标识符，但是为了防止歧义，不建议使用：

```
abstract    as          async       await
constructor declare     from        get
is          module      namespace   of
require     set         type
```

2.2.4 语句用;分隔

两个语句之间若处于同一行，中间必须用英文分号（;）进行分隔。每行末尾可以省略;但是不建议这样操作，因为在压缩代码的时候会压缩到一行上，这样没有分隔的两个语句可能会出现错误。

TypeScript 编译成 JavaScript 的时候会在没有分号的行末自动加上“;”。例如，“let b = 3”会编译为“var b = 3;”。

2.2.5　文件扩展名为.ts

TypeScript 脚本文件的扩展名为.ts。

2.2.6　变量声明

TypeScript 可以用 let 和 var 声明一个变量（变量的声明将在第 3 章详细介绍），声明变量的语法为：

```
let 或 var  变量名 : 数据类型 = 初始化值 ;
```

例如：

```
let varName : string = "hello  world" ;
```

变量名必须遵循一定的命名规范，例如不允许用数字打头等。

2.2.7　异常处理

在 TypeScript 中，可以用 throw 关键字抛出一个异常。在 JavaScript 中，throw 可以抛出任何类型的异常。但是在 TypeScript 中，throw 抛出的必须是一个 Error 对象，如下所示。

```
throw new Error("错误信息");
```

要自定义异常，可以继承 Error 类。当需要一个特定的异常行为或者希望 catch 块可以分辨异常类型时，自定义异常就会很有用。处理异常需要使用 try ... catch 语句块。大体上和 C# 的使用方法类似。下面的代码 2-1 给出一段 try ... catch 的示例代码，此代码并不具有什么实际意义，只是为了演示而已。

【代码 2-1】 try ... catch 示例：try_catch.ts

```
01    try {
02        let a = b / 0; //  b 未定义
03    }
04    catch (error) {
05        switch (error.name) {
06            case 'errorOne': {
07                console.log(error.message);
08                break;
```

```
09            }
10            case 'errorTwo': {
11                console.log(error.message);
12                break;
13            }
14            default: {
15                throw new Error("异常:"+error);
16            }
17        }
18    }
19    finally {
20        console.log("执行结束");
21    }
```

TypeScript 不支持多个 catch 块，只能在一个 catch 中通过 switch 来区分不同的异常类型，进而进行差异化处理。

在很多语言中，任何数值除以 0 都会导致错误而终止程序执行。但是在 TypeScript（和 JavaScript 一致）中，会返回特殊的值，比 0 大的数除以 0 则会得到无穷大 Infinity，而 0/0 则返回 NaN，从而不会影响程序的执行。

2.3 类型

TypeScript 可以说是一门具有面向对象特征的静态类型语言，可以用来描述现实世界中的对象。不同的对象具有不同的属性和行为。一般来说，现实中的某个事物具有不同类型的属性，以人这个对象为例，有身高属性、名字属性、性别属性和是否结婚等属性，这些属性的值分别是数值型、字符型、枚举型和布尔型。

TypeScript 语言的静态类型系统（Type System）在程序编译阶段就可以检查类型的有效性，这可以确保代码按预期运行。

编程语言若没有类型，则无法确切描述现实对象，也就失去了编程语言的价值。因此，类型对于任何一门语言而言都是核心基础。TypeScript 中的所有类型都是 any 类型的子类型。any 类型可以表示任何值。根据官方的《TypeScript Language Specification》文档描述，TypeScript 数据类型除了 any 类型外，其他的可以分类为原始类型（primitive types）、对象类型（object types）、联合类型（union types）、交叉类型（intersection types）和类型参数（type parameters）。另外，数据类型又可以分为内置类型（如数值类型）和用户自定义类型（如枚举类型和类等）。

本节介绍 TypeScript 语言的一些常用类型。

2.3.1 基础类型

TypeScript 的原始类型（primitive types）有数值型（number）、布尔型（boolean）、字符型（string）、符号型（symbol）、void 型、null 型、undefined 型和用户自定义的枚举类型 8 种。本小节重点对数值型、布尔型和字符型这些基础类型进行阐述。

1. 数值型

TypeScript 中的数值型和 JavaScript 一样，是双精度 64 位浮点值。它可以用来表示整数和分数，在 TypeScript 中并没有整数型。注意，在有些金融计算领域，如果对于精度要求较高，就需要注意计算误差的问题。

一般来说，判定一个变量是否需要设置成数值类型，可以看它是否需要进行四则运算，如果一个变量可以加减乘除，那么这个变量很可能就是数值类型，如金额。

数值类型的变量可以存储不同进制的数值，默认是十进制，也可以用 0b 表示二进制、0o 表示八进制、0x 表示十六进制。

下面给出几种 TypeScript 中数值型变量常见的声明语法，示例如代码 2-2 所示。

【代码 2-2】 数值类型声明示例：numbers.ts

```
01   let num1: number = 89.2 ;              //分数，十进制
02   let int2 : number = 2 ;                //整数，十进制
03   let binaryVar: number = 0b1010;        //二进制
04   let octalVar: number = 0o744;          //八进制
05   let hexVar: number = 0xf00d;           //十六进制
```

变量声明数值类型后，不允许将字符类型或布尔类型等不兼容类型赋值给此变量。

01 行用“let num1: number”声明了一个名为 num1 的数值（number ）类型变量。然后用=对变量 num1 进行初始化，初始值为 89.2，这个值并没有加前缀，因此默认是十进制的。这是最常用的一种数值进制。

另外需要注意的是，TypeScript 中有 Number 和 number 两种类型，但是它们是不一样的，Number 是 number 类型的封装对象。Number 对象的值是 number 类型。

2. 布尔型

布尔型数据表示逻辑值，值只能是 true 或 false。布尔值是最基础的数据类型，在 TypeScript 中，使用 boolean 关键词来定义布尔类型，示例如代码 2-3 所示。

【代码 2-3】 布尔类型声明示例：boolean.ts

```
01   let isMan: boolean = true ;
02   let isBoy : boolean = false ;
```

01 行用“let isMan：boolean”声明了一个名为 isMan 的布尔（boolean）类型变量。然后用=对变量 isMan 进行初始化，初始值为 true，这个值只能是 true 或 false，不能是 1 或者 0 等。

另外需要注意的是，TypeScript 中有 Boolean 和 boolean 两种类型，但是它们是不一样的，Boolean 是 boolean 类型的封装对象，Boolean 对象的值是 boolean 类型。从下面给出的示例代码 2-4 可以看出，二者是存在差异的。

【代码 2-4】 布尔类型示例：boolean2.ts

```
01   let a : boolean = new Boolean(1) ;       //错误
02   let b : boolean = Boolean(1) ;           //正确
```

从代码 2-4 可以看出，在 TypeScript 中，boolean 类型和 new Boolean(1) 是不兼容的。但是和直接调用 Boolean(1) 是兼容的。

在 TypeScript 中，Number、String 和 Boolean 分别是 number、string 和 boolean 的封装对象。

3. 字符型

字符型（字符串类型）表示 Unicode 字符序列，可以用单引号 ' 或者双引号 " 来表示字符。不过一般建议用双引号来表示字符。二者可以互相嵌套使用。\ 符号可以对 " 等进行转义。从下面给出的示例代码 2-5 可以看出，单引号 ' 或者双引号 " 都可以给字符类型的变量进行赋值。

【代码 2-5】 字符类型示例：string.ts

```
01   let msg: string= " hello world ";
02   let msg2: string= ' hello world ';
03   let a = "I'M ok" ;
04   let b = 'hello "world" ' ;
05   let c = "\"helo\"" ;
```

模板字符串（template string）是增强版的字符串，用反引号 ` 标识。它可以当作普通字符串使用，也可以用来定义多行字符串，或者在字符串中嵌入变量。

下面的代码 2-6 给出了模板字符串示例。使用模板字符串的一个最大好处就是可以防止传统的变量和字符通过+进行拼接的时候单引号和双引号相互嵌套所导致的不容易发现拼接错误的问题。

【代码 2-6】 模板字符串示例：string_template.ts

```
01    let name: string = "JackYunDi";
02    let age: number = 2;
03    let msg: string = '今年 ${name}已经${age}岁了';//今年 JackYunDi 已经 2 岁了
04    let b = '
05       hello typescript
06       hello world
```

```
07    '; //多行文本
```

字符串可以通过索引来获取值中对应的字符，如"hello"[0]输出 h。

另外，字符串可以通过+进行字符拼接，这个操作在日常的编程实战中也是非常常见的用法。代码 2-7 给出了字符串拼接示例。

【代码 2-7】 字符串+拼接示例：string_join.ts

```
01    let firstName: string = "Jack";
02    let lastName: string = "Wang";
03    let fullName = firstName + " " + lastName;
04    console.log(fullName);          //Jack Wang
```

如果字符串和数字用+字符连接，那么结果将成为字符串。因此可以将空字符串和数值相加用于将数值类型转化成字符类型，如代码 2-8 所示。

【代码 2-8】 字符串和数字拼接示例：string_join2.ts

```
01    let res = "" + 5;
02    console.log(res );          //"5"
```

另外，字符串和布尔型用+进行拼接，也生成字符串，如 true +""的值为"true" 。

如果字符串和数组用+字符连接，那么结果将成为字符串。因此可以将空字符串和数组相加用于将数值的值转成用（,）分隔的一个字符串，如代码 2-9 所示。

【代码 2-9】 字符串和数组拼接示例：string_join3.ts

```
01    let res = "" + [1,2,3];
02    console.log(res );//"1,2,3"
```

2.3.2 枚举

TypeScript 语言支持枚举（enum）类型。枚举类型是对 JavaScript 标准数据类型的一个补充。枚举用于取值被限定在一定范围内的场景，比如一周只能有 7 天，彩虹的颜色限定为赤、橙、黄、绿、青、蓝、紫，这些都适合用枚举来表示。

TypeScript 可以像 C#语言一样，可以使用枚举类型为一组数值赋予更加友好的名称，从而提升代码的可读性，枚举使用 enum 关键字来定义，代码 2-10 给出了枚举的示例。

【代码 2-10】 枚举示例：enums.ts

```
01   enum Days {Sun, Mon, Tue, Wed, Thu, Fri, Sat};
02   let today: Days = Days.Sun;
```

在代码 2-10 中，01 行用 enum 关键词声明了一个名为 Days 的枚举类型，一般枚举类型的标识符首字母大写。02 行用自定义的枚举类型来声明一个新的变量 today，并赋值为 Days.Sun 。使用枚举可以限定我们的赋值范围，防止赋值错误，例如不能为 today 变量赋值为

Days.OneDay。

一般情况下，枚举类型的变量本质上只是数值。Days.Sun 实际上是 0。“let today: Days = 2;”也没有语法错误。

默认情况下，枚举中的元素从 0 开始编号。同时也会对枚举值到枚举名进行反向映射。代码 2-11 给出了枚举值和枚举名之间的映射关系用法。

【代码 2-11】 枚举值和枚举名映射示例：enums2.ts

```
01    enum Days {Sun, Mon, Tue, Wed, Thu, Fri, Sat};
02    console.log(Days["Sun"] === 0);          // true
03    console.log(Days["Mon"] === 1);          // true
04    console.log(Days["Tue"] === 2);          // true
05    console.log(Days["Wed"] === 3);          // true
06    console.log(Days["Sat"] === 6);          // true
07    console.log(Days[0] === "Sun");          // true
08    console.log(Days[1] === "Mon");          // true
09    console.log(Days[2] === "Tue");          // true
10    console.log(Days[6] === "Sat");          // true
```

可以根据实际情况，手动指定成员的索引数值（一般为整数，但是也可以是小数或负数）。例如，可以将上面的例子改成从 1 开始编号，枚举支持连续编号和不连续编号，也支持部分编号和部分不编号，如代码 2-12 所示。

【代码 2-12】 枚举索引编号示例：enums3.ts

```
01    enum Days {Sun = 1, Mon = 2, Tue = 4 , Wed = 3 , Thu =5, Fri, Sat};
02    console.log(Days["Sun"] === 1);          // true
03    console.log(Days["Mon"] === 2);          // true
04    console.log(Days["Tue"] === 4);          // true
05    console.log(Days["Wed"] === 3);          // true
06    console.log(Days["Thu"] === 5);          // true
07    console.log(Days["Fri"] === 6);          // true
08    console.log(Days["Sat"] === 7);          // true
```

给枚举类型进行手动赋值时，一定要注意手动编号和自动编号不要重复，否则会相互覆盖。

枚举手动编号和自动编号如果出现重复，那么重复的枚举名会指向同一个值，而这个数值只会返回最后一个赋值的枚举名。TypeScript 编译器并不会提示错误或警告。这种情况如代码 2-13 所示。

【代码 2-13】 枚举索引编号示例：enums4.ts

```
01    enum Days {Sun = 1, Mon = 2, Tue = 4 , Wed = 3 , Thu , Fri, Sat};
```

```
02    console.log(Days["Sun"] === 1);          // true
03    console.log(Days["Mon"] === 2);          // true
04    console.log(Days["Tue"] === 4);          // true
05    console.log(Days.Tue);                   // 4
06    console.log(Days.Thu);                   // 4
07    console.log(Days.Fri);                   // 5
08    console.log(Days.Sat);                   // 6
09    console.log(Days[4]);                    // Thu
```

在代码 2-13 的例子中，Wed = 3 后，并未手动进行编号，系统自动编号为递增编号，即 Thu 是 4、Fri 是 5、Sat 是 6。但是 TypeScript 并没有报错，导致 Days[4]的值先是 Tue 而后又被 Thu 覆盖了。因此 Days[4]的值为 Thu。

通常情况下，枚举名的赋值一般为数值，但是手动赋值的枚举名可以不是数字，如字符串。此时需要使用类型断言（这部分内容将在后续章节进行说明）来让 tsc 无视类型检查。代码 2-14 演示了枚举索引用字符串进行编号。

【代码 2-14】 枚举索引编号示例：enums5.ts

```
01    enum Days {Sun = <any>"S", Mon = 2, Tue = 4 , Wed  , Thu , Fri, Sat};
02    console.log(Days["Sun"] === <any>"S"); // true
03    console.log(Days["Mon"] === 2);          // true
04    console.log(Days["Tue"] === 4);          // true
05    console.log(Days["S"]);                  //Sun
```

另外，在声明枚举类型时，可以在关键词 enum 前加上 const 来限定此枚举是一个常数枚举。常数枚举的示例见代码 2-15 所示。

【代码 2-15】 常数枚举示例：enums6.ts

```
01    const enum Directions {
02        Up,
03        Down,
04        Left,
05        Right
06    }
07    let directions: Directions = Directions.Up;
08    console.log(directions);        // 0
```

常数枚举与普通枚举的区别是，它会在编译阶段被删除。代码 2-15 如果用 tsc 编译成 JavaScript，内容如代码 2-16 所示。

【代码 2-16】 常数枚举编译 JavaScript 示例：enums6.js

```
01    var directions = 0 /* Up */;
02    console.log(directions);
```

代码 2-15 如果去掉 const 关键词，用 tsc 编译成 JavaScript，内容如代码 2-17 所示。

【代码 2-17】 普通枚举编译 JavaScript 示例：enums6_2.js

```
01    var Directions;
02    (function (Directions) {
03        Directions[Directions["Up"] = 0] = "Up";
04        Directions[Directions["Down"] = 1] = "Down";
05        Directions[Directions["Left"] = 2] = "Left";
06        Directions[Directions["Right"] = 3] = "Right";
07    })(Directions || (Directions = {}));
08    var directions = Directions.Up;
09    console.log(directions);
```

外部枚举（Ambient Enums）是使用 declare enum 定义的枚举类型，declare 定义的类型只会用于编译时的检查，编译成 JavaScript 后会被删除。因此，外部枚举与声明语句一样，常出现在声明文件（关于声明文件将在后续章节进行详细说明）中。外部枚举示例如代码 2-18 所示。

【代码 2-18】 外部枚举示例：enums7.ts

```
01    declare  enum Directions {
02        Up,
03        Down,
04        Left,
05        Right
06    }
07    let directions : Directions = Directions.Up;
08    console.log(directions);
```

将代码 2-18 中的代码编译成 JavaScript 代码，内容如代码 2-19 所示。

【代码 2-19】 外部枚举编译成 JavaScript 示例：enums7.js

```
01    var directions = Directions.Up; //Directions 未定义
02    console.log(directions);
```

从代码 2-19 可以看出，外部枚举定义的枚举在生成 JavaScript 的时候会整段进行自动删除，从而出现 Directions 未定义的情况。

2.3.3 任意值

TypeScript 语言是一种静态类型的 JavaScript，可以更好地进行编译检查和代码分析等，但有些时候 TypeScript 需要和 JavaScript 库进行交互，这时就需要任意值（any）类型。

在某些情况下，编程阶段还不清楚要声明的变量是什么类型，这些值可能来自于动态的内容，比如来自用户输入或第三方代码库。这种情况下，我们不希望类型检查器对这些值进行检查，此时可以声明一个任意值类型的变量。任意值类型示例如代码 2-20 所示。

【代码 2-20】 任意值示例：any.ts

```
01    let myVar: any = 7;
02    myVar= "maybe a string instead";
03    myVar= false;
```

从代码 2-20 可以看出，任意值变量 myVar 初始化值为数值 7，然后对其赋值字符串 "maybe a string instead"和布尔值 false，都可以编译通过。

由于任意值类型允许我们在编译时可选择地包含或移除类型检查，因此在对现有代码进行改写的时候，任意值类型是十分有用的。但是由于 any 类型不让编译器进行类型检查，一般尽量不使用，除非必须使用它才能解决问题。

any 类型上没有任何内置的属性和方法可以被调用，它只能在运行时检测该属性或方法是否存在。因此声明一个变量为任意值之后，编译器无法帮助你进行类型检测和代码提示。

任意值类型和 Object 看起来有相似的作用，但是 Object 类型的变量只是允许你给它赋不同类型的值，但是却不能够在它上面调用可能存在的方法，即便它真的有这些方法。代码 2-21 给出了对比二者的示例。

【代码 2-21】 any 和 Object 对比示例：any_Object.ts

```
01    let notSure: any = 4;
02    notSure.ifItExists();                // ifItExist 方法在运行时可能存在
03    notSure.toFixed();              // toFixed 是数值 4 的方法
04    let prettySure: Object = 4;          // 此处是大写的 Object，不是小写的 object
05    prettySure.toFixed();           // 错误 Object 类型没有 toFixed 方法
```

从代码 2-21 可以看出，any 类型的变量可以调用任何方法和属性，但是 Object 类型的变量却不允许调用此类型之外的任何属性和方法，即使 Object 对象有这个属性或方法也不允许。

代码 2-21 中 02 行在编码阶段是没有错误的，但是当编译成 JavaScript 运行时，就会报 ifItExists 方法不存在的错误。

另外，当只知道一部分数据的类型时，any 类型也是有用的。比如，你有一个列表，它包含了不同类型的数据，那么我可以用任意值数组来进行存储，如代码 2-22 所示。

【代码 2-22】 any 数组示例：any_array.ts

```
01    let list: any[] = [1, true, "free"];
02    list[1] = 100;
```

变量如果在声明的时候未明确指定其类型且未赋值，那么它会被识别为任意值类型。

TypeScript 会在没有明确地指定类型的时候推测出一个类型，这就是类型推论。如果定义的时候没有赋值，不管之后有没有赋值，都会被推断成 any 类型而完全不被编译器进行类型检查，如代码 2-23 所示。

【代码 2-23】 any 类型推论示例：any_infer.ts

```
01    let some;       //any 类型
02    some = 'Seven';
03    some = 7;
04    some.getName();
```

在代码 2-23 中，01 行只是声明了一个变量 some，但是并未明确指定其类型，也没有赋值，因此变量 some 会被推断为 any 类型。

2.3.4 空值、Null 与 Undefined

这里将空值（void）、Null 与 Undefined 放在一起来介绍，主要是由于它们有容易混淆的地方。下面将依次对 void、Null 与 Undefined 类型进行详细说明。

1. 空值

空值（void）表示不返回任何值，一般在函数返回类型上使用，以表示没有返回值的函数。JavaScript 没有空值类型。在 TypeScript 中，可以用 void 关键词表示没有任何返回值的函数，如代码 2-24 所示。

【代码 2-24】 void 函数示例：void_func.ts

```
01   function hello():void{
02      console.log("void类型");
03   }
```

void 一般都可以省略，从而简化代码。声明一个 void 类型的变量没有什么实际用途，因为你只能将它赋值为 undefined 和 null。而且一个 void 类型的变量也不能赋值到其他类型上（除了 any 类型以外），如代码 2-25 所示。

【代码 2-25】 void 变量示例：void_var.ts

```
01    let vu: void = null;
02    let vu2: void =undefined;
03    let num: number = vu;       // 错误,不能将void赋值到number
04    let num2: any= vu;          // 正确
```

2. null

null 表示不存在对象值。在 TypeScript 中，可以使用 null 关键词来定义一个原始数据类型，但要注意这本身没有实际意义。null 一般当作值来用，而不是当作类型来用。

```
let n: null = null; //无意义
```

null 类型的变量可以被赋值为 null 或 undefined 或 any，其他值不能对其进行赋值。代码 2-26 给出了 null 类型的变量用法。

【代码 2-26】 null 变量示例：null_var.ts

```
01    let uv: null = null;
02    let uv2: null = undefined;
03    let uv3: null = 2;          //错误
04    let a:any = 2 ;
05    uv = a ;
06    console.log(a);        //2
```

从代码 2-26 可以看出，null 既可以是数据类型也可以是值。null 类型的变量不能将数值 2 赋值给它，但是可以赋值 any 类型的变量，而 any 类型的变量可以赋值为 2。因此上述的 06 行输出 2。

3. undefined

undefined 表示变量已经声明但是尚未初始化变量的值。undefined 和 null 是所有类型的子类型。也就是说 undefined 和 null 类型的变量可以赋值给所有类型的变量。和 null 一样，在 TypeScript 中可以使用 undefined 来定义一个原始数据类型，但要注意这没有实际意义，undefined 一般当作值来用。

```
let n: undefined = undefined ;       //无意义
```

undefined 类型的变量可以被赋值为 null 或 undefined 或 any，其他值不能对其进行赋值。代码 2-27 给出了 undefined 类型的变量用法。

【代码 2-27】 undefined 变量示例：undefined_var.ts

```
01    let uv: undefined = undefined ;
02    let uv2: undefined = null;
03    let uv3: undefined = 3;        //错误
04    let a: any = 6;
05    uv = a ;
06    console.log(uv);          //6;
```

从代码 2-27 可以看出，undefined 既可以是数据类型也可以是值。undefined 类型的变量不能将数值 6 赋给它，但是可以赋值 any 类型的变量，而 any 类型的变量可以赋值为 6。因此代码 2-27 中的 06 行输出 6。

综上可知，声明一个 void 类型，undefined 类型和 null 类型的变量其实是没有什么意义的，因为你只能为它赋予 undefined 和 null，当然也可以是 any。

void 一般只用于函数返回值上，但是经常省略。undefined 和 null 一般都是当作值来使用的，undefined 表示变量已经声明但是未初始化变量的值，而 null 表示值初始化为 null。默认情况下，null 和 undefined 是所有类型的子类型。换句话说，你可以把 null 和 undefined 赋值给任何类型的变量。

在编译时，如果开启了--strictNullChecks 配置，那么 null 和 undefined 只能赋值给 void 和它们本身。这能避免很多常见的问题。

2.3.5 Never

Never 类型是其他类型（包括 null 和 undefined）的子类型，代表从不会出现的值。Never 类型只能赋值给自身，其他任何类型不能给其赋值，包括任意值类型。Never 类型在 TypeScript 中的类型关键词是 never。

Never 类型一般出现在函数抛出异常 Error 或存在无法正常结束（死循环）的情况下。代码 2-28 给出返回 Never 类型的函数示例。

【代码 2-28】 Never 类型的函数示例：never.ts

```
01    // 返回 never 的函数
02    function error(message: string): never {
03        throw new Error(message);
04    }
05    // 推断返回值类型为 never
06    function fail() {
07        return error("Something failed");
08    }
09    // 返回 never 的函数必须存在无法结束
10    function infiniteLoop(): never {
11        while (true) {
12        }
13    }
```

2.3.6 Symbols

自 ES6 引入了一种新的原始数据类型 Symbol，表示独一无二的值。它是 JavaScript 语言的第七种原始数据类型。

Symbol 类型的变量一旦创建就不可变更，且不能为它设置属性。Symbol 一般是用作对象的一个属性。即使两个 Symbol 声明的时候是同名的，也不是同一个变量，这样就能避免命名冲突的问题。

Symbol 类型的值是通过 Symbol 构造函数进行创建的。代码 2-29 给出了 Symbol 类型的变量声明示例。

【代码 2-29】 Symbol 类型的示例：symbol.ts

```
01    let s1 = Symbol('name');       // Symbol()
02    let s2 = Symbol('age');
```

```
03    console.log(s1)                  // Symbol(name)
04    console.log(s2)                  // Symbol(age)
05    console.log(s1.toString())       // "Symbol(name)"
06    console.log(s2.toString())       // "Symbol(age)"
```

Symbol 函数可以接受一个字符串作为参数，表示对 Symbol 实例的描述。这个描述主要是为了在控制台显示，或者转为字符串时比较容易区分不同的 Symbol 变量。

Symbol 函数前不能使用 new 命令，否则会报错。这是因为生成的 Symbol 是一个原始类型的值，不是对象。也就是说，由于 Symbol 值不是对象，因此不能添加属性。

Symbol 是不可改变且唯一的，Symbol 函数的参数只是表示对当前 Symbol 值的描述，因此相同参数的 Symbol 函数的返回值是不相等的，如代码 2-30 所示。

【代码 2-30】 Symbol 类型的示例：symbol2.ts

```
01    // 没有参数的情况
02    let s1 = Symbol();
03    let s2 = Symbol();
04    console.log(s1 === s2)           // false
05    // 有参数的情况
06    let s3 = Symbol('age');
07    let s4 = Symbol('age');
08    console.log(s3 === s4)           // false
```

像字符串一样，Symbol 也可以被用作对象属性的键等。对象的属性名现在可以有两种类型，一种是字符串，另一种就是新增的 Symbol 类型。凡是属性名属于 Symbol 类型的就表示这个属性是独一无二的。这个特征可以保证不会与其他同名属性产生冲突。代码 2-31 给出了 Symbol 类型作为属性的示例。

【代码 2-31】 Symbol 类型作为属性的示例：symbol3.ts

```
01    let sym = Symbol("name");
02    let sym2 = Symbol("name");
03    let obj = {
04        [sym]: "value",
05        [sym2]: "value2",
06        name:"value3"
07    }; // 作为对象属性的键
08    console.log(obj);
```

代码 2-31 编译成 JavaScript 后在浏览器中运行可以打印出如下信息：

```
▼Object
   name: "value3"
   Symbol(name): "value"
   Symbol(name): "value2"
 ▶ __proto__: Object
```

调用 obj[sym]时报错，提示 Type 'symbol' cannot be used as an index type，但是生成的 JavaScript 可以正确输出。

Symbol 值不能与其他类型的值进行运算，会报错，如代码 2-32 所示。

【代码 2-32】 Symbol 与其他类型运算示例：symbol4.ts

```
01    let s3 = Symbol('age');
02    let s4 = s3+"是 symbol";     //错误
03    console.log(s4)
```

Symbol 值可以显式转为字符串和布尔值，但是不能转为数值，如代码 2-33 所示。

【代码 2-33】 Symbol 显示转换示例：symbol5.ts

```
01    let s3 = Symbol('age');
02    let s4 = String(s3);        //Symbol(age)
03    let s5 = Boolean(s3);       //true
04    console.log(s4)
05    console.log(s5)
06    let s6 = Number(s3);        //错误
07    console.log(s6)
```

2.3.7 交叉类型

交叉类型（Intersection Types）可以将多个类型合并为一个类型。合并后的交叉类型包含了其中所有类型的特性。以经典的动画片葫芦娃来举例，每个葫芦娃都有自己的特长，7 个葫芦娃可合体为葫芦小金刚，他拥有所有葫芦娃的技能，非常强大。

下面假设有两个自定义类型，一个是 Car 类型，具备 driverOnRoad 功能；一个是 Ship 类型，具备 driverInWater 功能。我们通过交叉类型 Car & Ship 来合并功能，得到一个 carShip 对象。Car & Ship 是 Car 类型和 Ship 类型的交叉类型，如代码 2-34 所示。

【代码 2-34】 交叉类型示例：intersection_types.ts

```
01    class Car {
02        public driverOnRoad() {
03            console.log("can driver on road");
04        }
05    }
```

```
06    class Ship {
07        public driverInWater() {
08            console.log("can driver in water");
09        }
10    }
11    let car = new Car();
12    let ship = new Ship();
13    let carShip: Car & Ship = <Car & Ship>{};
14    carShip["driverOnRoad"] = car["driverOnRoad"];
15    carShip["driverInWater"] = ship["driverInWater"];
16    carShip.driverInWater();//can driver in water
17    carShip.driverOnRoad();//can driver on road
```

代码 2-34 例子中涉及类的相关知识，将在后续章节进行详细说明。这里读者不必细究。13 行创建了一个 Car & Ship 类型的变量 carShip，用{}进行了初始化，并用<Car & Ship>对空对象进行类型断言（将在 2.3.9 小节中进行详细说明），否则报错。

2.3.8 Union 类型

联合类型（Union Types）表示取值可以为多种类型中的一种。联合类型与交叉类型在用法上完全不同。

假设有一个 padLeft 函数，让它可以在某个字符串的左边进行填充。该函数有两个参数：一个是需要被填充的字符串，是字符类型；另一个是要填充的对象，可以是 number 类型或 string 类型。

如果传入 number 类型的填充对象，那么在字符串左边填充 number 个空格；如果传入 string 类型的填充对象，那么在字符串左边填充该字符串即可。

为了实现第二个参数 padding 既可以是 number 类型也可以是 string 类型的效果，需要使用联合类型。number | string 表示 number 和 string 的联合类型。下面的代码 2-35 给出了 padLeft 函数使用联合类型的示例。

【代码 2-35】 联合类型示例：union_types.ts

```
01    function padLeft(value: string, padding: number | string) {
02        if (typeof padding === "number") {
03            return Array(padding + 1).join(" ") + value;
04        }
05        if (typeof padding === "string") {
06            return padding + value;
07        }
08        throw new Error(`参数为string或number,但传入'${padding}'.`);
09    }
10    console.log(padLeft("Hello world", 3));          //    Hello world
11    console.log(padLeft("Hello world", "__ "));      // __ Hello world
```

```
12    //Argument of type 'true' is not assignable
13    //to parameter of type 'string | number'.
14    console.log(padLeft("Hello world", true));          // error
```

当 TypeScript 不确定一个联合类型的变量到底是哪个类型的时候，只能访问此联合类型的所有类型里共有的属性或方法。

还以上面的 Car 和 Ship 类型为例，我们扩展一个同名的方法 toUpper，联合类型 Car | Ship 的实例就只能调用它们共有的方法 toUpper，而 driverOnRoad 和 driverInWater 不能调用，具体示例如代码 2-36 所示。

【代码 2-36】 联合类型调用方法示例：union_types2.ts

```
01    class Car {
02        public driverOnRoad() {
03            console.log("can driver on road");
04        }
05        public toUpper(str: string) {
06            return str.toUpperCase();
07        }
08    }
09    class Ship {
10        public driverInWater() {
11            console.log("can driver in water");
12        }
13        public toUpper(str2: string) {
14            return str2.toUpperCase();
15        }
16    }
17    let car = new Car();
18    let ship = new Ship();
19    let carShip: Car | Ship = <Car | Ship>{};
20    carShip["driverOnRoad"] = car["driverOnRoad"];
21    carShip["driverInWater"] = ship["driverInWater"];
22    carShip["toUpper"] = ship["toUpper"];
23    let str: string = carShip.toUpper("hello world");
24    console.log(str);                  //共有方法
25    //carShip.driverOnRoad();          //不存在
26    //carShip.driverInWater();         //不存在
27    (<Car>carShip).driverOnRoad();     //OK
28    (<Ship>carShip).driverInWater();   //OK
```

可以用类型断言将 Car | Ship 断言成一个 Car 或者 Ship 类型的对象，从而调用特有的方法。

联合类型往往比较长，也不容易记忆和书写，我们可以用类型别名（Type Aliases）来解决这个问题。类型别名可以用来给一个类型起新名字，特别对于联合类型而言，起一个有意义的名字会让人更加容易理解。

类型别名的语法是：

```
type 类型别名 = 类型或表达式;
```

类型别名可以用于简单类型和自定义类型，也可以用于表达式。我们可以用 type 给表达式 () => string 起一个别名 myfunc；也可以用 type 给联合类型 string | number | myfunc 起一个别名 NameOrStringOrMyFunc。具体示例如代码 2-37 所示。

【代码 2-37】 类型别名示例：type_aliases.ts

```
01    type myfunc = () => string;
02    type NameOrStringOrMyFunc = string | number | myfunc;
03    function getName(n: NameOrStringOrMyFunc): string {
04        if (typeof n === 'string') {
05            return n;
06        }
07        else if(typeof n === 'number'){
08            return n.toString();
09        }
10        else {
11            return n();
12        }
13    }
14    let a :string = "hello";
15    let b: number = 999;
16    let c = function () {
17        return "hello my func";
18    }
19    console.log(getName(a));        //hello
20    console.log(getName(b));        //999
21    console.log(getName(c));        //hello my func
```

另外，还可以给内置类型起一个别名，如 string，如代码 2-38 所示。

【代码 2-38】 内置类型的类型别名示例：type_aliases2.ts

```
01    let newString = string ;
02    let a : newString = "new string type" ;
```

虽然可以用 type 给内置类型起别名，但为了防止混淆，不建议给字符、数值或布尔等类型起别名。

最后，符号 | 也可以用于定义字符串字面量类型。这种类型用来约束字符的取值只能是某几个字符串中的一个，如用 type 定义一个表示事件的字符串字面量类型 EventNames，并作为函数 handleEvent 的参数，这样此参数只能是'click' 或 'dbclick'或'mousemove'，如代码 2-39 所示。

【代码 2-39】 字符串字面量类型示例：string_literal_type.ts

```
01    type EventNames = 'click' | 'dbclick' | 'mousemove';
02    function handleEvent(ele: Element, event: EventNames) {
03        console.log(event);
04    }
05    let ele = document.getElementById('div'); //内置对象
06    handleEvent(ele, 'click');                   // 没问题
07    handleEvent(ele, 'dbclick');                 // 没问题
08    handleEvent(ele, 'mousemove');               // 没问题
09    handleEvent(ele, 'scroll');                  // 不存在
```

类型别名与字符串字面量类型都是使用 type 进行定义的，注意二者的区别。

2.3.9 类型断言

类型断言（Type Assertion）可以用来手动指定一个值的类型。类型断言语法是：

- <类型> 值或者对象
- 值或者对象 as 类型

在 tsx 语法（React jsx 语法的 ts 版）中必须用后一种，因此<>有特殊意义。

类型断言一般和联合类型一起使用，可以将一个联合类型的变量指定为一个更加具体的类型进行操作，从而可以使用特定类型的属性和方法。代码 2-40 给出了类型断言的示例。

【代码 2-40】 类型断言示例：type_assert.ts

```
01    function getLength(a: string | number): number {
02        //if ((a as string).length) {
03        if ((<string>a).length) {
04            return (<string>a).length;
05        } else {
06            return a.toString().length;
07        }
08    }
09    console.log(getLength(6));            //1
10    console.log(getLength("hello"));      //5
```

联合类型 string | number 限定参数 a 的类型，可以用类型断言<string>a 指定类型为 string，从而可以调用字符的 length 属性，如果传入的是数值，那么会返回 a.toString().length 的值。类型断言成一个联合类型 string | number 中不存在的类型（如 boolean）是不允许的。

类型断言不是类型转换，且类型推断不能直接进行调用，需要放于条件判断中或者先将其转化成 unknown 再进行类型断言，如 console.log(<string><unknown>a).length)当 a 为数值时返回 undefined。

2.4 let 与 var

在 JavaScript 中定义变量一般都是用 var 关键词来声明，在 ES6 中引入 let 也可以声明变量。在 TypeScript 语言中，支持用 var 和 let 进行变量声明，但二者在变量声明上有着明显的区别。

通过 var 定义的变量，作用域是整个封闭函数，是全域的。通过 let 定义的变量，作用域是在块级或者子块中。因此，采用 let 声明变量更加安全，也更容易规避一些不易发现的错误。

在 JavaScript 中有一个变量提升机制，浏览器中 JavaScript 引擎在运行代码之前会进行预解析，首先将函数声明和变量声明进行解析，然后对函数和变量进行调用和赋值等，这种机制就是变量提升。代码 2-41 中包含 3 段代码，注意这 3 段代码应该分别运行，不要一起运行。

【代码 2-41】 变量提升示例：var_hosit.ts

```
01    //代码段 1--------------------------
02    var myvar :string = '变量值';
03    console.log(myvar);                    // 变量值
04    //代码段 2--------------------------
05    var myvar :string = '变量值';
06    (function() {
07      console.log(myvar);                  //变量值
08    })();
09    //代码段 3----------------------------
10    var myvar :string = '变量值';
11    (function() {
12      console.log(myvar);                  // undefined
13      var myvar :string = '内部变量值';
14    })();
```

在代码 2-41 中，代码段 1 会在控制台打印出“变量值”，这很容易理解；代码段 2 也会在控制台打印出“变量值”，Javascript 编译器首先在匿名函数内部作用域（Scope）查看变量 myvar 是否声明，发现没有就继续向上一级的作用域（Scope）查看是否声明 myvar，发现存在就打印出该作用域的 myvar 值。代码段 3 只是对代码段 2 做一个微调，结果却输出了 undefined。

可理解为内部变量 myvar 在匿名函数内最后一行进行变量声明并赋值，但是 JavaScript 解释器会将变量声明（不包含赋值）提升（Hositing）到匿名函数的第一行（顶部），由于只是声明 myvar 变量，在执行 console.log(myvar)语句时并未对 myvar 进行赋值，因此最终在控制台输出 undefined。

在 Javascript 语言中，变量的声明（注意不包含变量初始化）会被提升（置顶）到声明所在的上下文，也就是说，在变量的作用域内，不管变量在何处声明，都会被提升到作用域的顶部，但是变量初始化的顺序不变。

即使 var 声明的变量处于当前作用域的末尾，也会提升到作用域的头部并初始化为 undefined，在此之前都可以进行调用，并不会出现变量未定义的错误。

let 声明的变量会进行变量提升，但是在作用域所在的顶部和 let 声明变量之前 let 声明的变量都无法访问，从而保证安全。

let 是 ES6 新增的变量声明方式，是用来替代 var 的设计，本节要介绍的就是它与 var 的不同。

2.4.1 let 声明的变量是块级作用域

let 声明的变量是块级作用域，大括号{}包围的区域是一个独立的作用域，如下面的代码 2-42 所示。

【代码 2-42】 变量 let 声明块级作用域示例：let1.ts

```
01    if (true) {
02        let msg = "hello";
03    }
04    console.log(msg);        //错误
```

在 if 块级作用域中用 let 声明一个 msg 变量，但是在块级作用域外不能访问此 msg 变量，如果将 let 换成 var 则可以在 if 块级作用域外进行访问。因此建议用 let 替代 var 进行变量声明，以提升代码的可读性和防止变量冲突。

2.4.2 let 不允许在同域中声明同名变量

let 声明的变量是块级作用域。在同一个作用域中，一旦 let 声明完一个变量后，就不允许再次声明一个同名的变量，即使用 var 进行声明也不可以，如代码 2-43 所示。

【代码 2-43】 同域中声明同名变量示例：let2.ts

```
01    //块变量不允许重名
02    let myvar: string = '变量值';
03    var myvar: string = "var 值";
04    console.log(myvar);          // 变量值
```

函数的参数和函数体属于同一个作用域，因此 let 命名的函数也不允许和参数名同名。

下面的代码 2-44 中的函数 func 中有一个参数 arg，和 02 行 let 声明的 arg 在同一个作用域，由于二者变量名相同，因此会报错。另外，在 TypeScript 中，函数名也不允许重复。

【代码 2-44】 let 函数中声明同名变量示例：let3.ts

```
01    function func(arg) {
02      let arg = 2;      //和参数 arg 重名
03    }
04    func("2");
05    //函数不能重名
06    function func(arg) {
07      {
08        let arg2 = arg + "2";
09      }
10    }
11    func("3") ;
```

2.4.3 let 禁止声明前访问

let 用死区（temporal dead zone）规避了变量提升带来的问题，因此也就无法在声明前对变量进行调用。在下面的代码 2-45 中，04 行用 let 声明了一个变量 tmp，那么在 if 块作用域中，03 行访问变量 tmp 会报错。并且，let 声明的变量生命周期仅在块作用域中，不会污染外部的变量 tmp，因此 06 行打印的仍然是 123。

【代码 2-45】 let 声明禁止声明前访问示例：let4.ts

```
01    var tmp = 123;
02    if (true) {
03      tmp = 'abc';      //块作用域变量 tmp 在声明之前无法调用
04      let tmp;
05    }
06    alert(tmp);         //输出值为 123，全局 tmp 与局部 tmp 不影响
```

为什么需要块级作用域？var 创建的变量只有全局作用域和函数作用域，没有块级作用域，这带来很多不合理的场景，这种方式往往让代码难于让人理解其意图。概括起来，var 声明的变量往往有如下问题：

（1）内层变量可能会覆盖外层变量

下面的代码 2-46 按照一般理解会打印出"外部变量"，但实际情况是打印出了 undefined。由于 var 不是块级作用域，再加上变量提升机制（var msg = undefined 提升到 02 行和 03 行之间），在调用 func 时，首先将 msg 赋值为 undefined，然后打印出值，导致内层的 msg 变量

覆盖了外层的 msg 变量。

【代码 2-46】 var 内层变量覆盖外层变量示例：var1.ts

```
01    var msg : string = "外部变量";
02    function func() {
03      console.log(msg);
04      if (false) {
05        var msg : string = '内部变量';
06      }
07    }
08    func(); // undefined
```

（2）用来计数的循环变量泄露为全局变量

for 循环有一个特别之处，就是设置循环变量的那部分是一个父作用域，而循环体内部是一个单独的子作用域，如代码 2-47 所示。

【代码 2-47】 var for 循环变量泄露为全局变量示例：var2.ts

```
01    var msg:string = 'hello wolrd';
02    for (var i = 0; i < msg.length; i++) {
03      console.log(msg[i]);
04    }
05    console.log(i);          // 11
```

上面的代码 2-47 中，变量 i 只用来控制循环，但是循环结束后它并没有消失，泄露成了全局变量。let 声明的变量就不会出现这种问题。for 循环中用 let 可以避免循环变量泄露为全局变量的问题，如代码 2-48 所示。

【代码 2-48】 let for 循环变量不会泄露为全局变量示例：var3.ts

```
01    var msg:string = 'hello wolrd';
02    for (let i = 0; i < msg.length; i++) {
03      console.log(msg[i]);
04    }
05    console.log(i);          //报错
```

let 允许块级作用域的任意嵌套，外层作用域无法读取内层作用域的变量，且内层作用域可以定义外层作用域的同名变量，如代码 2-49 所示。

【代码 2-49】 变量 var 声明示例：var4.ts

```
01    {
02        let n: number = 9;
03        {
04            let msg:string = 'Hello World';
05            let n: number = 10;          //不同块级作用域可以同名
06        }
07        console.log(msg);          //报错，无法找到 msg
08    };
```

let 块级作用域的出现，实际上使得获得广泛应用的立即执行函数表达式（IIFE）显得没有那么必要了。

2.5 变量

变量是一种占位符，用于引用计算机内存地址。变量是方便人来存取数据的，而内存地址是方便计算机来存取数据的。可以把变量看作存储数据的容器。类型分为值类型和引用类型，所以变量可分为值类型变量和引用类型变量。

JavaScript 中的数据类型主要包括两种，一种是基本类型（值类型），另一种是引用类型（引用类型）。内存分为两个部分，栈内存和堆内存。基本类型值保存在栈内存中，引用类型值在堆内存中保存着对象、在栈内存中保存着指向堆内存的指针。

JavaScript 中，基本类型值包括 undefined、null、number、string 和 boolean，在内存中分别占有固定大小的空间。引用类型值只有 object，这种值的大小不固定，可以动态添加属性和方法，而基本类型则不可以。

TypeScript 和 JavaScript 类似。对基本类型值进行复制，复制的是值本身，相当于复制了一个副本，修改一个变量的值不会影响另外一个变量的值。而对引用类型值进行复制，复制的是对象所在的内存地址。所以两者指向的都是栈内存中的同一个数据，修改一个变量会导致另外一个变量的值也进行修改。

理解变量的值类型和引用类型是非常重要的。为了让读者更加直观地了解值类型和引用类型变量的核心区别，下面用一张 C#语言的示例图来说明值类型和引用类型的差异，如图 2.1 所示。

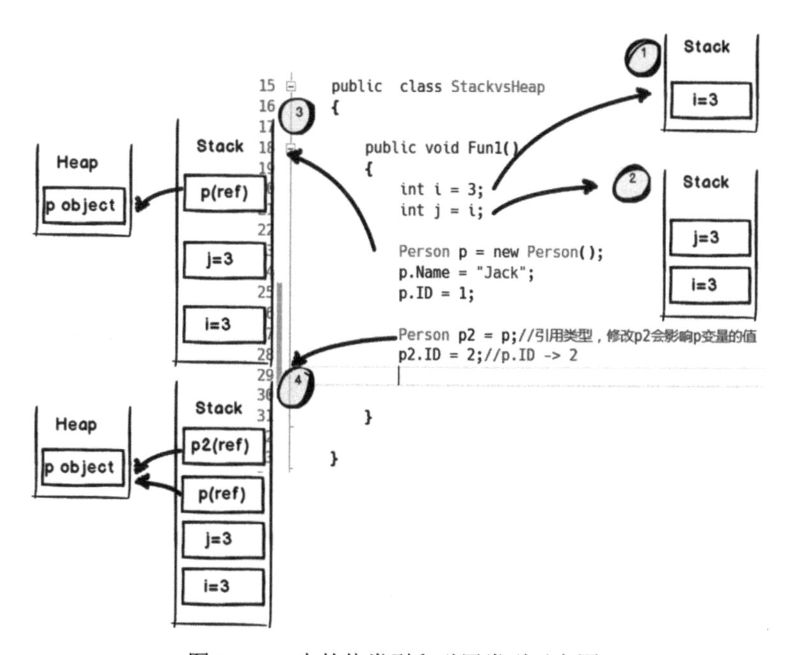

图 2.1　C#中的值类型和引用类型示意图

在图 2.1 中，由于 int j=i 中是 int 类型，为值类型变量，因此 j 变量的值是 i 变量值的副本，值都在 Stack 内存中，都是 3，但是二者不是同一个对象。因此，修改 i 不会修改 j，修改 j 也不会修改 i。二者是独立的。

在 Person p2=p 语句中，Person 为类，是引用类型，p2 和 p 指向同一个 Heap 地址块，因此修改 p2 的值会影响 p 的值。

在 JavaScript 中，函数的参数传递是按值传递，而且不能按引用传递。

在 TypeScript 中，字符串、布尔型和数值型都是值类型，而类、数组和元组等都是引用类型。从下面的代码 2-50 可以看出，数组是引用类型，变量 a 和 b 指向同一个内存地址，修改了 b 的值，同时也修改了 a 的值。

【代码 2-50】 引用类型示例：ref_var.ts

```
01    let a = [1,2];
02    let b = a;                          //数组是引用类型
03    b[2] = 3;
04    console.log(a);                     //[1,2,3]
05    console.log(b);                     //[1,2,3]
```

值类型就不是这样的，如字符串和数值类型。从下面的代码 2-51 可以看出，字符类型是值类型变量，变量 a 和 b 指向的是不同的内存地址，只是值一开始一致而已，修改了 b 的值，不会修改 a 的值。

【代码 2-51】 值类型示例：value_var.ts

```
01    let a = "1,2";
02    let b = a;
03    b= b+",3";
04    console.log(a); //1,2
05    console.log(b); //1,2,3
```

2.5.1 声明变量

在 ES5 中声明变量的方法最常用的就是 var。在 ES6 中，添加了 let 和 const 进行变量声明。在 ES6 环境下，一般的变量声明都采用 let，而不建议使用 var。

变量的命名一般都是有约定的。在 TypeScript 中，变量命名必须满足如下规则：

- 变量名称可以包含数字和字母，如 stuName01。
- 除了下画线 _ 和美元 $ 符号外，不能包含其他特殊字符，包括空格，如_stuName 和 $tmp 都是合法的变量名。
- 变量名不能以数字开头，如 9Num 是错误的。

TypeScript 是区分大小写的，比如 numA 和 NumA 不同。

在 TypeScript 编码规范中，建议在使用前变量一定要先声明。变量声明可以使用以下 4 种方式：

（1）[var 或 let 或 const] [变量名] : [类型] = 值;

此范式进行变量声明，同时指定了声明变量的类型及初始值。代码 2-52 分别给出了用 var、let 和 const 声明变量的方式。

【代码 2-52】 变量声明并初始化的示例：declare_var1.ts

```
01  var uname:string = "JackWang";
02  let uname2:string = "JackWang";
03  const version:string =  "1.0";
```

const 声明的常量变量一定要初始化，否则会报错。

（2）[var 或 let] [变量名] : [类型] ;

此范式进行变量声明，只指定了声明变量的类型，初始值默认为 undefined。代码 2-53 分别给出了用 var 和 let 声明变量的方式。

【代码 2-53】 变量声明不初始化的示例：declare_var2.ts

```
01  var uname:string ;
02  let uname2:string;
```

（3）[var 或 let] [变量名] ;

此范式进行变量声明，只提供了变量名，声明变量的类型和初始值都未提供。变量类型默认为 any，变量值默认为 undefined，如代码 2-54 所示。

【代码 2-54】 变量声明未提供类型和初始值示例：declare_var3.ts

```
01  var uname;
02  let uname2;
```

（4）[var 或 let 或 const] [变量名] = 值;

此范式进行变量声明，未指定声明变量的类型，但是给出了初始值，这时会用类型推断来确定变量的类型，这种写法更加简洁，如代码 2-55 所示。

【代码 2-55】 变量声明只给出初始值的示例：declare_var4.ts

```
01  var uname = "JackWang";       //string
02  let uname2 = 100 ;            //number
03  const version =  "1.0";       //string
```

2.5.2 变量的作用域

变量的作用域就是定义的变量可以使用的代码范围。变量可以分为全局变量和局部变量。在日常的程序开发中，尽量少用全局变量，防止变量冲突。局部变量只在块作用域和函数体内有效，从而保证变量的安全访问。

程序中变量的可用性由变量作用域决定。TypeScript 有以下几种作用域：

- 全局作用域：全局变量定义在程序结构的外部，可以在代码的任何位置使用。
- 类作用域：这个变量也可以称为字段。类变量声明在一个类里，但在类的方法外面无法访问。 该变量可以通过类的实例对象来访问。类变量也可以是静态的，可以通过类名直接访问。
- 局部作用域：局部变量，只能在声明它的一个代码块（如方法）中使用。

代码 2-56 说明了 3 种作用域的使用。此示例涉及类的相关知识点，但读者此时不要过多在意类的语法，这些会在后面的章节详细进行说明。此时只需理解变量作用域的相关知识点即可。

【代码 2-56】 变量作用域示例：scope_var.ts

```
01    var global_var = 12                      // 全局变量
02    class MyClazz {
03        clazz_val = 13;                      // 类变量
04        static sval = 10;                    // 静态变量
05        storeNum(): void {
06            var local_var = 14;              // 局部变量
07        }
08    }
09    console.log("全局变量为: " + global_var);
10    console.log(MyClazz.sval);               // 静态变量
11    var obj = new MyClazz();
12    console.log("类变量: " + obj.clazz_val);
```

var 在函数或方法中声明变量，作用域限于此函数或方法中。

2.5.3 const 声明变量

const 和 let 在声明变量的用法上基本一致，只是 const 声明的变量被赋值后不能再改变，是只读的常量。因此，对于 const 声明的变量来说，只声明不赋值就会报错。

const 声明的变量作用域和 let 一致，但是在某些情况下用 const 更加安全，可以防止在其他地方被修改从而影响程序的正常运行，如代码 2-57 所示。

【代码 2-57】 const 声明变量示例：const_var.ts

```
01    const cVar = "hello";
02    cVar = "change";         //错误，不能赋值
03    console.log(cVar);
```

const 实际上保证的并不是变量的值不能改动，而是变量指向的那个内存地址所保存的数据不能改动。对于简单类型的数据（如数值、字符串和布尔值），值就保存在变量指向的那个内存地址，因此等同于常量。

对于复合类型的数据（主要是对象和数组），变量指向的是内存地址，保存的只是一个指向实际数据的指针，const 只能保证这个指针是固定的（总是指向一个固定的地址），至于它指向的数据结构是不是可变的，则完全不能控制。因此，将一个对象声明为常量类型，其对象的值也是可以修改的，如代码 2-58 所示。

【代码 2-58】　const 声明复合类型变量示例：const_var.ts

```
01    interface Object{
02        prop: string;
03        func: () => string;
04    }
05    const foo: Object = {};
06    // 为 foo 添加一个属性可以成功
07    foo.prop = "123";       //说明值可以修改
08    foo.func = function (): string {
09        return "hello";
10    }
11    // 将 foo 指向另一个对象就会报错
12    foo = {}; //报错
13    const a = [];
14    a.push('Hello');        // 可执行
15    a.length = 0;           // 可执行
16    a = ['Dave'];           // 报错
```

代码 2-58 涉及接口的相关知识点，此示例为了说明 const 声明的常量对象本身的值是可以修改的，必须借助接口来扩展 Object 的属性或方法。

在代码 2-58 中，常量 foo 储存的是一个地址，这个地址指向一个对象。不可变的只是这个地址，即不能把 foo 指向另一个地址，但对象本身是可变的，所以依然可以为其添加新属性。

在 TypeScript 中，Object 类型的变量不能动态添加属性和方法，而只能通过接口扩展属性或者方法。

在代码 2-58 中，13 行声明了一个数组常量 a，这个数组中的相关属性是可以修改的，但是如果将另一个数组赋值给 a 就会报错。如果真的想将对象冻结，应该使用 Object.freeze 方法，如代码 2-59 所示。

【代码 2-59】　const 声明数值变量冻结示例：const_freeze.ts

```
01    const foo = Object.freeze([]);
02    foo.length = 1;         //报错
```

2.6 运算符

运算符定义了将在数据上执行的某些功能。例如，在表达式 8 +7 = 15 中，+和=就是一种运算符（算术运算符）。TypeScript 中的主要运算符可归类为：

- 算术运算符
- 关系运算符
- 逻辑运算符
- 位运算符
- 赋值运算符
- 条件运算符
- 字符串操作符
- 类型运算符

不同的运算符可以组合使用，但是各类型的运算符的优先级不同：关系运算符的优先级低于算术运算符；关系运算符的优先级高于赋值运算符；单目运算优于双目运算；先算术运算，后移位运算，再按位运算，逻辑运算最后结合。例如，1 << 3 + 2 & 7 等价于 (1 << (3 + 2)) & 7。

当不同运算符组合在一起的时候，用括号()将先计算的括起来，这样可以提高代码可读性。

2.6.1 算术运算符

算术运算符（arithmetic operators）就是用来处理四则运算的符号，是最简单、最常用的符号。尤其是数字的处理，几乎都会使用到算术运算符号。

自增和自减运算符只能用于操作变量，不能直接用于操作数值或常量！例如，5++ 和 8-- 等写法都是错误的。

另外需要注意的是 a++ 和 ++a 的异同点，它们的相同点都是给变量 a 加 1，不同点是 a++ 是先参与程序的运行再加 1，而++a 则是先加 1 再参与程序的运行。因此，如果 a=8，那么 console.log(a++)会打印出 8，而 console.log(++a)会打印出 9，但最后 a 的值都为 9。

表 2.1 给出了 TypeScript 中算术运算符的具体说明和示例。

表 2.1 算术运算符说明

运算符	描述	示例

+	加法，返回操作数的总和	let a : number =10;
		let b : number =2;
		let c : number = a + b;
		console.log(c); //12

（续表）

运算符	描述	示例

-	减法，返回值的差	let a : number =10;
		let b : number =2;
		let c : number = a - b;
		console.log(c); //8

*	乘法，返回值的乘积	let a : number =10;
		let b : number =2;
		let c : number = a * b;
		console.log(c); //20

/	除法，执行除法运算并返回商	let a : number =10;
		let b : number =2;
		let c : number = a / b;
		console.log(c); //5

%	取余，执行除法并返回余数	let a : number =9;
		let b : number =2;
		let c : number = a % b;
		console.log(c); // 1

++	递增，将变量的值增加 1	let a : number =9;
		let c : number = a ++;
		console.log(c); // 10

--	递减，将变量的值减少 1	let a : number =9;
		let c : number = a -- ;
		console.log(c); // 8

2.6.2　关系运算符

关系运算符用于确定两个实体对象之间的关系类型，有小于、小于等于、大于、等于、大于等于和不等于 6 种。关系运算符返回一个 boolean 值，即 true 或者 false。TypeScript 中关系运算符的具体说明和示例如表 2.2 所示。

表 2.2　关系运算符说明

运算符	描述	示例

>	大于	let a : number =10;
		let b : number =2;
		console.log(a>b); //true

<	小于	let a : number =10;
		let b : number =2;
		console.log(a<b); //false

>=	大于等于	let a : number =10;
		let b : number =2;
		console.log(a>=b); //true

（续表）

运算符	描述	示例

<=	小于等于	let a : number =10;
		let b : number =2;
		console.log(a<=b); //false

==	等于	let a : number =10;
		let b : number =2;
		console.log(a==b); //false

!=	不等于	let a : number =10;
		let b : number =2;
		console.log(a!=b); //true

2.6.3 逻辑运算符

逻辑运算符用于组合两个或多个条件。逻辑运算符也返回一个 boolean 值。逻辑运算符一般和关系运算符配合使用，多用于 if 条件判断和循环中断条件等场景。TypeScript 中逻辑运算符的具体说明和示例如表 2.3 所示。

表 2.3 逻辑运算符说明

<table>
<tr><th>运算符</th><th>描述</th><th>示例</th></tr>
<tr><td>&&</td><td>仅当指定的所有表达式都返回 true 时，运算符才返回 true</td><td>let a : number =10;
let b : number =2;
console.log(a>9 && b>7); //false</td></tr>
<tr><td>||</td><td>如果指定的表达式至少有一个返回 true，则运算符返回 true</td><td>let a : number =10;
let b : number =2;
console.log(a>9 || b>7); //true</td></tr>
<tr><td>!</td><td>运算符返回相反的表达式结果</td><td>let a : number =10;
let b : number =2;
console.log(! (a>9 && b>7); //true</td></tr>
</table>

2.6.4 按位运算符

按位运算符用来对二进制位进行操作。位运算符一般用于数值，在具体运算时要先将十进制转成二进制后再计算。TypeScript 中按位运算符的具体说明和示例如表 2.4 所示。

表 2.4 按位运算符说明

运算符	描述	示例

&	按位与，对其整数参数的每一位执行“与”运算	let a : number = 2 ; // 10
		let b : number = 3 ; // 11
		console.log(a & b); // 2

（续表）

<table>
<tr><th>运算符</th><th>描述</th><th>示例</th></tr>
<tr><td>|</td><td>按位或，对其整数参数的每一位执行“或”运算</td><td>let a : number = 2 ; // 10
let b : number = 3 ; // 11
console.log(a & b); // 3</td></tr>
<tr><td>^</td><td>按位异或，对其整数参数的每一位执行“异或”运算。异或意味着操作数 1 为 true 或操作数 2 为 true，但两者不能同时为 true</td><td>let a : number = 2 ; // 10
let b : number = 3 ; // 11
console.log(a ^ b); // 1</td></tr>
<tr><td>~</td><td>按位取反，这是一个一元运算符，并通过取反操作数中的所有位进行操作</td><td>let a : number = 2 ; // 10
let b : number = 3 ; // 11
console.log(~b); // -4
console.log(~a); // -3</td></tr>
<tr><td><<</td><td>左移，通过在第二个操作数指定的位数将第一个操作数中的所有位向左移动。新位用零填充。将一个值左移一个位置相当于将其乘以 2，移位两个位置相当于乘以 4，以此类推</td><td>let a : number = 2 ; // 10
let b : number = 3 ; // 11
console.log(1<<b); // 8
console.log(2<<a); // 8</td></tr>
<tr><td>>></td><td>右移，二进制右移运算符。左操作数的值是由右操作数指定的位数来向右移动</td><td>let a : number = 2 ; // 10
let b : number = 3 ; // 11
console.log(a>>1); // 1
console.log(b>>2); // 0</td></tr>
<tr><td>>>></td><td>无符号右移，这个运算符就像>>运算符一样，只不过在左边移入的位总是为零</td><td>let a : number = 2 ; // 10
let b : number = 3 ; // 11
console.log(a>>>1); // 1
console.log(b>>>2); // 0</td></tr>
</table>

2.6.5 赋值运算符

基本的赋值运算符是=。它的优先级别低于其他的运算符，所以对该运算符往往最后读取。TypeScript 中赋值运算符的具体说明和示例如表 2.5 所示。

表 2.5 赋值运算符说明

运算符	描述	示例

=	简单的赋值，将值从右侧操作数赋给左侧操作数	let a : number = 2 ;
		let c: number = 3;
		c = a;
		console.log(c); // 2

+=	加法赋值，将右操作数添加到左操作数并将结果赋给左操作数	let a : number = 2 ;
		let c: number = 3;
		c += a;//c = c + a;
		console.log(c); // 5

（续表）

运算符	描述	示例

-=	减法赋值，从左操作数中减去右操作数，并将结果赋给左操作数	let a : number = 2 ;
		let c: number = 3;
		c -= a;//c = c - a;
		console.log(c); //-1

* =	乘法赋值，将右操作数与左操作数相乘，并将结果赋给左操作数	let a : number = 2 ;
		let c: number = 3;
		c *= a;//c = c * a;
		console.log(c); // 6

/ =	除法赋值，将左操作数除以右操作数，并将结果赋给左操作数	let a : number = 2 ;
		let c: number = 3;
		c /= a;//c = c / a;
		console.log(c); // 1.5

2.6.6 等号运算符

等号运算符 === 和 == 都可以用于判断两个对象是否相等，但是具体细节上不同。 == 在比较的时候会进行自动数据类型转换。而===是严格比较，不会进行自动转换，要求进行比较的操作数必须类型和值一致，不一致时返回 false，如代码 2-60 所示。

【代码 2-60】 等号运算符示例：equal_opt.ts

```
01    let a: number = 1;
02    let b :any = "1";
03    console.log(a == b);          //true
04    console.log(a === b);         //false
```

2.6.7 否定运算符（-）

否定运算符 - 可以更改值的符号。举一个例子：5 应用否定运算符为 -5 。否定运算符的基本用法如代码 2-61 所示。

【代码 2-61】 否定运算符示例：neg_opt.ts

```
01    let a: number = 1;
02    let b: number = - a;
03    console.log(b);           // -1
```

两个连续的否定运算符可以抵消，但不能直接用--5 ，而是用-(-5)，结果为 5。

2.6.8　连接运算符（+）

连接运算符一般用于字符串拼接。用于字符串时的 + 运算符将第二个字符串追加到第一个字符串上。连接运算符还可以连接字符和数字、字符和数组以及字符和布尔等。这些不同的连接在结果上也是有差异的。代码 2-62 给出了连接运算符的相关用法。

【代码 2-62】 连接运算符示例：join_opt.ts

```
01    let a: string = "hello";
02    let b: string = "world";
03    let c: string = a + " " + b;
04    console.log(c);              // hello world
05    let arr = [1, 2, 3];
06    console.log("" + arr);       //"1,2,3"
07    console.log(""+ true);       // "true"
08    console.log("" + null);      //"null"
```

连接运算符和算术运算符中的+不同，连接运算符中必须有一个是字符串。5+ "6"是"56"；而 5+6 =11。

2.6.9　条件运算符（?）

条件运算符用来表示一个条件表达式。条件运算有时也被称为三元运算符，基本语法如下：

```
条件表达式 ? 条件表达式为 true 时的值 : 条件表达式为 false 时的值
```

代码 2-63 给出了条件运算符的基本用法。

【代码 2-63】 条件运算符示例：condition_opt.ts

```
01    let a: number = 10;
02    let c: string = a>9 ? "大于 9" : "小于等于 9";
03    console.log(c);          // 大于 9
```

在代码 2-63 中，第 02 行检查变量 a 中的值是否大于 9。如果 a 设置为大于 9 的值，就返回字符串“大于 9”，否则返回字符串“小于等于 9”。由于变量 a 是 10，10>9 为 true，因此返回第一个字符串“大于 9”。

条件运算符可以替换简单的 if ... else 语句，让代码更加简洁。

2.6.10　类型运算符（typeof）

typeof 操作符返回一个字符串，用以获取一个变量或者表达式的类型。typeof 运算符一般只能返回如下几个结果：number，boolean，string，symbol，function，object 和 undefined。

表 2.6 给出常见的类型对象的 typeof 返回值。

表 2.6 常见类型对象的 typeof 返回值

变量类型	示例	typeof 返回值
number	typeof 2	"number"
boolean	typeof true	"boolean"
string	typeof "hello"	"string"
null	typeof null	"object"
undefined	typeof undefined	"undefined"
function	typeof JSON.stringify	"function"
array	typeof [1,2]	"object"
object	typeof {}	"object"
enum	typeof Colors;	"object"
enum	typeof Colors.Red	"number"
class	typeof Person	"function"
tuple	typeof [2,"hello"]	"object"

为了验证结果，用下面的代码 2-64 来查看不同类型的变量上用 typeof 输出的结果。

【代码 2-64】 类型运算符示例：typeof.ts

```
01   let a: number = 2;
02   console.log(typeof a);     //"number"
03   let b: string = "hello";
04   console.log(typeof b);     //"string"
05   let c: boolean = true;
06   console.log(typeof c);     //"boolean"
07   let d = null;
08   console.log(typeof d);     //"object"
09   console.log(typeof undefinedVar);      //未定义 undefined
10   enum Colors {
11       Red,
12       Green,
13       Yellow
14   }
15   let color: Colors = Colors.Red;
16   console.log(typeof color); //"number"
17   let f = function () {
18       console.log("hello world");
19   };
20   console.log(typeof f);     //"function"
21   let g = [];
22   console.log(typeof g);     //"object"
23   let m: number[] = [1, 2];
```

```
24    console.log(typeof m);      //"object"
```

let 声明的变量在声明之前不可用 typeof 来输出操作数的类型。

代码 2-65 给出一个错误的示范。01 行用 typeof a 查看 a 变量的类型，但是由于 a 类型是 let 声明的，因此不能在声明之前进行调用。03 行用 typeof b 查看变量 b 的类型，由于 b 是用 var 声明的，会进行变量提升，因此输出 undefined 而没有报错。

【代码 2-65】　类型运算符示例 2：typeof2.ts

```
01    console.log(typeof a);      //声明之前不能调用
02    let a: number = 2;
03    console.log(typeof b);      //undefined
04    var b: number = 2;
```

2.6.11　instanceof 运算符

instanceof 运算符可用于测试对象是否为指定类型的实例，如果是，那么返回的值为 true，否则返回 false。instanceof 运算符的基本语法为：

```
类实例 instanceof 类
```

下面定义了一个 People 类，其中有两个私有属性 name 和 age，如代码 2-66 所示。05 行用 new People 创建了一个类的实例 man，06 行 man instanceof People 则返回 true。

【代码 2-66】　instanceof 运算符示例：instanceof.ts

```
01    class People {
02       private name: string = "";
03       private age: string = "";
04    }
05    let man: People = new People ();
06    alert(man instanceof People );     //true
```

instanceof 左边的只能是 any 类型或者对象类型或者类型参数（type parameter）。其他不能用，如 "hello" instanceof string 报错。

2.6.12　展开运算符（...）

展开运算符（spread operator）允许一个表达式在某处展开。展开运算符在多个参数（用于函数调用）或多个元素（用于数组字面量）或者多个变量（用于解构赋值）的地方可以使用。合理使用展开运算符可以使代码更加简洁。展开运算符为“...”。

展开运算符“...”主要有以下应用场景：

（1）函数动态参数

在 TypeScript 中可以定义 add 函数，其参数为...args（args 是 rest 剩余参数，后面章节再详细介绍）可以允许传入任意个数的参数。在 add 函数内部，用 for... of 循环将传入的参数求和并返回值，如代码 2-67 所示。

【代码 2-67】 展开运算符示例：spread_opt1.ts

```
01    function add(...args) {
02        let sum = 0;
03        for (let item of args) {
04            sum += item;
05        }
06        return sum;
07    }
08    let arr = [1, 2, 3, 4];
09    //let args = add(arr);       //"01,2,3,4"
10    let args = add(...arr);
11    console.log(args);          //10
```

提示：如果调用 add(arr)，那么返回的结果不是 10。

在代码 2-67 中，在调用函数时先声明了一个数值型数组 arr ，将 add(...arr)进行传入即可获取数组元素的累加值 10。

（2）数组合并

假设有两个数组，那么用展开运算符可以很方便地进行合并。展开运算符对数组进行合并的语法相当简洁，如代码 2-68 所示。

【代码 2-68】 展开运算符数组合并示例：spread_opt2.ts

```
01    let arr = [1, 2, 3];
02    let args = [...arr,4,5];
03    console.log(args);      // [1,2,3,4,5]
```

（3）复制数组

由于数组是按照引用传递值的，因此要想复制一个数组的副本，不能直接赋值。此时用展开运算符可以很方便地进行数组备份，如代码 2-69 所示。

【代码 2-69】 展开运算符复制数组示例：spread_opt3.ts

```
01    let arr = [1,2,3];
02    let arr2 = [...arr];           //和 arr.slice()一致
03    arr2.push(4);
04    console.log(arr);        //[1,2,3]
05    console.log(arr2);       //[1,2,3,4]
```

（4）解构赋值

展开运算符在解构赋值中的作用是将多个数组项组合成一个新数组。不过要注意，解构赋值中展开运算符只能用在末尾，如代码 2-70 所示。

【代码 2-70】　展开运算符解构赋值示例：spread_opt4.ts

```
01    let [a, b, ...arg3] = [1, 2, 3, 4];
02    console.log(a);          //1
03    console.log(b);          //2
04    console.log(arg3);       //[3,4]
```

（5）ES7 草案中的对象展开运算符

可以将对象当中的一部分属性取出来生成一个新对象赋值给展开运算符的参数。例如，下面代码 2-71 中的 args 值就为一个新的对象{b:4,c:3}。

【代码 2-71】　展开运算符对象解构示例：spread_opt5.ts

```
01    let { y, a, ...args} = { a: 1, y: 2, c: 3, b: 4 };
02    console.log(a);          //1 获取对象 a 属性
03    console.log(y);          //2 获取对象 y 属性
04    console.log(args);       //{b:4,c:3}
```

2.7　数字

数字是一种用来表示数的书写符号。不同的记数系统可以使用相同的数字。数字在复数范围内可以分实数和虚数，实数又可以划分有理数和无理数或分为整数和小数，任何有理数都可以化成分数形式。

一般在现实生活中，常用的数字进制是十进制，计算机内部是基于二进制的。不同进制的数可以相互换算。数学之美，可以用数字来抽象现实的事物发展规律，从而指导现实生活，为人类服务。

在一个应用程序中，数字和字符串一样，是非常常用的一种数据类型，在一些财务或工程领域的软件中更显重要。

在 TypeScript 中，可以用 number 来定义一个数值类型的变量。另外，可以利用 number 的类型封装对象 Number，调用其构造函数来创建一个 Number 对象，它的值是 number 类型的，如代码 2-72 所示。

【代码 2-72】　Number 基本用法示例：Number.ts

```
01    let a: number = 2.8;
02    //'number' is a primitive, but 'Number' is a wrapper object
03    //let b: number = new Number("2");     //错误
04    let c: Number = new Number("2");
```

```
05    alert(c);        //2
06    let d: Number = new Number(3);
07    alert(d);        //3
08    let e: Number = new Number(true);
09    alert(e);        //1
10    let f: Number = new Number(false);
11    alert(f);        //0
12    let g: Number = new Number("true");
13    alert(g);        //NaN
14    let h: Number = new Number({});
15    alert(h);        //NaN
16    let m: Number = new Number(6);
17    alert(m);        //6
```

可以用 let 或者 var 进行数值变量的声明。在代码 2-72 中，01 行中用 let 声明了一个数值变量 a，并初始化其值为 2.8。04 行用 new Number("2") 构造函数来创建值为 2 的 Number 对象。16 行用 new Number(6) 构造函数也可以创建值为 6 的 Number 对象。new Number(true)和 Number(false)分别返回值为 1 和 0 的 Number 对象。

传入的参数将在 Number 构造函数中被转换到 number，如果转换失败，就返回 NaN，否则返回转换的值为 number 类型的 Number 对象。

2.7.1 Number 的属性

数值作为一个常用的对象，其中也有一些常用的属性来说明对象的相关信息。例如，数值本身是有最大值和最小值的。表 2.7 列出了一组 Number 对象的属性。

表 2.7 Number 基本属性

属性	属性说明
MAX_VALUE	数字的最大可能值可以是 1.7976931348623157E + 308
MIN_VALUE	数字的最小可能值可以是 5E-324
NaN	等于一个不是数字的值
NEGATIVE_INFINITY	小于 MIN_VALUE 的值
POSITIVE_INFINITY	大于 MAX_VALUE 的值
EPSILON	Number.EPSILON 实际上是能够表示的最小精度。误差如果小于这个值，就可以认为不存在误差，值为 2.220446049250313e-16
prototype	Number 对象的静态属性。使用 prototype 属性将新属性和方法分配给当前文档中的 Number 对象

（续表）

属性	属性说明
MAX_SAFE_INTEGER	最大可精确计算的整数，2^53
MIN_SAFE_INTEGER	最小可精确计算的整数，-2^53

下面用代码来输出 Number 对象的属性。代码 2-73 给出了 Number 属性中的基本用法。

【代码 2-73】 Number 属性示例：Number2.ts

```
01    console.log("number 最大值:" + Number.MAX_VALUE);
02    console.log("number 最小值:" + Number.MIN_VALUE);
03    console.log("负无穷: " + Number.NEGATIVE_INFINITY);
04    console.log("正无穷: " + Number.POSITIVE_INFINITY);
05    console.log(Number.prototype);
```

2.7.2 NaN

NaN 是代表非数字值的特殊值，用于指示某个值不是数字。可以把 Number 对象设置为该值，来指示其不是数字值。可以使用 isNaN()全局函数来判断一个值是否是 NaN 值。

Number.NaN 是一个特殊值，说明某些算术运算（如求负数的平方根）的结果不是数字。方法 parseInt()和 parseFloat()在不能解析指定的字符串时就返回这个值。

TypeScript 以 NaN 的形式表示 Number.NaN。注意，NaN 与其他数值进行比较的结果总是不相等的，包括它自身在内。因此，不能与 Number.NaN 比较来检测一个值是不是数字，而只能调用 isNaN()来比较，如代码 2-74 所示。

【代码 2-74】 NaN 示例：nan.ts

```
01    let a = Number.NaN;
02    let b = Number.NaN;
03    console.log(a == b);         //false
04    console.log(Number.isNaN(a));      //true
```

2.7.3 prototype

上面提到 prototype 属性使我们有能力向对象上动态添加属性和方法。在 TypeScript 中，函数可以直接用 prototype 对函数属性和方法进行扩展，如代码 2-75 所示。

【代码 2-75】 prototype 函数扩展示例：prototype_func.ts

```
01    function people(id:string, name:string) {
02      this.id = id;
03      this.name = name;
04    }
```

```
05    var emp = new people("123", "Smith");
06    var jack = new people("234", "JACK");
07    people.prototype.email = "smith@163.com";
08    people.prototype.walk = function () {
09       console.log(this.name + " walk");
10    }
11    jack.email = "jack@163.com";
12    console.log(emp.id);       // 123
13    console.log(emp.name);     //Smith
14    console.log(emp.email);        //smith@163.com
15    console.log(emp.walk());   //Smith walk
16    console.log(jack.id);      //234
17    console.log(jack.email);       // jack@163.com
18    console.log(jack.walk());      //jack walk
```

Number 对象无法通过 prototype 直接添加属性和方法，如下所示。

```
Number.prototype.prop2 = "3" ; //错误
```

那么该怎样去扩展 Number 对象呢？这里可以借助在 Number 接口 interface 上来进行扩展（接口将在后续章节详细说明），如代码 2-76 所示。

【代码 2-76】 prototype 对 Number 对象扩展示例：prototype_number.ts

```
01    interface Number {
02       padLeft(chars: string, length: number): string;
03    }
04    Number.prototype.padLeft = function (chars: string, length: number):
      string  {
05       return (chars.repeat(length) + this);      //this 代码值
06    };
07    let a = 9;
08    console.log(a.padLeft("0", 3));        //0009
```

代码 2-76 中 01~03 行通过在 interface Number 接口上定义了一个 padLeft 的方法，可以在 Number.prototype.padLeft 上定义具体实现逻辑。

TypeScript 中的 Number.prototype 不能直接添加新的属性和方法，和 JavaScript 不一样。

2.7.4 Number 的方法

Number 对象不但包含一些属性，同时也包含一些方法。这些方法可以更好地为我们提供服务。表 2.8 列出了一组 Number 对象的基本方法。

表 2.8　Number 基本方法

方法	方法说明
toExponential()	强制数字以指数表示法显示
toFixed()	格式化小数点右侧具有特定位数的数字
toLocaleString()	以浏览器的本地设置而变化的格式返回当前数字的 string 值
toPrecision()	定义显示数字的总位数（包括小数点左侧和右侧的数字）。负的精度将引发错误
toString()	返回数字的值的 string 表示形式。该函数可以传入一个基数参数，一个介于 2 和 36 之间的整数，指定用于表示数值的进制的基数
valueOf()	返回数字的原始值
isFinite()	用来检查一个数值是否为有限的（finite），即不是 Infinity
isNaN()	是否为非数值型
isInteger()	用来判断一个数值是否为整数
parseInt()	将参数解析成整数，解析成功返回数值，否则返回 NaN
parseFloat()	将参数解析成浮点数，解析成功返回数值，否则返回 NaN
isSafeInteger()	表示某值是否在整数范围-2^53~2^53 之间（不含两个端点），超过这个范围就返回 false

下面针对 Number 的方法用代码来具体查看一下各方法的主要作用，这样更容易直观掌握各方法的实际含义，如代码 2-77 所示。

【代码 2-77】 Number 方法示例：method_number.ts

```
01    let a = 12345.28;
02    console.log(a.toExponential(2));          //1.23e+4
03    console.log(a.toFixed(2));                //12345.28
04    console.log(a.toLocaleString());          //12,345.28
05    console.log(a.toString());                //12345.28
06    console.log(a.toString(2));
07    console.log(a.toString(8));               // 30071.2172702436561
08    console.log(a.toPrecision(1));            //1e+4
09    console.log(a.valueOf());                 //12345.28
10    console.log(Number.isFinite(a));          //true
11    console.log(Number.isNaN(a));             //false
12    console.log(Number.isInteger(a));         //false
13    console.log(Number.isSafeInteger(a));     //false
14    console.log(Number.parseFloat("2.18"));   //2.18
15    console.log(Number.parseInt("2.18"));     //2
16    console.log(Number.parseFloat("2.18"));   //2.18
```

2.8 字符串

字符串（string）在任何一门编程语言中都至关重要。字符串在存储上类似字符数组，所以它每一位的单个元素都是可以提取的。字符串是由数字、字母、下画线组成的一串字符。它是 TypeScript 语言中表示文本的数据类型。

在 TypeScript 语言中，可以用半角的双引号或单引号来表示字符串值，并且二者可以相互嵌套使用。在动态语言中，用字符串来表示代码，并且可以动态执行，这个功能异常强大，但是也比较危险，可能会执行恶意代码，如代码 2-78 所示。

【代码 2-78】 string eval 方法示例：string_eval.ts

```
01    let b = 12345.28;
02    eval("let a = 2 ; console.log(a+b);");
```

2.8.1 构造函数

在 TypeScript 中，可以用 new String()构造函数来定义一个 String 对象。它的值是 string 类型的。代码 2-79 演示了 String 构造函数的基本用法。11 行中的语句是错误的，string 是原始类型，而 String 是它的封装对象，二者不一样。

【代码 2-79】 String 构造函数示例：string_construct.ts

```
01    let a = new String("dddd");
02    console.log(a);
03    let b = new String(222);
04    console.log(b);
05    let c = new String(true);
06    console.log(c);
07    console.log(c[0]);                //t
08    let d = new String({});
09    console.log();
10    //'string' is a primitive, but 'String' is a wrapper object
11    let str:string = new String("dddd");      //错误
```

2.8.2 prototype

String.prototype 中内置了很多方法，这样就可以在任何一个 string 类型的变量上去直接调用 String.prototype 中的方法。在 JavaScript 中，prototype 是实现面向对象的一个重要机制，可以动态地扩展属性和方法。

在 TypeScript 中，如果用代码 2-80 来扩展方法，编译器就会报错。

【代码 2-80】　String.prototype 扩展错误示例：string_prototype.ts

```
01    // 错误
02    String.prototype.padZero = function (this: string, length: number) {
03        var s = this;
04        while (s.length < length) {
05          s = '0' + s;
06        }
07        return s;
08    };
```

TypeScript 中的 String.prototype 不能直接添加新的属性和方法，这和 JavaScript 不一样。

如果需要动态地扩展 String.prototype 中的方法或属性，我们必须通过定义 interface String 来实现扩展，如代码 2-81 所示。

【代码 2-81】　String.prototype 扩展示例：string_prototype2.ts

```
01    interface String {
02        leadingChars(chars: string|number, length: number): string;
03    }
04    String.prototype.leadingChars = function (chars: string|number, length:
      number): string  {
05        return (chars.toString().repeat(length) + this).substr(-length);
06    };
07    let a = "@";
08    console.log(a.leadingChars("0", 8));       //0000000@
```

在代码 2-81 中，首先用接口 interface String 来声明一个方法 leadingChars，这样就可以用 String.prototype.leadingChars 来具体实现其方法逻辑了。

2.8.3　字符串的方法

字符串的一个常用属性是 length，可以输出字符的长度。在字符串中更多使用的是方法。这些方法可以更好地让我们操作字符串。表 2.9 列出了一组 String 对象的方法。

表 2.9　String 基本方法

方法	说明
charAt()	返回在指定位置的字符
charCodeAt()	返回在指定位置的字符的 Unicode 编码
concat()	连接两个或更多字符串，并返回新的字符串
indexOf()	某个指定的字符串值在字符串中首次出现的位置
lastIndexOf()	从后向前搜索字符串，并从起始位置（0）开始计算返回字符串最后出现的位置

（续表）

方法	说明
localeCompare()	用本地特定的顺序来比较两个字符串
match()	查找到一个或多个正则表达式的匹配
replace()	替换与正则表达式匹配的子串
search()	检索与正则表达式相匹配的值
slice()	把字符串分割为子字符串数组
substr()	从起始索引号提取字符串中指定数目的字符
substring	提取字符串中两个指定的索引号之间的字符
toLowerCase()	把字符串转换为小写
toString()	返回字符串
toUpperCase()	把字符串转换为大写
valueOf()	返回指定字符串对象的原始值
includes	返回布尔值，表示是否找到了参数字符串
startsWith	返回布尔值，表示参数字符串是否在原字符串的头部
endsWith	返回布尔值，表示参数字符串是否在原字符串的尾部
repeat	返回一个新字符串，表示将原字符串重复 *n* 次
padStart	如果某个字符串不够指定长度，会在头部补全
padEnd	如果某个字符串不够指定长度，会在尾部补全
matchAll	返回一个正则表达式在当前字符串的所有匹配

2.9 小结

本章主要对 TypeScript 的基本语法进行了详细介绍，其中涉及很多核心概念，如变量、标识符、参数、函数以及数据类型。数据类型分为值类型和引用类型，它们是存在不少差异的，必须理解其本质。

本章是非常重要的知识点，是理论基础。要想学好 TypeScript 语言，必须先掌握好该语言的基本语法，才能由浅入深地继续学习后面的章节。

这一章涉及不少关于函数、类、接口和数值等的知识点，将在后续章节进行详细说明。

第 3 章

流程控制

上一章对 TypeScript 的基本语法进行了阐述，让读者对 TypeScript 的数据类型、变量的声明方式、let 和 var 在作用域上的区别等知识点有了初步的掌握。其中部分示例涉及流程控制。本章将对 TypeScript 的流程控制进行详细介绍。

通过本章的学习，可以让读者掌握如何通过流程控制语句来改变程序运行的顺序。流程控制是任何一门语言必须掌握的知识点。在声明式的编程语言中，流程控制指令是指会改变程序运行顺序的指令，可能是运行不同位置的指令，或是在多段程序中选择一个运行。TypeScript 语言所提供的流程控制指令主要有以下几种：

- 无条件分支指令，继续运行在其他位置的一段指令，例如 TypeScript 语言的 goto 指令。
- 条件分支指令，若特定条件成立时，运行一段指令，例如 TypeScript 语言的 if 指令。
- 循环指令，运行一段指令若干次，直到特定条件成立为止，例如 TypeScript 语言的 for 指令。
- 执行子程序指令，运行位于不同位置的一段指令，但完成后会继续运行原来要运行的指令。
- 无条件的终止指令，停止程序，不运行任何指令。

本章主要涉及的知识点有：

- 条件判断：学会 if…else 和 switch 等条件判断控制的语法以及用途。
- 循环流程：学会 for、while 等基本循环控制的语法以及用途。
- break 和 continue 的区别：掌握在循环体中 break 和 continue 的区别。

本章内容用到了函数的部分语法，关于函数的具体用法将在第 5 章介绍。

3.1 条件判断

我们知道，现实生活中很多事物在不同的条件下会有不同的结果，比如人生，往往选择很重要，在人生的分叉路口，一个人如何选择往往决定其后续的发展轨迹。一个程序的运行也是如此，在不同的条件下需要执行不同的操作，这也是程序的魅力所在，只要设计合理，就可以根据实际情况执行合理的逻辑。在某种程度上来说，程序的“智能”特征依赖于条件判断。

条件语句是一种根据条件执行不同代码的语句，如果条件满足就执行一段代码，否则执行其他代码。条件语句表达的意图可以理解为对某些事的决策规则或者表达某种关系，即“如果什么，则什么”。

例如，公司的员工需要请假，那么每个公司都会制定一套请假的流程来确定请假的规则。例如，首先员工发起请假申请，然后员工的主管进行审批，审批后会根据条件判断来确定下一步的审批人是谁，如果请假天数大于 3 天，由于请假天数比较多，请假单会在主管审批后流转到总经理处进行审批，总经理处审批后再流转到 HR 处审批，以便做好考勤工作；如果请假天数小于等于 3，那么请假单会在主管审批后流转到 HR 处进行审批，HR 审批通过后，流程结束。具体的流程示意如图 3.1 所示。

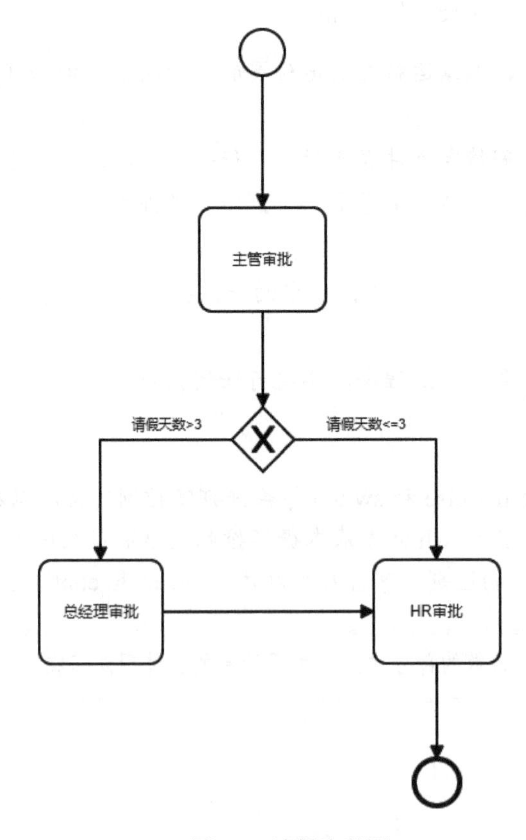

图 3.1　请假流程图

如果用 TypeScript 语言来构建一个请假流程的程序，就必须用到条件判断的相关知识。正是有了条件判断，从而使得程序可以根据规则来灵活处理现实问题。在 TypeScript 语言中，实现条件判断的方法有多种，例如 if、if...else 和 switch。下面分别对这几种做详细说明。

3.1.1 if、if...else

程序实现条件判断最简单的就是 if，在 TypeScript 语言中，if 语法和 JavaScript 基本一致。为了直观了解 if 语法，假设有一个函数 getGrade，其中有一个数值类型的参数 money，如果参数 money 大于 8000，那么等级为 A；如果参数 money 大于 3500 且小于等于 8000，那么等级为 B；如果参数 money 大于 900 且小于等于 3500，那么等级为 C；其他情况等级为 D。具体内容如代码 3-1 所示。

【代码 3-1】 函数 getGrade 用 if 实现代码： ts001.ts

```
01  /**
02   * 根据 money 参数给出等级 A,B,C,D
03   * @param money
04   * @returns 字符串 A,B,C,D
05   */
06  function getGrade(money: number) {
07      if (money > 8000) {
08          return "A";
09      }
10      if (money <= 8000 && money>3500) {
11          return "B";
12      }
13      if (money <= 3500 && money>900) {
14          return "C";
15      }
16      return "D";
17  }
18  let a = getGrade(8002);
19  console.log(a);         //A
20  a = getGrade(5000);
21  console.log(a);         //B
22  a = getGrade(3200);
23  console.log(a);         //C
```

一般来说，if 语句所判定的条件必须是全集，否则可能会出现异常。

另一个常用的条件判断为 if ... else。还以上面的逻辑为例，这次将 if 换成 if ...else 进行编码，具体内容如代码 3-2 所示。

【代码 3-2】 函数 getGrade 用 if ... else 实现代码： ts002.ts

```
01    /**
02     * 根据money参数给出等级A,B,C,D
03     * @param money
04     * @returns 字符串 A,B,C,D
05     */
06    function getGrade(money: number) {
07        if (money > 8000) {
08            return "A";
09        }
10        else if (money <= 8000 && money>3500) {
11            return "B";
12        }
13        else if (money <= 3500 &&  money>900) {
14            return "C";
15        }
16        else
17            return "D";      //只有一条语句，那么可以省略{}
18    }
19    let a = getGrade(8002);
20    console.log(a);              //A
21    a = getGrade(5000);
22    console.log(a);              //B
23    a = getGrade(3200);
24    console.log(a);              //C
```

> **提示** if 或者 else 下如果只有一条语句，那么可以省略{}，但是建议保留，提高代码的可读性。

另外一个需要注意的是，在条件判定语句中，不要出现无法到达的语句，如下面的代码 3-3 中 08 行代码永远无法执行。默认情况下此代码不会报错，需要指定 TypeScript 中的 --allowUnreachableCode 编译选项为 false，用于检测此类错误。

【代码 3-3】 函数 ferror 实现代码： ts003.ts

```
01    function ferror(a) {
02        if (a) {
03          return true;
04        }
05        else {
06          return false;
07        }
08        return 1;        //无法到达的代码
09    }
```

第 1 章已经简单介绍了如何安装开发工具 Visual Studio Code，并学会用命令 tsc 对 TypeScript 文件进行编译，但并未介绍 tsc 命令的编译选项如何开启。下面就在 Visual Studio Code 工具中对如何配置 tsc 的编译选项进行说明。

在 Visual Studio Code 中，一般来说，一个 TypeScript 项目就对应一个文件夹。首先用 Visual Studio Code 打开 charpter3 文件夹，新建一个 tsconfig.json 文件。如果一个目录里存在一个 tsconfig.json 文件，那么编译器就认为这个目录是 TypeScript 项目的根目录。tsconfig.json 文件中指定了用来编译这个项目的若干配置和编译选项。tsconfig.json 的具体配置如图 3.2 所示。

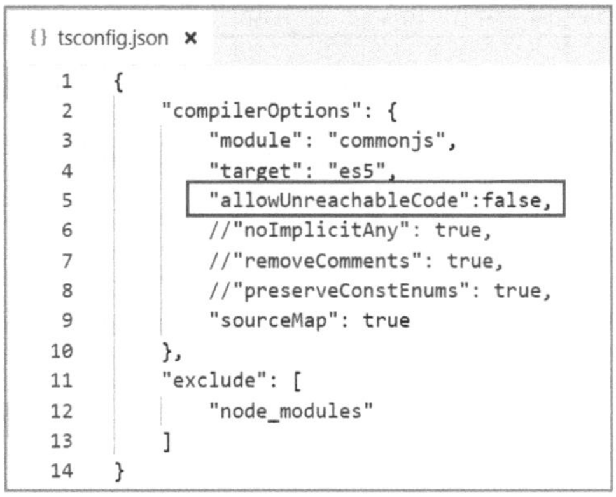

```
{} tsconfig.json ×
1   {
2       "compilerOptions": {
3           "module": "commonjs",
4           "target": "es5",
5           "allowUnreachableCode":false,
6           //"noImplicitAny": true,
7           //"removeComments": true,
8           //"preserveConstEnums": true,
9           "sourceMap": true
10      },
11      "exclude": [
12          "node_modules"
13      ]
14  }
```

图 3.2　tsconfig.json 配置

不带任何参数的情况下调用 tsc 命令，编译器会从当前目录开始去查找 tsconfig.json 文件，如果找不到就逐级向上搜索父目录。当找到 tsconfig.json 时就会解析它，并按照相应配置去编译。

在 tsconfig.json 文件中，在"compilerOptions"节点下配置"allowUnreachableCode":false 来开启--allowUnreachableCode 编译选项。

然后在 Visual Studio Code 中新建一个文件并命名为 ts003.ts，其内容如代码 3-3 所示。这时 Visual Studio Code 编辑器会提示检测到不可达的代码（unreachable code detected.），具体提示如图 3.3 所示。

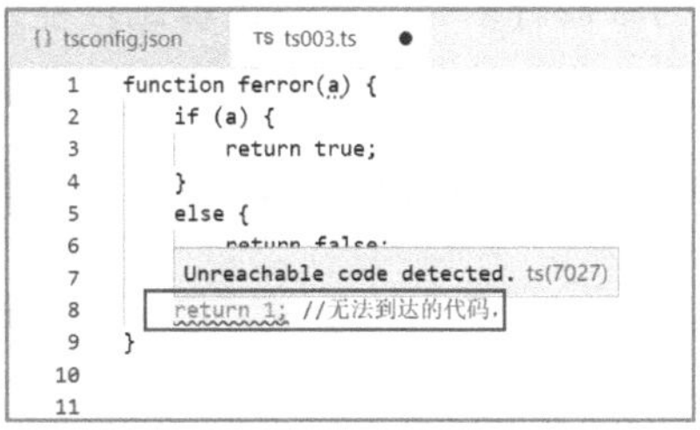

```
{} tsconfig.json    TS ts003.ts ●
1   function ferror(a) {
2       if (a) {
3           return true;
4       }
5       else {
6           return false;
7       Unreachable code detected. ts(7027)
8       return 1; //无法到达的代码.
9   }
10
11
```

图 3.3　Visual Studio Code 检测到不可达代码提示界面

另外一种方法是，也可以用 tsc 命令来编译代码，查看代码是否有不可达的代码段。tsc 命令为：

```
tsc --allowUnreachableCode false .\ts003.ts
```

将此命令在 Visual Studio Code 中的 terminal 终端中执行时，编译器也会告知同样的错误，具体如图 3.4 所示。

```
PS C:\Src\charpter3> tsc --allowUnreachableCode false .\ts003.ts
ts003.ts:8:5 - error TS7027: Unreachable code detected.

8     return 1; //无法到达的代码.
      ~~~~~~~~~


Found 1 error.

PS C:\Src\charpter3> tsc --allowUnreachableCode true .\ts003.ts
PS C:\Src\charpter3>
```

图 3.4　Visual Studio Code 用 tsc 命令编译界面

从上面的两种方法对比来看，第一种方法通过配置 tsconfig.json 文件会更加方便，可以让编辑器自动检测错误。第二种方法只能在调用 tsc 编译的时候才能发现问题。

这个特性能捕获到的一个更不易发觉的错误是在 return 语句后添加换行语句而导致的检测到不可及的代码。因为 TypeScript 代码最后会编译成 JavaScript 执行，而 JavaScript 会自动在行末结束 return 语句。换句话说，如果在 return 行末没有其他语句，那么会自动添加分号（；），进而结束函数体。return 后面的代码相当于永不执行，变成了一个无法可达的代码区域，如代码 3-4 所示。

【代码 3-4】 函数 ferror_return 实现代码： ts004.ts

```
01    function ferror_return () {
02        return  // 换行导致自动插入分号;
03        {
04            x: "string"   // 检测到不可及的代码
05        }
06    }
```

3.1.2　嵌套 if

当某些条件判断需要判定的参数有多个，或者逻辑比较复杂时，可能单层 if 不能很好地解决问题，这时需要对 if 语句进行嵌套来解决。代码 3-5 给出了嵌套 if 的示例。

【代码 3-5】 函数 getGrade 嵌套 if 实现代码： ts005.ts

```
01    /**
02     * Sex 枚举
03     */
04    enum Sex {
05        Man = 1,
06        Female = 2,
07    }
08    /**
09     * 根据 money 和 sex 参数给出等级 A,B,C,D
```

```
10     * @param money
11     * @param sex
12     * @returns 字符串 A,B,C,D
13     */
14    function getGrade(money:number,sex:Sex){
15       if(sex === Sex.Man){
16          if (money > 8000) {
17             return "A";
18          }
19          else if (money <= 8000 && money>3500) {
20             return "B";
21          }
22          else if (money <= 3500 &&  money>900) {
23             return "C";
24          }
25          else
26             return "D";
27       }
28       else{
29          if (money > 7000) {
30             return "A";
31          }
32          else if (money <= 7000 && money>3000) {
33             return "B";
34          }
35          else if (money <= 3000 &&  money>800) {
36             return "C";
37          }
38          else
39             return "D";
40       }
41    }
42    let a = getGrade(7100,Sex.Man);
43    console.log(a);        //B
44    a = getGrade(7100,Sex.Female);
45    console.log(a);        //A
```

if 嵌套不宜过多，一般来说超过 2 层代码的可读性就会大大降低。

3.1.3 switch

除了 if 和 if ... else 以外，switch 也可以实现条件判断，但要注意 switch 语句中的每一个

case 表达式类型必须与 switch 表达式类型相匹配，否则会报错。

另外，switch 中的 case 语句块如果有逻辑语句，不是空的，那么必须用 break 结尾，否则程序会贯穿 case 区域，导致结果错误。代码 3-6 给出了 switch 的基本用法。

【代码 3-6】 函数 swithDemo1 实现代码： ts006.ts

```
01    /**
02     * 判断奇偶数
03     * @param num
04     * @returns 字符串
05     */
06    function swithDemo1(num:number){
07        let ret  = "";
08        switch(num % 2){
09            case 0 : {
10                ret = "偶数";
11                break;          //在非空情况下 break 不能少，否则程序会贯穿此 case 区域
12            }
13            case 1: {
14                ret = "奇数";
15                break;
16            }
17        }
18        return ret;
19    }
20    let a = swithDemo1(201);
21    console.log(a);         //奇数
22    a = swithDemo1(202);
23    console.log(a);         //偶数
```

在代码 3-6 中，如果 11 行处将 break 去掉或者注释掉，那么 swithDemo1（202）返回"奇数"，而不是"偶数"。缺少 break 程序不会跳出 switch 的{}块，而是继续执行 case 1:{ }，也就是将 ret 重新赋值为 "奇数"。

TypeScript 现支持对当 switch 语句 case 中出现贯穿时报错的检测。这个检测默认是关闭的，可以使用 --noFallthroughCasesInSwitch 启用。

参考前面的 tsconfig.json 编译项配置，用 "noFallthroughCasesInSwitch":true 开启配置。那么在 Visual Studio Code 中打开 ts006.ts 文件时，如果将 11 行的 break 注释掉，则编译器会提示穿透 switch 语句中的 case 错误（Fallthrough case in swith.）。检测提示界面如图 3.5 所示。

```
TS ts006.ts ×
6   function swithDemo1(num:number){
7       let ret = "";
8       swit Fallthrough case in switch. ts(7029)
9           case 0 : {
10              ret = "偶数";
11              //break;//在非空情况下break不能少，否则程序会贯穿此case区域
12          }
13          case 1: {
14              ret = "奇数";
15              break;
16          }
17      }
18      return ret;
19  }
20  let a = swithDemo1(201);
```

图 3.5　Visual Studio Code 穿透 switch 提示界面

另外，JavaScript 语言中没有返回值的代码分支会隐式地返回 undefined。这个特征往往会导致程序不能按照预期执行。现在 TypeScript 编译器可以将这种方式标记为隐式返回，虽然 TypeScript 编译器对于隐式返回的检查默认是被关闭的，但是可以使用--noImplicitReturns 来启用。代码 3-7 给出了检测隐式返回 undefined 的示例。

【代码 3-7】 函数 freturn 隐式返回代码： ts007.ts

```
01  function freturn(x) { // 错误：不是所有分支都返回了值
02      if (x) {
03          return false;
04      }
05      // 隐式返回了 undefined
06  }
```

在 tsconfig.json 文件中用"noImplicitReturns":true 开启编译选项，那么在 Visual Studio Code 中打开 ts007.ts 文件时编译器会提示不是所有路径返回值的错误（Not all code paths return a value.）。检测提示界面如图 3.6 所示。

```
TS ts007.ts ×
1             Not all code paths return a value. ts(7030)
2
3             function freturn(x: any): boolean
4   function freturn(x) { // 错误：不是所有分支都返回了值.
5       if (x) {
6           return false;
7       }
8       // 隐式返回了undefined
9   }
```

图 3.6　Visual Studio Code 提示不是所有路径返回值界面

3.2 循环

循环控制语句可以重复调用某段代码，直到满足某一条件退出或者永不退出，无限循环。一般在程序中除了条件判定以外，循环语句的使用率也是非常高的，因此我们必须掌握循环的基本用法。

在现实生活中，循环控制的例子也随处可见。例如，上学的时候，老师上课前用花名册点名，看有没有同学缺勤。学生花名册是一个包含学生学号和姓名等信息的列表。老师从第一个人开始，逐一向下进行点名，来上课的同学答“到”即可。

老师逐一循环对花名册中的每个同学进行点名的过程实际上就可以看作是一个循环的流程控制过程。老师要从花名册这个列表中查询出符合特定条件（缺勤的）的同学，必须借助循环和条件判断才能完成。

另外，我们的时钟计时也可以看作是一个循环 ，以分钟数和小时数为例，分钟数每隔 60 秒加 1，然后判断分钟数是否为 60，如果是，那么小时数加 1，同时置分钟数为 0，重新进行计时，等 60 秒后分钟数再加 1，如此循环；如果不是，那么再过 60 秒后分钟数加 1，如此循环，如图 3.7 所示。

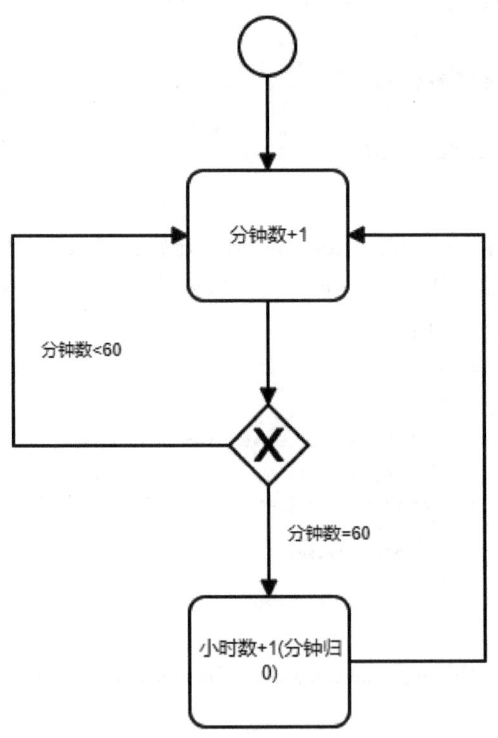

图 3.7 时钟计时循环流程图

在 TypeScript 中循环分为确定循环和不确定循环，常用的循环语句有 for 和 while 等。

3.2.1　for

在循环语句中，迭代次数是确定/固定的循环称为确定循环。for 循环一般来说是一个确定循环的实现。在 TypeScript 中，循环中的 for 语法和 JavaScript 一致，下面给出一个数组 testArray，通过循环将其各个元素打印出来。代码 3-8 给出了 for 的基本用法。

【代码 3-8】　函数 forDemo1 实现代码： ts008.ts

```
01    /**
02     * for 语法演示
03     */
04    function forDemo1(){
05        let testArray = [20, 30, 40, 50];
06        for (let i = 0; i < testArray.length; i ++) {
07            console.log(testArray[i]);
08        }
09    }
10    forDemo1();          // 20  30  40  50
```

在代码 3-8 中 05 行声明了一个名为 testArray 的数组，关于数组的具体语法，参见第 4 章。testArray 数组有 4 个元素，分别是 20、30、40 和 50。由于数组是一个可变长度的结构，要想打印出其中的每个元素，就必须利用循环才能完成。

for 循环中用 let 进行变量 i 声明，不要用 var，防止污染外部作用域中的变量。

如果 for 循环中循环的次数较多，上面代码中的 06 行可以进行优化，从而提高执行效率。由于 testArray.length 在每次循环的时候都要重新计算一下，因此可以用一个变量暂存这个 testArray.length 的值，这样循环的效率就会提高，改进的代码如代码 3-9 所示。

【代码 3-9】　函数 forDemo1 改进代码： ts009.ts

```
01    /**
02     * for 语法改进版演示
03     */
04    function forDemo1(){
05        let testArray = [20, 30, 40, 50];
06        let len = testArray.length;
07        for (let i = 0; i < len; i ++) {
08            console.log(testArray[i]);
09        }
10    }
11    forDemo1();          // 20  30  40  50
```

在 TypeScript 中，循环中也支持 for...in 语法。for...in 循环是对具体对象的键 key 和属性进行循环（不会忽略属性）。常用于打印对象或集合中键值对中的键名或是数组的下标及属性值，代码 3-10 给出了 for...in 的用法。

【代码 3-10】 for...in 循环示例代码： ts010.ts

```
01    /**
02     * for...in 语法演示
03     */
04    interface Array<T>{
05        prop: string;
06    }
07    function forDemo1(){
08        let testArray = [20, 30, 40, 50];
09        testArray.prop = "propValue";        //扩展属性
10        let len = testArray.length;
11        for (let item in testArray) {
12            console.log(item);       // 0 1 2 3  prop
13            console.log(testArray[item]);  //20 30 40 50 propValue
14        }
15    }
16    forDemo1();
```

在上面的代码 3-10 中，04~06 行用 interface Array<T>对数组泛型定义了一个 prop 字符型的属性，为了演示 for...in 可以打印出对象的属性。这一段涉及的知识点有数组、泛型和接口等，超出本章范围。这些知识点会陆续在后续章节进行介绍。

在 TypeScript 中还有一个 for...of 循环，是对具体对象中的值进行循环，而不是对键 key 的循环，并且忽略对象属性。代码 3-11 给出了 for...of 的用法。

【代码 3-11】 for...of 示例代码： ts011.ts

```
01    /**
02     * for...in 语法改进版演示
03     */
04    interface Array<T>{
05        prop: string;
06    }
07    function forDemo1(){
08        let testArray = [20, 30, 40, 50];
09        testArray.prop = "propValue";        //扩展属性
10        let len = testArray.length;
11        for (let item of testArray) {
12            console.log(item);          //20 30 40 50
13        }
14        //console.log(item);              //var item 可以打印出 prop
15    }
16    forDemo1();
```

也可以用 for 实现无限循环，即 for(;;)。

3.2.2　while

for 循环一般用于有限循环中，循环的迭代次数往往固定。在现实生活中，有些时候我们不知道循环何时退出，循环中的迭代次数不确定或未知时可以使用不确定循环 while 和 do...while 实现。

以现实中的例子来说，假如现在已经是晚上 11 点了，我们从网站上下载一个非常大的视频文件，由于下载的速度是时刻变化的，没必要一直等待它下载完成后人工关闭电脑。此时可以设置一个任务，在此文件下载完成后自动关闭电脑。

这个过程实际上可以用 while 循环来解决下载文件完成后自动关闭电脑的问题。模拟代码如代码 3-12 所示。

【代码 3-12】 while 实现 whileShutDownPC 代码： ts012.ts

```
01    /**
02     * while 语法演示
03     */
04    function whileShutDownPC(){
05        let percent: number = 0;
06        while (percent<100) {
07            console.log(percent+"%");         //当前进度%
08            percent++;
09        }
10        shutdownPc();
11    }
12    function shutdownPc() {
13        console.log("执行关闭电脑操作");
14    }
15    whileShutDownPC();
```

while 循环体中的代码可能不执行。

3.2.3　do…while

do...while 循环类似于 while 循环，只是 do...while 循环不会在第一次循环执行时评估条件。将代码 3-12 中的 while 代码改成 do...while 的代码，如代码 3-13 所示。

【代码 3-13】 do...while 实现 whileShutDownPC 代码： ts013.ts

```
01    /**
```

```
02     * do...while 语法演示
03     */
04    function whileShutDownPC(){
05        let percent: number = 0;
06        do {
07            console.log(percent + "%");     //当前进度
08            percent++;
09        }
10        while (percent < 100);
11        shutdownPc();
12    }
13    function shutdownPc() {
14        console.log("执行关闭电脑操作");
15    }
16    whileShutDownPC();
```

do...while 循环体中的代码至少执行一次。

3.3 break 和 continue

在无限循环中，如果想跳出循环，就要借助 break。break 和 continue 经常和循环语句一起使用，用于更好地控制逻辑。

break 语句可用于跳出循环，并退出所在的循环体。continue 语句可以在出现了指定的条件情况下中断循环中的迭代，然后继续循环中的下一个迭代，循环并未退出。break 的基本用法如代码 3-14 所示。

【代码 3-14】 break 语句跳出循环示例代码： ts014.ts

```
01    /**
02     * break 语法演示
03     */
04    function beakDemo1(){
05        let num:number = 100;
06        while (true) {
07            //console.log(num);
08            if(num == 108){
09                console.log("break");
10                break;
11            }
12            num++;
```

```
13        }
14        console.log(num);        //108
15    }
16    beakDemo1();            //108
```

代码 3-14 定义了一个 beakDemo1 函数，函数体内用 while(true)创建了一个无限循环，如果不用一个条件来中断循环，那么此函数将是一个死循环，如果直接在浏览器中运行，会导致浏览器卡死。

为了在符合某一个条件的情况下跳出循环体，这里用条件判断语句来实现。我们初始化一个数值型的变量 num 为 100，循环体内的末尾递增加 1，然后再次循环。当 num 的值为 108 的时候，用 break 语句退出循环 while，执行 14 行的 console.log(num)语句，打印出结果。

当 num 的值小于 108 的时候，while 循环体中大的执行路径为①→②→①循环。当 num 的值等于 108 的时候，执行③处的 break 语句，直接退出 while 循环，break 后面循环体内的代码将不执行，即执行路径为③→④。这个基本过程可以用图 3.8 来说明。

```
 1 /**
 2  * break语法演示
 3  */
 4 function beakDemo1(){
 5     let num:number = 100;
 6 ①  while (true) {
 7         //console.log(num);
 8         if(num == 108){
 9             console.log("break");
10             break; ③
11         }
12 ②      num++;
13     }
14     console.log(num);//108 ④
15 }
16 beakDemo1();
17
18
```

图 3.8 break 中断循环示意图

continue 语句跳过当前迭代中的后续语句，并将流程控制调整到循环的开头。与 break 语句不同，continue 不会退出循环。它终止当前迭代并开始后续迭代。continue 语句在循环体中的基本用法如代码 3-15 所示。

【代码 3-15】 continue 语句示例代码： ts015.ts

```
01    /**
02     * continue 语法演示
03     */
04    function continueDemo2(){
05        let num:number = 100;
06        while (num<200) {
```

```
07          num++;
08          if(num == 108){
09              console.log("continue");
10              continue;
11          }
12         console.log(num);        //100 ... 199，缺少 108
13      }
14      console.log(num);       //200
15  }
16  continueDemo2();       //200
```

若将 07 行 num++移动到 11 行之后，则此循环就是一个死循环，永不退出。

当 num 的值不等于 108 的时候，while 循环体中大的执行路径为①→②→①循环。当 num 的值等于 108 的时候，执行③处的 continue 语句，但不退出 while 循环，只是此次不执行 continue 后面循环体内的代码而已，也就是不执行②处的 console.log(num)，即再次循环，由于 108 仍然小于 200，条件成立，继续执行④处的 num++，执行路径为③→④。

因此，continueDemo2 中循环体将依次打印出的 100 到 199 中唯独缺少 108，当 num 等于 108 的时候打印出了“continue”。这个基本过程可以用图 3.9 来说明。

```
1  /**
2   * continue语法演示
3   */
4  function continueDemo2(){
5      let num:number = 100;
6  ①  while (num<200) {
7       ④ num++;
8
9          if(num == 108){
10             console.log("continue");
11          ③ continue;
12         }
13      ② console.log(num);//100 ... 199 缺少 108
14     }
15     console.log(num);//200
16 }
17 continueDemo2();//200
18
```

图 3.9　continue 中断循环示意图

另外，在 TypeScript 中 continue 还有一个跳转到标签的功能，类似于 goto 的作用，如代码 3-16 所示。

【代码 3-16】 continue 跳转到标签的示例代码： ts016.ts

```
01    /**
02    * continue 跳转到标签演示
03    */
04    forLabel1: for (let i = 0; i < 3; i++) {
```

```
05        forLabel2 : for (let j = 0; j < 3; j++) {
06          if (i == 1 && j == 1) {
07            continue forLabel1;//中断本次循环，跳转到 04 行的 forLabel1 继续执行
08          } else {
09            console.log("i = " + i + ", j = " + j);
10          }
11        }
12    }
```

这种用法在某些特殊情况下可以解决问题，但是一般不建议使用，跳转到标签可以任意打乱执行顺序，严重降低了代码的可读性。

3.4 小结

本章主要对 TypeScript 语言中的流程控制语句进行了阐述，让读者掌握条件判断和循环的几种基本用法。其中，条件判断的实现可以用 if、if… else 以及 switch 进行实现。循环可以用 for 和 while 实现，其中在循环体中注意 break 和 continue 的区别。

另外，本章也对如何在 Visual Studio Code 中开启相关 tsc 编译选项进行了说明。

第 4 章

数组、元组

上一章主要学习了 TypeScript 中的条件判断和循环等流程控制语句。本章主要对 TypeScript 中的数组和元组两个类型进行详细说明。同字符串和数值等基本类型一样，数组和元组也是程序设计中经常使用的类型之一，因此掌握数组和元组的基本用法，对于后续我们进行实战开发具有很重要的现实意义。

本章主要涉及的知识点有：

- 数组的基本概念和特征。
- 数组元素的访问、解构和遍历：学会通过下标获取数组中的元素数据以及如何遍历。数组中的元素和对数组进行解构。
- 数组方法：学会常用的数组方法。
- 元组的概念和特征。
- 元组元素的访问、解构和遍历：学会通过下标获取元组中的元素数据，以及如何遍历元组中的元素和对元组进行解构。
- 元组方法：学会常用的元组方法。
- 迭代器和生成器的基本用法。

本章内容不包含多维元组。

4.1 数组

本节首先介绍数组的基本概念，理解这些概念是学习使用 TypeScript 数组的基础。了解数组概念后，才能从数组的原理中找到学习的技巧。

4.1.1 数组的概念和特征

首先要知道什么是数组。数组即一组数据，它把一系列具有相同类型的数据组织在一起，成为一个可操作的对象。举一个现实中的例子，当我们在家招待客人之前，为了办一桌丰盛的饭菜，往往前一天会去大型超市采购物品，由于要采购的物品较多，为了更有条理、防止遗漏，我们会事先列出一个采购清单：

（1）猪肉
（2）鱼
（3）虾
（4）西红柿
（5）黄瓜
（6）白酒
……

上面的这个采购清单规律地列出了其内部的数据，而且具有一定的共性。在 TypeScript 语言中，可以称这样一个采购清单为数组。数组对象是使用单独的变量名来存储一系列有序的且同类型的值。

数组在程序中非常有用，是一种必须掌握的知识点。数组名（数组变量名）是用户定义的数组标识符，下标用于区分数组各个元素的数字编号。

那么数组有什么好处呢？同样在编程中，如果我们有一组相同数据类型的数据，例如有 10 个数字，这时如果要用变量来存放它们就要分别使用 10 个不同的变量，而且要记住这 10 个变量的名字，这会十分麻烦。这时就可以用一个数组变量来存放这 10 个数，简单高效，同时数组的循环遍历也非常方便，易于进行批量操作。

利用好数组，一方面可以提升代码的可读性，代码更加简洁，一方面可以提升批量操作的效率。数组可以是一维的，也可以是多维的。一般而言，常用的是一维数组和二维数组。

TypeScript 同 C#语言一样，数组的下标也是从 0 开始，而不是从 1。

在 TypeScript 中，数组主要用在以下几个地方：

- 数组作为函数参数：函数参数可以是数组类型的，数组类型的参数可以在函数体内进行循环遍历，并处理。
- 数组作为函数返回值：允许函数返回数组，从而可以让函数返回多个值。
- 数组作为变量类型：和基本的数据类型一样，可以将变量声明为数组用于存储有序的值。

数组一般具有如下特征：

- 数组是相同数据类型的元素集合，但是数据类型可以是任意的。
- 数组中各元素的存储是有先后顺序的，它们在内存中按照这个先后顺序连续存放在一起。
- 数组元素用整个数组的名字和它自己在数组中的顺序位置来表示。例如，a[0]表示名字为 a 的数组中的第一个元素，a[1]代表数组 a 的第二个元素，以此类推。

4.1.2 声明和初始化数组

既然数组在实际程序开发中这么有用，那么在TypeScript中如何进行数组的声明和初始化呢？TypeScript和JavaScript在数组的声明上还是有一定差异的。虽然数组的声明和初始化可以分开处理，但是建议在声明数组的时候一并进行初始化。

TypeScript常用的声明数组和初始化的方法有：

（1）在元素类型后面接上[]，表示由此类型的元素组成的一个数组。数组声明和初始化的基本语法如下：

```
let 或 var 数组名 : 元素类型[] = [值1,值2,... ,值N];
```

其中，元素类型可以是字符类型、数值类型、布尔类型，也可以是联合类型和用户自定义的类型。数组可以用[值1,值2,... ,值N]来初始化，各个元素用半角逗号分隔。代码4-1给出了不同类型的数组声明和初始化用法。

【代码4-1】 数组声明和初始化示例代码：ts001.ts

```
01    let arrList: string[] = ["猪肉","鱼","虾","西红柿","黄瓜","白酒"];
02    let arrList2 : number[] = [10,20,30,40];
03    let arrList3 : boolean[] = [true,false];
04    let arrList4: any[] = [10, "Jack", true];
05    //let arrList5: object[] = [10, true, "Jack",];        //错误
06    let arrList6: object[] = [{age :2}, {age:20}];
07    let arrList7: (string | number)[] = [1,"true"];
```

在代码4-1中，01行用let arrList: string[]声明了一个string类型的数组，数组名为arrList，并将数组 arrList 初始化值为 ["猪肉","鱼","虾","西红柿","黄瓜","白酒"]。02 行声明了一个number类型的数组，并初始化值为 [10,20,30,40]。04行声明了一个any类型的数组，可以存储任意值，因此可以给该数组初始化不同类型的值[10, "Jack", true]。07行声明了一个联合类型(string | number)的数组，这个数组可以存储string或者 number类型的变量，而不能存储其他不兼容的类型，除了null和undefined。

object对象在TypeScript和JavaScript中是不同的，我们不能将字符类型或数值类型赋值给object类型的变量，如代码4-1中05行代码是错误的。

（2）使用数组泛型 Array<元素类型>，表示由此类型的元素组成的一个数组。数组声明和初始化的基本语法如下：

```
let 或 var 数组名 : Array<元素类型> = [值1,值2,...,值N] ;
```

其中，元素类型可以是字符类型、数值类型、布尔类型，也可以是联合类型和用户自定义的类型。代码4-2给出数组泛型声明和初始化数组的用法。

【代码 4-2】 数组声明和初始化示例代码：ts002.ts

```
01    let arrList: Array<string> = ["猪肉","鱼","虾","西红柿","黄瓜","白酒"];
02    let arrList2 : Array<number> = [10,20,30,40];
03    let arrList3 : Array<boolean> = [true,false];
04    let arrList4: Array<any> = [10, "Jack", true];
05    //let arrList5: Array<object>= [10, true, "Jack",];          //错误
06    let arrList6: Array<object> = [{age :2}, {age:20}];
07    let arrList7: Array<string | number> = [1,"true"];
```

在代码 4-2 中，用数组泛型的方式重新实现了代码 4-1 中的数组声明和初始化功能。01~03 行分别用数组泛型的方式声明了 3 种类型的数组。04 行的 Array<any>和 any[]一样，也可以存储任意值类型。这种用法的数组和后面要说的元组很像，但要注意区别。

用 Array<元素类型>声明数组的时候，元素类型不能省略，即不允许 Array<>。

（3）使用数组字面量，数组声明和初始化的基本语法如下：

```
let 或 var 数组名 = [值 1,值 2,...,值 N] ;
```

使用数组字面量的方式构建数组，则数组的元素类型会根据初始化的值来确定。如果数组在声明时未设置元素类型且只初始化为空数组，就会被认为是 any 类型，可以存储任何类型的数据。如果未设置元素类型，且初始化了非空的值，那么编译器会根据初始化的值来自动推断数组的类型。代码 4-3 给出了数组类型推断的示例。

【代码 4-3】 数组字面量类型推断示例代码：ts003.ts

```
01    let arrList2 = [];      // any[]
02    arrList2.push(2);
03    arrList2 = [2, "猪肉", true, { age: 2 }];
04    let arrList1 = [1,2,3];          // number[]
05    let arrList3 = [1,"true"];       //(string | number)[]
06    arrList3.push(2);
07    arrList3.push(true);        //布尔类型不能存储
```

从代码 4-3 中可以看出，01 行“let arrList2 = [];”用数组字面量[]创建了一个名为 arrList2 的数组。由于并未指定元素类型，默认为 any[]，因此 02~03 行可以往数组 arrList2 中赋予不同类型的值。03 行用数组字面量[1,2,3]创建了一个数组 arrList1 且未指定元素类型，此时由于元素的值全部为 number 类型，因此推断为 number[]。05 行的数组字面量[1,"true"]让编译器推断数组 arrList3 类型为(string | number)[] 。

通常情况下，数组声明的时候要初始化，否则不能用 push 等方法来操作。代码 4-4 给出了只声明数组但是未初始化的情况，结果调用 push 方法的时候报错。如果不确定数组的值，或者需要动态地维护值，可以将数组初始化为空数组[ ] ，这样就可以调用 push 等方法进行数组的动态维护了。

【代码 4-4】 数组声明和初始化示例代码：ts004.ts

```
01    let arrList2:Array<any> ;         //未初始化
02    arrList2.push(2);       //初始值是undefined，不能调用push
```

在声明数组时应该进行初始化，否则数组变量的初始值是 undefined，后续调用数组方法的时候会出现错误。

4.1.3 访问数组元素

我们声明一个数组的目的就是为了使用它。数组一般都是具有多个元素，因此在实际使用过程中经常需要对数组中的元素进行访问。

数组的元素访问主要有 2 种方法：

（1）通过下标访问数组元素

访问数组中的元素，最简单的就是通过下标来直接获取对应的元素。代码 4-5 给出了通过下标访问数组元素的示例。

【代码 4-5】 数组元素下标访问示例代码：ts005.ts

```
01    let arrs = ["a", "b", "c"];           //自动推断类型为string[]
02    let a = arrs[0];
03    console.log(a);               //a
04    console.log(arrs[5]);         // undefined
```

数组的下标是从 0 开始编号的，因此可以用 arrs[0]访问 arrs 数组中的第 1 个元素。arrs[1]访问 arrs 数组中的第 2 个元素，以此类推。

arrs[5]数组越界访问的时候，在编译阶段并未提示错误，在运行时打印出 undefined。

数组中的元素个数往往比较多，而且不是一个常量，而是一个变量，可以通过数组的 length 属性获取长度。通过下标访问数组的时候，更常用的一种情况是在循环体内通过下标进行访问，这样可以利用 length 属性方便地获取数组的元素个数。代码 4-6 给出了在循环中通过下标访问数组的示例。

【代码 4-6】 在循环中通过下标访问数组示例代码：ts006.ts

```
01    let arrs = ["a", "b", "c"];
02    let len = arrs.length;       // 提高循环效率
03    for (let i = 0; i < len;i++) {
04        console.log(arrs[i]);        //a b c
05    }
```

在利用下标进行数组循环时，建议将获取数组长度放在循环之外，这样不用每次循环的时候都重新计算一下数组长度、提高循环效率。

（2）循环访问数组的元素

除了通过下标来访问数组当中的元素外，还可以通过 for ... in 循环来获取数组中的元素。本质上 for ... in 循环会获取到数组中的属性，只有具有 Enumerable （可枚举）的属性才能被 for ... in 遍历，且获取的属性 key 是字符类型的。数组["a", "b", "c"]在控制台输出的结果如图 4.1 所示。

```
> arrs
<· ▼(3) ["a", "b", "c"]
      0: "a"
      1: "b"
      2: "c"
      length: 3
    ▶ __proto__: Array(0)
> arrs["0"]
<· "a"
> arrs["1"]
<· "b"
> arrs["2"]
<· "c"
> arrs["3"]
<· undefined
> arrs["length"]
<· 3
```

图 4.1　控制台查看数组的内部结构图

通过图 4.1 可以看出，数组中存在隐形的键值对，形如{0:"a",1:"b",2:"c"}。注意，length 颜色比较浅一点，for ...in 循环的时候并不遍历它。代码 4-7 给出了用 for...in 循环访问数组的示例。

【代码 4-7】 for...in 示例代码：ts007.ts

```
01    let arrs = ["a", "b", "c"];
02    for (let i in arrs) {
03        console.log(arrs[i]);        //a b c
04    }
```

for...in 循环获取的属性 key 是字符类型的，而且会获取到额外的属性，可能会出现莫名错误，因此使用该方法遍历的时候一定要妥善处理。

遍历数组或对象一种更安全的方式是用 for...of，通过 for...of 循环来获取数组中的元素，这也是谷歌等公司推荐的遍历数组和对象的方式。代码 4-8 给出了用 for...of 循环访问数组的示例。

【代码 4-8】 for...of 示例代码：ts008.ts

```
01    let arrs = ["a", "b", "c"];
02    for (let i of arrs) {
03       console.log(i);     //a b c
04    }
```

for...in 循环会遍历数组中的属性，而 for...in 不会遍历数组中的属性。

在 TypeScript 中，有一个 delete 操作符，用于删除对象的某个属性。如果没有指向这个属性的引用，那它最终会被释放。那么用 delete 删除数组中的某个元素会怎么样呢？代码 4-9 给出了用 delete 删除数组元素的示例。

【代码 4-9】 delete 删除数组元素示例代码：ts009.ts

```
01    let arrs = ["a", "b", "c"];
02    delete arrs[0];
```

执行 delete arrs[0]语句后，可以在控制台将 arrs 打印出来查看具体的情况，如图 4.2 所示。

```
> arrs
<· ▼(3) [empty, "b", "c"]
      1: "b"
      2: "c"
      length: 3
    ▶ __proto__: Array(0)
```

图 4.2　delete 数组元素后的内部结构图

从图 4.2 可以看出，arrs 的第一个元素变成了 empty，而数组长度仍然为 3。

4.1.4　数组对象

前面提到，声明数组有多种方式，其中一种就是使用数组泛型 Array<元素类型>来声明和初始化数组。另外，还可以用数组对象 Array 的构造函数来声明一个数组的同时并初始化它。

数组对象 Array 构造函数创建数组的语法为：

```
let 或者 var 数组名 = new Array(参数) ;
```

其中，new Array(参数)主要有 3 种用法：

- new Array();
- new Array(size);

- new Array(element0, element1, ..., elementn);

当调用构造函数 Array() 创建一个数组时，返回的数组为空，length 属性为 0。当调用构造函数 Array(size)创建一个数组时，该构造函数将返回长度为 size、元素为 undefined 的数组。当调用 Array(element0, element1, ..., elementn) 创建一个数组时，该构造函数将用参数的值（逗号分隔）初始化数组，数组的 length 字段也会被设置为参数的个数。

Array 前用 new 则调用的是构造函数；不用 new 则可以调用 Array 对象中的属性和方法，二者差异较大。

下面用具体代码来说明 Array 对象的具体使用方式。代码 4-10 分别给出了 new Array(参数)3 种用法的示例。

【代码 4-10】 Array 对象创建数组示例代码：ts010.ts

```
01    let arrs = new Array();          //any[]
02    console.log(arrs);
03    let arrs2 = new Array(3);        //any[]
04    console.log(arrs2);
05    let arrs3 = new Array(1,2,3);        //number[]
06    console.log(arrs3);
```

代码 4-10 中并没有明确给定数组的元素类型，编译器根据规则自动进行类型推断， new Array()和 new Array(3)创建的数组推断为 any[] 。而 new Array(1,2,3) 中各个初始化的元素皆为 number 类型的，因此推断为 number[] 。

一个有歧义的地方是 new Array(1)，到底是声明一个长度为 1 的 any[]数组还是声明一个只有一个元素 1 的 number[]类型的数组。编译器会选择前者。

为了解决这种歧义，可以用数组对象 Array 的泛型构造函数创建确定类型的数组，语法为：

```
let 或者 var 数组名 = new Array<元素类型>(参数) ;
```

其中的参数和上面的数组对象 Array 是一样的，不再赘述。代码 4-11 分别给出了 new Array<元素类型>(参数)3 种用法的示例。

【代码 4-11】 Array 泛型对象示例代码：ts011.ts

```
01    let arrs = new Array<string>();          //string[]
02    arrs.push("hello");
03    console.log(arrs);
04    let arrs2 = new Array<number>(3);            //number[]
05    arrs2[2] = 3;
06    console.log(arrs2);
07    let arrs3 = new Array<number>(1, 2, 3);        //number[]
08    console.log(arrs3);
```

在代码 4-11 中，指定了数组元素的具体类型，01 行用 new Array<string>()构建一个元素类型为 string 的空数组（已经初始化），02 行就可以调用数组的 push 方法往数组中添加元素 "hello"了。04 行用 new Array<number>(3)创建了一个长度为 3 的 number[]数组，05 行直接通过下标 arrs2[2] = 3 来赋值。07 行用 new Array<number>(1, 2, 3)创建了一个长度为 3 的 number[]数组，且值分别初始化为 1、2 和 3。

将代码 4-11 中的代码进行编译并运行，控制台打印的结果如图 4.3 所示。

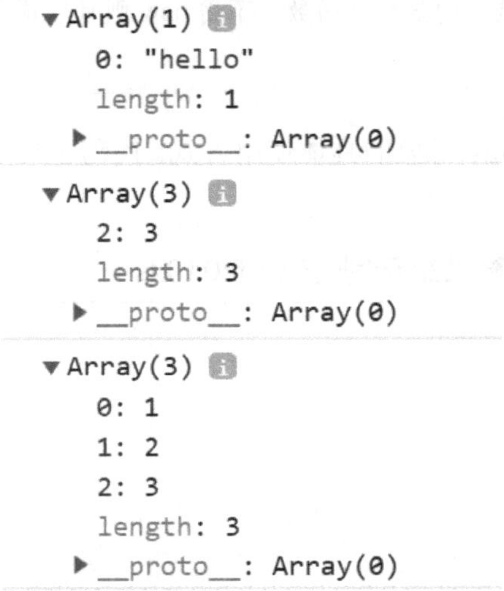

```
▼Array(1)
   0: "hello"
   length: 1
 ▶__proto__: Array(0)
▼Array(3)
   2: 3
   length: 3
 ▶__proto__: Array(0)
▼Array(3)
   0: 1
   1: 2
   2: 3
   length: 3
 ▶__proto__: Array(0)
```

图 4.3　代码 4-11 控制台输出结果图

数组对象 Array 有一个 prototype 属性，在 TypeScript 中却不能直接向 Array 对象上动态添加属性和方法。那么 TypeScript 中如何打破这种限制，让不可能变成可能呢？答案是要借助接口 interface Array<T>来实现。代码 4-12 给出了如何通过接口来扩展 Array 对象的示例。

【代码 4-12】 Array 泛型对象扩展示例代码：ts012.ts

```
01    interface Array<T>{
02       prop: string;
03       log(msg: string):void ;
04    }
05    Array.prototype.prop = "扩展属性";
06    Array.prototype.log = function (msg: string) {
07       console.log(msg);
08    }
09    let arrs = new Array();
10    console.log(arrs.log(arrs.prop));        //扩展属性
11    let arrs2 = new Array();
12    console.log(arrs2.log(arrs2.prop));        //扩展属性
```

从代码 4-12 中可以看出，首先需要定义一个 interface Array<T>的泛型接口，然后在接口中定义一个属性 prop 和一个方法。这个接口中的定义就决定了 Array.prototype 上哪些属性和方法可以扩展。05 行在 Array.prototype 的原型链上对扩展属性 prop 进行了赋值；06~08 行在 Array.prototype 的原型链上对扩展方法 log 进行了实现。Array.prototype 可以让 Array 声明的每个数组实例对象都具有扩展的属性和方法。

数组类型是按对象来引用的，不是按值来引用的。

前面提到，可以用 typeof 操作符来判断一个对象的类型，在某些情况下，返回的类型是明确的，但是对于数组而言会返回"object"。怎么快速判断一个对象是否为数组类型呢？其实可以用数组对象 Array 的 isArray 方法来判断。代码 4-13 给出一个用 Array.isArray 方法判断对象类型的示例。

【代码 4-13】 Array.isArray 方法示例代码：ts013.ts

```
01    console.log(Array.isArray([1, 2, 3]));  // true
02    console.log(Array.isArray({foo: 123}));        // false
03    console.log(Array.isArray('foobar'));   // false
04    console.log(Array.isArray(undefined));  // false
```

Array.isArray 是 ES5 的数组方法，部分低版本的浏览器存在兼容性问题。

另外，可以用 arrs instanceof Array 和 Object.prototype.toString.call(arrs)这两种方法来判断一个对象是否为数组；前者返回 true 或 false；后者如果是数组对象，就返回[object Array]。

由于数组是引用类型对象，因此数组在使用的时候一定要格外小心，防止在其他地方被修改。代码 4-14 给出了验证数组是引用类型的示例。

【代码 4-14】 验证数组是引用类型的示例代码：ts014.ts

```
01    let arr = [2,10,6,1,4,22,3];
02    console.log(arr);   // [9, 10, 6, 4, 3, 2, 1]
03    let arr1 = arr.sort(function (a, b) { return a - b; });
04    console.log(arr1);   // [9, 10, 6, 4, 3, 2, 1]
05    let arr2 = arr.sort(function (a, b) { return b - a; });
06    arr2[0] = 9;        //输出的都一样，指向同一个对象
07    console.log(arr2);  //[9, 10, 6, 4, 3, 2, 1]
```

上述代码 4-14 中的 02 行并未打印出[2,10,6,1,4,22,3]，而是输出的[9, 10, 6, 4, 3, 2, 1]。01 行创建了一个数组 arr，03 行调用了数组的 sort 方法来排序，注意这里排序的规则写法，需要传入一个函数。排序规则函数 function (a, b)，必须返回大于零、等于零或小于零 3 个值。升序用 function (a, b) { return a - b; }），降序用 function (a, b) { return b - a; }）。05 行将数组 arr 赋值给了另一个数组 arr2，修改了 arr2 的值，arr2 会改变，arr 也会改变，arr1 也同样会改变。控制台输出的时候，arr、arr1 和 arr2 值都是一样的。

4.1.5 数组方法

数组作为程序中的一个重要数据结构，在实际应用中经常被使用。数组本身有很多内置的方法可以方便我们对数组进行各类操作。表 4.1 给出了数组常用的方法。

表 4.1 数组方法

方法	说明
concat	连接两个或更多的数组，并返回结果
every	检测数值的每个元素是否都符合条件，都符合则返回 true，只要有一个不满足条件，则返回 false
filter	过滤数值元素，并返回符合条件所有元素的数组
forEach	数组每个元素都执行一次回调函数，不能用 return
indexOf	搜索数组中的元素，并返回第一个匹配元素所在的位置，索引从 0 开始计算，若没有对应元素，则返回-1
lastIndexOf	检测数值元素的每个元素是否都符合条件，返回一个指定的字符串值最后出现的位置，在一个字符串中的指定位置从后向前搜索
join	把数组的所有元素放入一个字符串，默认用逗号分隔
map	通过指定函数处理数组的每个元素，并返回处理后的数组，即可以用 return
pop	删除数组的最后一个元素并返回删除的元素
push	向数组的末尾添加一个或更多元素，并返回新的长度
reduce	将数组元素计算为一个值（从左到右）
reduceRight	将数组元素计算为一个值（从右到左）
reverse	反转数组的元素顺序
shift	删除并返回数组的第一个元素
slice	选取数组的一部分，并返回一个新数组
some	检测数组元素中是否有元素符合指定条件
sort	对数组的元素进行排序
splice	从数组中添加或删除元素
toString	把数组转换为字符串，并返回结果
unshift	向数组的开头添加一个或更多元素，并返回新的长度
toLocalString	把数组转换为本地化的字符串，并返回结果

表 4.1 只是罗列了数组一些常用方法的说明。单从方法说明上虽然可以大致了解其基本的用途，但是具体如何在实战中使用并不清楚。为了更好地理解这些方法的具体用法。下面针对上面的每个方法用代码进行详细说明。

1. concat 方法

concat 方法连接两个或更多的数组，并返回结果。代码 4-15 给出了使用 concat 方法连接两个数组的示例。

【代码 4-15】 concat 示例代码：ts015.ts

```
01    let alpha = ["a", "b", "c"];
```

```
02    let alpha2 = ["1", "2", "3"];
03    let arrs = alpha.concat(alpha2);
04    console.log(arrs);    // ["a", "b", "c","1", "2", "3"]
05    console.log(""+arrs);    // "a,b,c,1,2,3"
```

在 TypeScript 中，concat 连接的两个数组必须是兼容的类型，否则会提示类型不兼容的错误。

在代码 4-15 中，01 行和 02 行分别创建了一个字符类型的数组 alpha 和 alpha2。03 行用 alpha.concat(alpha2)进行了两个数组的连接，并返回一个新的数组 arrs。arrs 数组的值为["a", "b", "c","1", "2", "3"]。如果调用 alpha2.concat(alpha)则值应该为["1", "2", "3","a", "b", "c"]。05 行用 ""+arrs 属于一个小技巧，可以将数组快速转成字符串，并用逗号分隔。05 行输出结果为 "a,b,c,1,2,3"。

concat 连接的两个数组只要类型兼容即可，不一定要完全一致。例如，一个 any 类型的数组和一个字符类型的数组就可以调用 concat 进行连接。

2. every 方法

every 方法检测数值中的每个元素是否都符合某种条件，都符合则返回 true，只要有一个不满足条件就返回 false。代码 4-16 给出一个使用 every 方法判断数组的每个元素是否都大于等于 100 的示例。

【代码 4-16】 every 示例代码：ts016.ts

```
01    function isBigEnough(element) {
02       return (element >= 100);
03    }
04    let passed = [22, 15, 18, 130, 184].every(isBigEnough);
05    console.log(passed);        //false
06    passed = [130, 184].every(isBigEnough);
07    console.log(passed );       //true
```

在代码 4-16 中，首先定义了一个函数 isBigEnough（函数后续章节会详细介绍）。这个函数有一个形参 element ，在函数体中就是判断传入的参数值是否大于等于 100，并返回布尔类型的值。04 行在数组字面量[22, 15, 18, 130, 184]上直接调用 every 方法，并将函数 isBigEnough 作为参数传入。由于数组字面量[22, 15, 18, 130, 184]中的 22、15 和 18 都小于 100，因此 every 方法返回 false。06 行在数组字面量[130, 184]上调用 every 方法，由于数组字面量[130, 184]中的 130 和 184 都大于 100，因此返回 true。

3. filter 方法

filter 方法可以过滤数组元素，并返回符合条件的所有元素组成的新数组。这个方法对于要从数组中挑选符合某种条件的元素来说非常适合。代码 4-17 给出一个使用 filter 方法从数组中筛选出大于等于 100 的元素示例。

【代码 4-17】 filter 示例代码：ts017.ts

```
01    function isBigEnough(element) {
02        return (element >= 100);
03    }
04    let passed = [22, 15, 18, 130, 184].filter(isBigEnough);
05    console.log(passed);        //[130, 184]
```

在代码 4-17 中，01~03 行定义了一个返回布尔值的函数 isBigEnough，作为数组的筛选条件。04 行在数组字面量[22, 15, 18, 130, 184]调用 filer 方法，并将函数 isBigEnough 作为参数传入，那么这个方法将返回[130, 184]。

4. forEach 方法

forEach 方法可以对数组进行遍历，在遍历的时候可以用一个函数作为参数来进行一些处理。数组每个元素都执行一次回调函数，但回调函数不能返回值。代码 4-18 给出一个使用 forEach 方法对数组中元素进行遍历的示例。

【代码 4-18】 forEach 示例代码：ts018.ts

```
01    let num = [7, 8, 9];
02    num.forEach(function (value) {
03        value +=2;
04        console.log(value);     //9,10,11
05    });
```

forEach 方法中的回调函数即使用 return 返回值也没有效果，forEach 方法本身会返回 void 类型。

在代码 4-18 中，01 行用 let 声明了一个 num 的数组，并初始化值为 [7, 8, 9]。02 行在数组 num 上调用 forEach 方法，并在里面传入了一个匿名函数。这个匿名函数的参数 value 表示数组的元素。虽然在回调函数中对 value 值进行加 2，但是并未对数组 num 的值产生任何改变，仍然是[7, 8, 9]。可见数组在函数参数中是按照值传递的。

5. indexOf 方法

indexOf 方法可以搜索数组中的元素（从左到右），并返回第一个匹配元素所在的索引位置，索引从 0 开始计算，若没有对应元素，则返回-1。代码 4-19 给出一个使用 indexOf 方法对数组中元素进行搜索的示例。

【代码 4-19】 indexOf 示例代码：ts019.ts

```
01    let arr =[130, 15, 18, 130, 184];
02    var index = arr.indexOf(130);
03    console.log(index);              // 0
04    console.log(arr.indexOf(130,1));  // 3
```

```
05    index = arr.indexOf(99);
06    console.log( index );                 // -1
```

在 indexOf（要搜索的值，开始索引号）方法中，其中第二个参数是可选的，规定在数组中开始检索的位置，合法取值是 0 到（数组 length - 1），若省略，则将从数组的索引 0 开始检索。在代码 4-19 中，02 行对值为[130, 15, 18, 130, 184]的数组 arr 调用 indexOf 方法搜索 130，第二个参数省略，默认从 0 开始检索。由于第一个元素就是 130（索引为 0），因此返回 0。04 行调用 indexOf 方法时，传入两个实参，并指定了要从 1 开始检索，也就是从第二个开始检索。由于第一个元素 130 不在搜索范围，因此检索到第 4 个元素 130，索引为 3。

6. lastIndexOf 方法

lastIndexOf 方法可以搜索数组中的元素（从右到左），并返回第一个匹配元素所在的索引位置。若没有对应元素，则返回-1，否则返回元素所对应的数组索引。代码 4-20 给出一个使用 lastIndexOf 方法对数组中元素进行搜索的示例。

【代码 4-20】 lastIndexOf 示例代码：ts020.ts

```
01    let arr =[130, 15, 18, 130, 184];
02    var index = arr.lastindexof(130);
03    console.log(index);                     // 3
04    console.log(arr.lastindexof(130,1));        // 0
05    index = arr.lastindexof(99);
06    console.log(index);                     // -1
```

在代码 4-20 中，02 行对值为[130, 15, 18, 130, 184]的数组 arr 调用 lastIndexOf 方法搜索 130，它的搜索是从右到左的，由于右边第二个元素是 130，因此返回这个 130 对应的下标索引 3。04 行调用 lastIndexOf 方法时，传入两个实参，并指定了要从 1 开始检索，也就是从第二个开始从右到左检索。由于最右边的 130 不在搜索范围，因此检索到第 1 个元素 130，索引为 0。

7. join 方法

join 方法将一个数组的所有元素根据传入的参数连接成一个字符串，并返回这个字符串，参数若不提供，则默认为逗号。代码 4-21 给出一个使用 join 方法对数组中元素连接成字符串的示例。

【代码 4-21】 join 示例代码：ts021.ts

```
01    let arr = [ "jack","wang","cumt" ];
02    let str = arr.join();
03    console.log( str );         //"jack,wang,cumt"
04    str = arr.join(" + ");
05    console.log( str );         //"jack + wang + cumt"
06    console.log( [1,2,3].join(8) );  //"18283"
```

join 方法中的参数既可以是字符串，也可以是数字，还可以是 null，不过都会将其转化成对应的字符串形式。

在代码 4-21 中，01 行创建了一个值为["jack","wang","cumt"]的数组 arr，02 行在数组 arr 上调用了 join 方法，由于没有传递参数，默认用逗号进行连接。因此 03 行输出的值为"jack,wang,cumt"。04 行用一个参数" + "调用了一个 join 方法，则 05 行输出的值为"jack + wang + cumt"。注意，06 行传入了一个 8 作为参数，则[1,2,3].join(8)返回"18283"。

8. map 方法

map 方法可以遍历数组中的每个元素，并通过传入回调函数来对每个数组元素进行处理，并返回处理后的数组。和 forEach 的区别是 map 可以在函数中用 return。一般情况下，map 方法返回一个数组。代码 4-22 给出一个使用 map 方法对数组中元素进行遍历处理并返回一个新数组的示例。

【代码 4-22】 map 示例代码：ts022.ts

```
01    let numbers = [130, 15, 18, 130, 184];
02    function fnAdd(element) {
03        return element + 2;
04    }
05    let roots = numbers.map(fnAdd);
06    console.log(roots);  //[132,17,20,132,186]
```

map 方法如果不用 return 返回结果，就会返回一个长度和原数组一样但元素都为 undefined 的数组。

map 和 forEach 方法不同，在 forEach 中 return 语句是没有任何效果的；而 map 则可以改变当前循环的值，返回一个新的被改变过值的数组。map 中的回调函数虽然不强制必须带 return，但是本身这个方法设计的目的就是要修改某一个数组的值，也就是要有 return 语句。

从代码 4-22 中可以看出，02~04 行定义了一个函数 fnAdd，它对传入的参数加 2 后返回。05 行调用数组 numbers 的 map 方法，并将函数 fnAdd 作为参数传入，这样就可以在遍历数组元素的时候将每个元素加 2 后返回。因此 06 行输出的结果[132,17,20,132,186] 是由[130 + 2, 15 + 2, 18 + 2, 130 + 2, 184 + 2]而来。

9. pop 方法

pop 方法删除数组的最后一个元素并返回删除的元素。pop 方法删除最后一个元素时会把数组长度减 1。代码 4-23 给出一个使用 pop 方法对数组中元素进行操作的示例。

【代码 4-23】 pop 方法示例代码：ts023.ts

```
01    let numbers = [130, 15, 18, 130, 184];
02    let element = numbers.pop();
03    console.log(element);           //184
04    console.log(numbers);       // [130, 15, 18, 130];
```

在空数组中调用 pop 方法返回 undefined。

在代码 4-23 中，01 行创建了一个长度为 5 的数组 numbers，02 行在数组 numbers 上调用 pop 方法删除最后一个元素并返回该元素赋值给变量 element，这样 element 值为 184。此时数组的长度也会减 1，也就是 4，numbers 的值修改为 [130, 15, 18, 130]。

10. push 方法

push 方法向数组的末尾添加一个或更多元素，并返回新的数组，数组长度也会相应变化。如果在末尾追加的元素是多个，那么用逗号分隔。代码 4-24 给出一个使用 push 方法对数组中元素进行操作的示例。

【代码 4-24】 push 方法示例代码：ts024.ts

```
01    let numbers = [130, 15, 18, 130, 184];
02    let len = numbers.push(2,3);
03    console.log(len);                //7
04    console.log(numbers);       //[130, 15, 18, 130, 184,2,3]
```

数组 pop 方法的参数如果是多个值，就不允许直接传递数组，但可以将展开操作符和数组一块作为参数传入，如 arrs.push(...[1,2]) 。

在代码 4-24 中，01 行用数组字面量创建了一个数组 numbers，02 行在数组 numbers 上调用 push 方法在数组末尾添加 2 个元素，分别是 2 和 3。此时，数组 numbers 是长度为 7 的一个数组，值为[130, 15, 18, 130, 184, 2, 3]。

11. reduce 方法

reduce 方法接受一个回调函数作为累加器，数组中的每个值（从左到右）开始缩减，最终计算为一个值。因此 reduce 方法可以对数值类型的数值求和或者求积。这个回调函数必须有两个参数，其中第一个是回调函数返回的值或初始值，第二个参数为当前元素值。代码 4-25 给出一个使用 reduce 方法对数组中元素进行累加的示例。

【代码 4-25】 reduce 方法示例代码：ts025.ts

```
01    let numbers = [1, 2, 3];
02    let sum =function(a, b){
03       return a + b;
04    }
05    let total = numbers.reduce(sum);
06    console.log("total is : " + total );                        //6
07    console.log("total is : " +  numbers.reduce(sum,10));       //16
```

reduce 方法对于空数组是不会执行回调函数的。

在代码 4-25 中，01 行用数值字面量 [1, 2, 3]创建了一个数值 numbers；02~04 行定义了一个函数，这个函数必须有两个参数，其中 03 行返回 a 和 b 的和。第一次计算时，a 是 1，b 是 2；第二次计算时，a 是 1+2 =3，b 是 3，则 a+b 返回 6。

07 行中的 numbers.reduce(sum,10)有两个参数，除了传入一个函数，还传入了一个初始值。reduce 方法传入初始值后，第一次计算时，a 是 10，b 是 1；第二次计算时，a 是 10+1 =11，b 是 2；第三次计算时，a 是 11+2 =13，b 是 3，所以 a+b 返回 16。

reduce 可以求数组中的最大值或最小值，如代码 4-26 所示。

【代码 4-26】 reduce 求数组中最大值示例代码：ts026.ts

```
01    let numbers = [1, 2, 3];
02    let max = function (a, b) {
03        return a > b ? a : b;
04    }
05    let ret = numbers.reduce(max);
06    console.log("max : " + ret);        // 3
```

在代码 4-26 中，03 行用 return a > b ? a : b 则只返回两个值中的最大值，因此多次计算后整个数组的最大值也将产生并返回。

12. reduceRight 方法

reduceRight 方法与 reduce()的不同之处是在操作数组中数据的方向不同：reduce()方法是从左向右进行，而 reduceRight 是从右向左。代码 4-27 给出一个使用 reduceRight 方法对数组中元素进行累加的示例。

【代码 4-27】 reduceRight 方法示例代码：ts027.ts

```
01    let arrs = ["1", "2", "3"];
02    let sum =function(a, b){
03        return a + b;
04    }
05    let total = arrs.reduceRight(sum);
06    console.log( total );  //"321"
```

在代码 4-27 中，01 行用数组字面量创建了一个字符类型的数组 arrs。02~04 行定义了一个函数，由于数组类型为字符串，因此 03 行数组元素进行拼接。05 行调用 reduceRight(sum)，计算过程为：第一次计算时，a 是"3"，b 是"2"；第二次计算时，a 是"3"+"2"="32"，b 是"1"；最后 a+b 返回"321"。

13. reverse 方法

reverse 方法反转数组的元素顺序。代码 4-28 给出一个使用 reverse 方法对数组中元素进行反转的示例。

【代码 4-28】 reverse 方法示例代码：ts028.ts

```
01    let arrs= ["1", "2", "3"];
02    let ret = arrs.reverse();
03    console.log(ret);             //["3", "2", "1"]
```

reverse 方法对数组进行反转，并返回反转后的数组，但这个数组和原先的数组都指向同一个对象，因此修改一个数组的值会影响另外一个。

从代码 4-28 中可以看出，reverse 方法将数组 ["1", "2", "3"]反转为["3", "2", "1"]。如果用 ret[0] = "6" 修改数组 ret 的值，那么数组 arrs 的值也将会改变，值为["6", "2", "1"]。

14. shift 方法

shift 方法删除并返回数组的第一个元素。shift 和 pop 都是删除并返回数组的元素，但是前者是第一个元素，而后者是末尾第一个。代码 4-29 给出一个使用 shift 方法对数组进行操作的示例。

【代码 4-29】 shift 方法示例代码：ts029.ts

```
01    let numbers = [1, 2, 3];
02    let ret = numbers.shift();
03    console.log(ret);                 //1
04    console.log(numbers);       //[2, 3]
```

15. slice 方法

slice 方法选取数组的一部分，并返回一个新数组。slice 方法有两个参数。第一个参数是必需的，表示从哪里开始选取：如果是正数（0 表示数组第 1 个元素，1 表示第 2 个元素，以此类推），就从前往后数；如果是负数（-1 表示倒数第 1 个元素，-2 表示倒数第 2 个元素，以此类推），则从后往前数。第二个参数是可选的，表示选取到哪里：如果是正数，就从前往后数（包括本身），如果是负数，就从后往前数（不包括本身）。这个参数不提供的话默认选取到最大值。代码 4-30 给出一个使用 slice 方法对数组进行选取的示例。

【代码 4-30】 slice 方法示例代码：ts030.ts

```
01    let arrs = ["1", "2", "3"];
02    console.log(arrs.slice(0,3));       //["1", "2", "3"]
03    console.log(arrs.slice(1, 2));      //["2"]
04    console.log(arrs.slice(1,5));       //["2","3"]
05    console.log(arrs.slice(1));         //["2","3"]
06    console.log(arrs.slice(5));         //[]
07    console.log(arrs.slice(-1));        //["3"]
08    console.log(arrs.slice(-2));        //["2","3"]
09    console.log(arrs.slice(-5));        //["1", "2", "3"]
10    console.log(arrs.slice(-1, 0));     //[]
```

```
11    console.log(arrs.slice(-2, 3));    //["2", "3"]
12    console.log(arrs.slice(-1, 3));    //["3"]
13    console.log(arrs.slice(-2,-1));    //["2"]
```

在 slice 参数都是正数的情况下，02 行 arrs.slice(0,3)表示选取数组 arrs 下标为 0（第 1 个元素），到第 3 个元素，即["1", "2", "3"]；03 行 arrs.slice(1, 2)选取数组 arrs 下标为 1（第 2 个元素），到第 2 个元素，即["2"]；04 行 arrs.slice(1, 5)选取数组 arrs 下标为 1（第 2 个元素），到第 5 个元素（超出数组范围，选取最大值），即["2","3"]；06 行 arrs.slice(5)选取数组 arrs 下标为 5 的元素，由于越界，因此返回空数组。

当只有一个负数（负数表示选取倒数第几个元素到数组末尾）的参数时，如 07 行的 arrs.slice(-1)表示选取倒数第 1 个元素到数组的最后一个元素，即["3"]；08 行的 arrs.slice(-2)表示选取倒数第 2 个元素到数组的最后一个元素，即["2","3"]；09 行的 arrs.slice(-5)表示选取倒数第 5 个元素（越界则从 0 开始）到数组的最后一个元素，即["1", "2", "3"]。

当第一个参数是负数（表示选取倒数第几个元素）、第二个参数是正数（表示到第几个元素结束）时，如 10 行的 arrs.slice(-1, 0)表示从倒数第一个元素开始（注意方向是向右，不是向左）到第一个元素，由于倒数第一个元素向右不包含第一个元素，因此为空数组；11 行的 arrs.slice(-2, 3)表示从倒数第 2 个开始（方向向右）到第 3 个元素结束，即["2", "3"]。

当两个参数都是负数时，arrs.slice(-2,-1)表示从倒数第 2 个开始到倒数第 1 个结束（负数不包括本身），即为["2"]。

16. some 方法

some 方法用于检测数组元素中是否有元素符合指定条件，如果有就返回 true，否则返回 false。some 方法接受一个回调函数来定义规则，回调函数返回值是布尔类型的。代码 4-31 给出一个使用 some 方法对数组进行检测的示例。

【代码 4-31】 some 方法示例代码：ts031.ts

```
01    function isBigEnough(element) {
02      return (element >= 10);
03     }
04     let retval = [1, 2, 3].some(isBigEnough);
05     console.log( retval );  // false
06     retval = [12, 5, 8].some(isBigEnough);
07     console.log(retval );  // true
```

从代码 4-31 可以看出，数组只要有一个大于 10 就返回 true，如果全部小于 10 就返回 false。

17. sort 方法

sort 方法是对数组元素进行排序的，可以降序或者升序。它有一个可选参数，用来确定元素排序规则的函数。如果这个参数被省略，那么数组中的元素将按照 ASCII 字符顺序进行排序，但是默认的排序往往会产生让人奇怪的结果，如[2,10,6,1,4,22,3].sort()的结果是 [1, 10, 2, 22, 3, 4, 6]。这是由于默认会调用 toString 方法后再排序，虽然数值 10 比 2 大，但是在进行字符串比较时“10”则排在“2”前面。

一般情况下都需要定义一个返回大于 0、等于 0 和小于 0 三种结果的函数来确定排序规则。函数 function(a,b){ return a-b;}定义了升序规则，而 function(a,b){ return b-a;}定义了降序规则。代码 4-32 给出一个使用 sort 方法对数组进行排序的示例。

【代码 4-32】 sort 方法示例代码：ts032.ts

```
01    let arr = [2, 10, 6, 1, 4, 22, 3]
02    console.log(arr);       //[1, 2, 3, 4, 6, 10, 22]
03    let arr1 = arr.sort(function (a, b) {
04        //升序
05        return a - b;
06    });
07    console.log(arr1);      //[1, 2, 3, 4, 6, 10, 22]
```

sort 会改变原数组的值。

18. splice 方法

splice 方法可以向数组中添加值，也可以从数组中删除值，然后返回被删除的项目。splice 语法为 arr.splice(index, howmany, item1,...,item*N*) 。其中几个参数说明如下：

- index 是必需参数，是整数，规定添加/删除项目的位置。使用负数可从数组结尾处确定位置，比如-1 表示倒数第一个元素的位置、-2 表示倒数第二个元素的位置。
- howmany 也是必需参数，表示要删除的项目数量。如果设置为 0，就不会删除项目。
- item1, ..., item*N* 是可选参数，表示向数组添加的新元素。

代码 4-33 给出一个使用 splice 方法对数组进行操作的示例。

【代码 4-33】 splice 方法示例代码：ts033.ts

```
01    let arr = ["orange", "banana", "apple"];
02    let removed = arr.splice(2, 1, "tea");
03    console.log(arr);          //["orange", "banana", "tea"]
04    console.log(removed);      //"apple"
05    let arr2 = [1, 2, 3];
06    let removed2 =arr2.splice(-2,2,6,8);
07    console.log(arr2);         //[1,6,8]
08    console.log(removed2);     //[2,3]
```

splice 方法与 slice 方法的作用是不同的，splice 方法会直接对数组进行修改。

19. toString 方法

toString 方法把数组转换为字符串，并返回结果。代码 4-34 给出使用 toString 方法将数组转成字符串的示例。

【代码 4-34】 toString 方法示例代码：ts034.ts

```
01    let arr = ["orange", "banana", "apple"];
02    let str = arr.toString();
03    console.log(str);      // "orange,banana,apple"
```

20. unshift 方法

unshift 方法向数组的开头添加一个或更多元素，并返回数组。代码 4-35 给出使用 unshift 方法将数组添加元素的示例。

【代码 4-35】 unshift 方法示例代码：ts035.ts

```
01    let numbers = ["1", "2", "3"];
02    let ret = numbers.unshift("4");
03    console.log(ret);                //4
04    console.log(numbers);      //["4","1", "2", "3"]
```

unshift 方法添加的元素必须和原数组类型兼容。其他数组方法涉及添加元素的情况，也必须和原数组类型兼容。

4.1.6 数组解构

解构（destructuring）是对结构进行分解。在 ES6 规范中允许按照一定的模式从数组和对象中提取值，并将提取的值赋给变量，这个操作称为解构。以前假设要声明 3 个变量，并为变量赋值，往往要写多条语句；如果通过数组的解构来为多个变量赋值，一条语句即可，简洁且高效。数组解构必须将变量放到[ ]内。代码 4-36 给出传统变量赋值和使用数组解构为变量赋值的对比示例。

【代码 4-36】 传统变量赋值和使用数组解构为变量赋值示例代码：ts036.ts

```
01    let a = 1;
02    let b = 2;
03    let c = 3;
04    let [a, b, c] = [1, 2, 3];
```

在代码 4-36 中，01~03 行利用传统的变量声明和初始化方法为 3 个变量（a，b，c）赋值。04 行利用数组解构可以用一条语句完成 01~03 语句的功能。很明显，数组解构可以让代码更加简洁和清晰。本质上，这种写法属于“模式匹配”，只要等号两边的模式相同，左边的变量就会被赋予对应的值。下面是一些使用嵌套数组进行解构的例子。代码 4-37 给出嵌套数组解构的示例。

【代码 4-37】　嵌套数组解构示例代码：ts037.ts

```
01    let [a, [[b], c]] = [1, [[2], 3]];
02    console.log(a);          // 1
03    console.log(b);          // 2
04    console.log(c);          // 3
05    let [x, y] = [1] ;       // x = 1 , y = undefined
```

在代码 4-37 中，左边和右边的模式匹配，那么对应位置的值则赋予对应位置的变量。如果解构不成功，没有匹配的变量值就等于 undefined。如 05 行所示，变量 x 匹配第一个数组元素 1；变量 y 则匹配不到，为 undefined。

数组解构可以指定默认值，如“let [a, b=2] = [1]；”，则 a=1、b=2。

数组解构是有使用范围的，不是任何对象都可以被解构。如果解构语句中等号的右边不是数组 ，或者不是可遍历的结构，那么解构将会报错。例如，我们不可以对一个数值或者布尔进行数组解构，也不能对一个空对象字面量进行数组解构。代码 4-38 给出一些不能被数组解构的示例。

【代码 4-38】　不能被数组解构示例代码：ts038.ts

```
01    let [a] = 1;         //错误
02    let [b] = true;      //错误
03    let [c] = {};        //错误
```

变量的解构赋值在实际开发中有很多用途，例如可以交换变量的值。代码 4-39 给出利用数组解构完成交换变量值的示例。

【代码 4-39】　数组解构完成交换变量值示例代码：ts039.ts

```
01    let x = 1;
02    let y = 2;
03    [x, y] = [y, x];
04    console.log(x);          //2
05    console.log(y);          //1
```

从代码 4-39 可以看出，数组解构的等号右边也可以是一组变量，而不一定是常量。数组解构的另外一个常见用途是让一个函数返回多个值。函数只能返回一个值，如果要返回多个值，只能将它们放在数组或对象里返回。有了解构赋值，取出这些值就非常方便了。函数将在后续章节进行讲解，这里只要了解有这个用法即可。代码 4-40 给出了利用数组解构从函数返回值并获取多个值的示例。

【代码 4-40】 数组解构从函数返回多个值示例代码：ts040.ts

```
01    function func() {
02       return [1, 2, 3];
03    }
04    let [a, b, c] = func();
05    console.log(a);         //1
06    console.log(b);         //2
07    console.log(c);         //3
```

4.1.7 数组的遍历

数组遍历的一些方法在前面的访问数组元素小节部分也简单地介绍了一下。这里我们再回顾和归纳扩展一下。数组可以存储多个值，在对数组进行操作的时候，难免要对它进行遍历操作，从而可以对每个元素进行特定处理。数组遍历的方法比较多，下面归纳一下经常会用到的几个遍历方法。

1. 利用 for 循环遍历

数组的 length 属性可以获取数组的长度。利用 length 属性可以通过 for 循环下标来遍历数组。代码 4-41 给出在 for 循环中通过下标遍历数组的示例。

【代码 4-41】 for 循环遍历数组示例代码：ts041.ts

```
01    let arrs = ["a", "b", "c"];
02    let len = arrs.length;     // 提高循环效率
03    for (let i = 0; i < len;i++) {
04       console.log(arrs[i]);        //a b c
05    }
```

数组的 length 有时候可以被修改，可能不真实反映实际的长度。

2. 利用 for ... in 遍历

for ... in 循环用来遍历获取数组中的元素，本质上 for ... in 循环会遍历获取到数组中的属性。只有具有 Enumerable （可枚举）的属性才能被 for ... in 遍历，且获取的属性 key 是字符类型的。代码 4-42 给出在 for ... in 循环中通过获取属性遍历数组的示例。

【代码 4-42】 for ... in 遍历数组示例代码：ts042.ts

```
01    let a = [1, 2, 3];
02    for (let i in a) {
03       console.log(a[i]);      // 1 2 3
04    }
```

for...in 可以获取数组的原型扩展属性，这可能会出现错误，因此使用该方法遍历的时候一定要注意。

3. 利用 for ... of 遍历

遍历数组一种更安全的方式是用 for...of。通过 for...of 循环可以直接获取数组中的元素值，这也是谷歌等公司推荐的遍历数组和对象的方式。代码 4-43 给出用 for...of 循环遍历数组的示例。

【代码 4-43】 for...of 遍历数组示例代码：ts043.ts

```
01    let arrs = ["a", "b", "c"];
02    for (let i of arrs) {
03        console.log(i);     //a b c
04    }
```

建议用 for...in 来遍历数组。

除了利用循环来遍历数组外，数组本身的有些方法也可以实现对数组的遍历。这些方法基本上都是传入一个回调函数来对数组元素进行逻辑处理。这些方法在数组方法小节也介绍过。这里再次回顾一下。

4. forEach 遍历

forEach 是常用的一个数组遍历方法，传入的回调函数不允许返回值，即使在回调函数体中用 return 语句也无效。代码 4-44 给出用数组 forEach 方法循环遍历数组的示例。

【代码 4-44】 forEach 遍历数组示例代码：ts044.ts

```
01    let names = ["hello", "world", "!"];
02    names.forEach(function (value, index) {
03        console.log(value);     //"hello" "world" "!"
04        console.log(index);     //0 1 2
05    });
```

forEach 中的回调函数不能使用 break 语句中断循环，也不能使用 return 语句返回外层函数。

5. map 遍历

map 方法可以在传入的回调函数中返回一个新值，这样就会对原有数组中的每个元素进行统一处理，并返回新的一个数组。代码 4-45 给出用数组 map 方法循环遍历数组的示例。

【代码 4-45】 map 遍历数组示例代码：ts045.ts

```
01    let names = ["hello", "world", "!"];
```

```
02    let newNames = names.map(function (value, index) {
03        console.log(value);     //"hello" "world" "!"
04        console.log(index);     //0 1 2
05        return value.toUpperCase();
06    });
07    console.log(newNames);      //["HELLO", "WORLD", "!"]
08    console.log(names);         //["hello", "world", "!"]
```

map 是表示映射的，也就是一一对应，遍历完成之后会返回一个新的数组，但是不会修改原来的数组。

此外，数组中的 every、filter 和 some 等方法通过回调函数都可以对数组进行遍历，这里就不再赘述了。

4.1.8 多维数组

前面说的数组都是一维数组，也是最简单的数组。数组按维数可以分为一维数组和多维数组。现实中常用的多维数组为二维数组和三维数组。多维数组（高维数组）的概念特别是在数值计算和图形应用方面非常有用。

对于多维数组，我们以常用的二维数组为例进行介绍。学过 JavaScript 的人都知道，在 JavaScript 中其实没有二维数组的类型，我们实现二维数组的方法是向数组中插入数组。TypeScript 提供了不一样的方式来表示二维数组：第一个维度称为行，第二个维度称为列。

TypeScript 声明二维数组的方式有两种：

第一种用[][]来声明，语法如下：

```
let twoArrs : string[][] ;
```

第二种用 Array 来声明，语法如下：

```
let twoArrs : Array<Array<string>> ;
```

由于只是声明了二维数组 twoArrs，但并没有初始化，因此运行的时候变量的初始值是 undefined。因此不能直接调用其 push 等方法。要避免这个错误，需要在声明的时候一并初始化变量值。代码 4-46 给出了二维数组声明和初始化的示例。

【代码 4-46】 二维数组声明和初始化的示例代码：ts046.ts

```
01   let twoArrs : string[][] = new Array<Array<string>>();
02   let twoArrs2: number[][] = new Array<Array<number>>([1,2,3],[3,4,5]);
03   let twoArrs3 : Array<Array<string>> = [];
04   let twoArrs4 : Array<Array<number>> = [[1,2,3],[3,4,5]];
```

当二维数组声明并初始化之后，就可以对其进行赋值或修改具体某个元素的值了。代码 4-47 给出了二维数组的基本用法示例。

【代码 4-47】 二维数组的基本用法示例代码：ts047.ts

```
01    let towArrs: number[][] = [];
02    towArrs[0] = [1, 2, 3];
03    towArrs[1] = [3, 4, 5];
04    towArrs[0][1] = 6;       //修改
05    console.log(towArrs);
```

在代码 4-47 中，01 行首先声明了一个数值类型的二维数组，且初始化为空数组。02 和 03 行分别用一个一维数组赋值给二维数组的行。可以通过行和列索引访问二维数组中的某个具体元素，如修改二维数组的值。04 行通过 towArrs[0][1]获取二维数组第 0 行第 1 列的元素，并赋值为 6。二维数组的下标索引示意图如图 4.4 所示。

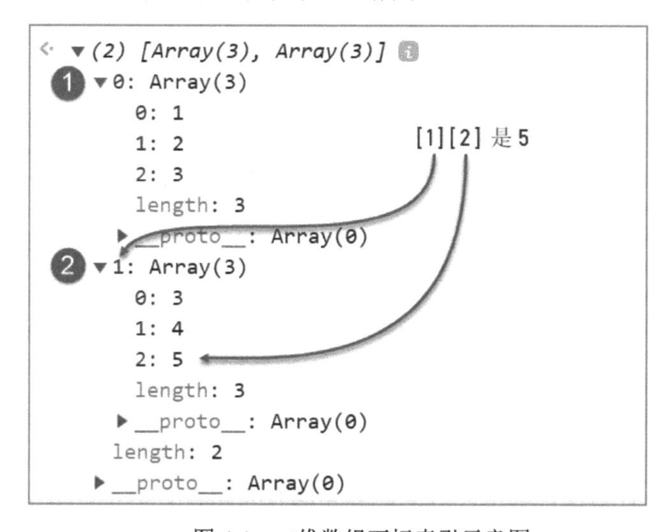

图 4.4 二维数组下标索引示意图

以代码 4-46 中的 twoArrs4 二维数组为例，它的初始值为 [[1,2,3],[3,4,5]]，也就是有 2 行 3 列。twoArrs4[0] 的值为[1,2,3] ，twoArrs4[1] 的值为[3,4,5]] ，twoArrs4[1,2]则表示第 1 行第 2 列的值，也就是 5。

多维数组的循环和一维数组类似，只是需要嵌套循环而已。代码 4-48 给出二维数组循环的示例。

【代码 4-48】 二维数组循环示例代码：ts048.ts

```
01    let towArrs: number[][] = [];
02    towArrs[0] = [1, 2, 3];
03    towArrs[1] = [3, 4, 5];
04    for (let row of towArrs) {
05        for (let item of row) {
06            console.log(item);       // 1 2 3 3 4 5
07        }
08    }
```

在 02 行处如果声明 twoArrs 数组时没有指定类型（let twoArrs: [][] = []），则在 twoArrs[0] = [1, 2, 3]赋值时会报错。

4.2 元组

元组（tuple）起源于函数编程语言（如 F#），在这些语言中频繁使用元组。数组合并了相同类型的对象，而元组合并了不同类型的对象。

4.2.1 元组的概念和特征

元组（tuple）是关系数据库中的基本概念，关系是一张表，表中的每行（数据库中的每条记录）就是一个元组，每列就是一个属性。 在二维表里，元组也称为行。元组可以是不同类型的对象集合。

元组有如下特点：

- 元组的数据类型可以是任何类型。
- 在元组中，可以包含其他元组。
- 元组可以是空元组。
- 元组赋值必须元素类型兼容。
- 元组的取值同数组的取值，元素的标号从 0 开始。
- 元组可以作为参数传递给函数。

元组的声明和初始化与数组比较类似，只是元组中的各个元素类型可以不同。需要注意元组和数组声明在语法上的区别：数组是 datatype[]，而元组是[datatype1,datatype2, ...]。下面给出一个元组的示例：

```
let row: [number, string, number] = [1, "jack", 99];
```

元组声明的时候[]中的类型不能省略，且初始化的个数必须和声明中的类型个数一致，否则报错。

上面用 let 声明了一个类型为 [number, string, number] 的元组 row。将上面的代码稍做修改后则不是元组，而是一个联合类型的数组：

```
let row2 = [1, "jack", 99];      //(string | number)[]
```

在上述代码中，TypeScript 编译器会认为是声明了一个(string | number)类型的数组。虽然二者看起来比较类似，但是在赋值的时候差异还是比较大的。

元组 row 是[number, string, number]类型的，所以第一个元素必须是数值，第二个元素必须为文本，第三个元素必须为数值。（string | number）类型的数组 row2 则可以存储零个或多个值，而且值可以是数值或者字符，顺序不要求。

值得一提的是，可以将 any 类型的变量赋值给元组。代码 4-49 给出了将 any 类型的变量赋值给元组的示例。

【代码 4-49】 将 any 类型的变量赋值给元组示例代码：ts049.ts

```
01    let a: any = true;
02    let row: [number, string, number] = [1, "jack",a];
```

4.2.2　访问元组中的值

访问元组中的值和访问数组中的元素类似，最基本的方法是通过下标定位元素，下标是从 0 开始，只是数组返回的值是同一个类型的，而元组中的值可以是不同类型的。代码 4-50 给出了访问元组元素的示例。

【代码 4-50】 访问元组元素示例代码：ts050.ts

```
01    //声明一个元组
02    let x: [string, number] = ["jack", 10.9];
03    //访问值
04    console.log(x[0]);     //"jack"
05    console.log(x[1].toFixed(2));     //10.90
06    //越界访问
07    console.log(x[2]);     //错误，越界
```

当访问一个已知索引的元素时会得到正确的类型，当访问一个越界的元素时会出现错误。

在代码 4-50 中，首先声明了一个名为 x 的元组，第一个类型是字符串，第二个类型是数值型，因此，02 行在赋值的时候，第一个必须为字符类型的值"jack"，第二个必须为数值类型的值 10.9，而且个数不能多，也不能少，否则都会出现错误。04 行用下标访问了元组的第一个元素，x[0]输出字符"jack"，当用 x[1]获取第二个数据时，编译器知道其数据类型为数值型，可以调用数值的方法 toFixed 来输出，结果为 10.90。第 07 行进行了越界访问，和数组不同，元组的个数是确定的，不能进行越界访问，编译器会显示错误。元组和数组一样，也可以对元素进行遍历。代码 4-51 给出用 for...of 对元组遍历的示例。

【代码 4-51】 用 for...of 对元组遍历示例代码：ts051.ts

```
01    let row: [number, string, number] = [1, "jack", 99];
02    for (let item of row) {
03        console.log(item);
04    }
```

元组也可以用 for ... in 进行遍历。代码 4-52 给出用 for...in 对元组遍历的示例。

【代码 4-52】 用 for...in 对元组遍历示例代码：ts052.ts

```
01    let row: [number, string, number] = [1, "jack", 99];
02    for (let item in row) {
03        console.log(row[item]);
04    }
```

元组对象本身也有类似数组的方法，比如 forEach、push 和 pop 等。因此，也可以用 forEach 方法对元组进行遍历。代码 4-53 给出用 forEach 对元组遍历的示例。

【代码 4-53】 用 forEach 对元组遍历示例代码：ts053.ts

```
01    let row: [number, string, number] = [1, "jack", 99];
02    row.forEach(function (value, index) {
03        console.log(value);
04    })
```

4.2.3 元组操作（push 和 pop）

和数组类似，元组也可以添加和删除元素。元组和数组不同的是，元组不能通过越界的下标直接往元组中追加元素。元组追加新元素可以用 push 方法，删除元素则用 pop 方法。

1. push 方法

push 方法向元组末尾添加元素，一次可以添加 1 个或者多个元素，多个元素用逗号分隔。这里 push 的元素必须和元组中各个元素类型兼容，否则不允许添加，会报错。代码 4-54 给出用 push 对元组追加新元素的示例。

【代码 4-54】 用 push 对元组追加新元素示例代码：ts054.ts

```
01    let mytuple:[number,string] = [10, "Hello"];
02    let len = mytuple.length;
03    console.log(len);       //2
04    //mytuple[2] = "3";           //错误
05    mytuple.push(12,"!");
06    //类型不是 string|number
07    //mytuple.push(true);         //错误
08    console.log(mytuple.length);        //4
09    console.log(mytuple);       //[10, "Hello",12, "!"]
```

在代码 4-54 中，01 行创建了一个[number,string]类型的元组 mytuple，它有 2 个元素，length 为 2。04 行试图用 mytuple[2] = "3"给元组扩容，但是编译器会提示错误。05 行调用元组 mytuple 的 push 方法，一次性添加了 2 个元素，此时元组长度为 4，值为[10, "Hello",12, "!"]。

2. pop 方法

pop 方法从元组中移除最后一个元素，并返回移除的元素，长度减 1。代码 4-55 给出用 pop 删除元组最后一个元素的示例。

【代码 4-55】 pop 删除元组元素示例代码：ts055.ts

```
01    let mytuple:[number,string] = [10, "Hello"];
02    let len = mytuple.length;
03    console.log(len);       //2
04    let ele = mytuple.pop();
05    console.log(mytuple.length);        //1
06    console.log(ele);       //"Hello"
```

4.2.4　元组更新

元组是可变的，这意味着可以对元组进行更新操作。当元组初始化后，可以直接通过下标访问元组中的元素并进行赋值来完成更新。代码 4-56 给出更新元组的示例。

【代码 4-56】 更新元组示例代码：ts056.ts

```
01    let mytuple:[number,string] = [10, "Hello"];
02    //更新
03    mytuple[0] = 20;
04    mytuple[1] = "my";
05    //更新必须兼容类型，此处报错
06    //mytuple[1] = true;
07    console.log(mytuple);       //[20,"my"]
```

更新时，一是不能越界，二是对赋值的类型必须和原类型兼容，否则报错。

4.2.5　元组解构

元组解构和数组解构类似，也可以把元组元素赋值给多个变量，只是解构出来的各个元素可能是不同类型的。代码 4-57 给出元组解构的示例。

【代码 4-57】 元组解构示例代码：ts057.ts

```
01    let mytuple:[number,string,string,string] = [10, "Hello", "World",
      "typeScript"];
02    //元组解构
03    let [a, b, c, d] = mytuple;
04    //let [a,b,c,d,e] = mytuple;        //不能越界解构
05    console.log(a);         //10
06    console.log(b);         //"Hello"
```

```
07    console.log(c);         //"World"
08    console.log(d);         //"typeScript"
09    let [x,y] = mytuple;
10    console.log(x);         //10
11    console.log(y);         //"Hello"
```

元组解构可以让我们的代码更加简洁。

元组解构时，不能越界解构，否则报错。

4.3 迭代器和生成器

迭代器（Iterator）和生成器（Generator）是 ES6 规范中新引入的特征。由于 TypeScript 是遵循 ES6 规范的，因此支持迭代器和生成器。迭代器和生成器本质上都是一种函数，因此本节会涉及很多函数的用法，这里读者可以先不用太关注函数的语法，先了解有这种用法即可。

4.3.1 迭代器

用循环语句迭代数据时，必须初始化一个变量来记录每一次迭代在数据集合中的位置。迭代器的使用可以极大地简化循环数据操作。这个新特性对于高效的数据迭代处理而言是非常重要的。在语言的其他特性中也都有迭代器的身影，如 for...of 循环本身就使用到了迭代器。如果一个对象实现了迭代器，就可以利用 for...of 进行循环访问了。

迭代器是一种特殊对象，具有一些专门为迭代过程设计的专有接口。所有的迭代器对象都有一个 next()方法，每次调用都返回一个结果对象。

结果对象有两个属性：一个是 value，表示下一个将要返回的值；另一个是 done，是一个布尔类型的值。当没有更多可返回数据时返回 true。

迭代器还会保存一个内部指针，用来指向当前集合中值的位置，每调用一次 next()方法，都会返回下一个可用的值。如果在最后一个值返回后再调用 next()方法，那么返回的对象中属性 done 的值为 true，属性 value 则包含迭代器最终返回的值，如果没有相关数据就返回 undefined。

到此，感觉迭代器还是比较抽象的，不知道迭代器到底长什么样子。为了模拟迭代器，代码 4-58 给出一个示例。

【代码 4-58】 迭代器示例代码：ts058.ts

```
01    function genIterator(items) {
02        let i = 0;
03        return {
04            next: function() {
```

```
05              var done = (i >= items.length);
06              var value = !done ? items[i++] : undefined;
07              return {
08                  done: done,
09                  value: value
10              };
11          }
12      };
13  }
14  let iterator = genIterator([1, 2, 3]);
15  console.log(iterator.next());       // { value: 1, done: false }
16  console.log(iterator.next());       // { value: 2, done: false }
17  console.log(iterator.next());       // { value: 3, done: false }
18  console.log(iterator.next());       // { value: undefined, done: true }
19  // 之后的所有调用
20  console.log(iterator.next());       // { value: undefined, done: true }
```

在代码 4-58 中，定义了一个函数 genIterator。该函数返回的对象有一个 next 方法，每次调用时，items 数组的下一个值会作为 value 返回。当 i 为 3 时，done 变为 true，此时三元表达式（06 行）会将 value 的值设置为 undefined。最后两次调用的结果与 ES6 迭代器的最终返回机制类似，当数据集合被迭代完后，next 方法会返回一个 value 是 undefined、done 是 true 的对象。

上面这个示例看起来还是比较复杂的，而在 TypeScript 中，迭代器的编写规则也同样复杂。TypeScript 和 ES6 一样引入了一个生成器对象，它的主要作用就是让创建迭代器对象的过程变得更简单。因此，迭代器一般是用生成器构建的。

4.3.2 生成器

生成器是一种返回迭代器的函数，通过 function 关键字后的星号(*)来表示，函数中会用到新的关键字 yield。星号和 function 关键字之间可以加一个空格，也可以不用空格。生成器函数和普通函数一样，都可以被调用，但会返回一个迭代器。代码 4-59 给出生成器的示例。

【代码 4-59】 生成器示例代码：ts059.ts

```
01  // 生成器
02  function *genIterator() {
03      yield 1;
04      yield 2;
05      yield 3;
06  }
07  // 调用生成器，返回迭代器
08  let iterator = genIterator();
09  console.log(iterator.next());           // {value: 1, done: false}
```

```
10    console.log(iterator.next().value);        // 2
11    console.log(iterator.next().value);        // 3
12    console.log(iterator.next().done);         // true
```

在这个示例中，genIterator 函数名前的星号表明它是一个生成器；yield 是生成器函数里面的关键，可以通过它来指定调用迭代器的 next 方法时的返回值及返回顺序。生成迭代器后，连续 3 次调用它的 next 方法返回 3 个不同的值，分别是 1、2 和 3。生成器的调用过程与其他函数一样，最终返回的是创建好的迭代器。

yield 关键字虽然只返回了值，但是在调用迭代器的时候却每次返回一个{value: 值, done: false 或 true}的对象。

生成器函数最有趣的部分是，每当执行完一条 yield 语句后，函数就会自动停止执行。举个例子，在上面这段代码中，执行完语句 yield 1 之后，函数便不再执行其他任何语句，直到再次调用迭代器的 next()方法才会继续执行 yield 2 语句。

使用 yield 关键字可以返回任何值或表达式，所以可以通过生成器函数批量地给迭代器添加元素。例如，可以在循环中使用 yield 关键字。代码 4-60 给出生成器通过外部传参的方式构建的示例。

【代码 4-60】 生成器通过外部传参的方式构建示例代码：ts060.ts

```
01    // 生成器
02    function* genIterator(items) {
03        let len = items.length;
04        for (let i = 0; i < len; i++) {
05            yield items[i];
06        }
07    }
08    //
09    let iterator = genIterator([1,2,3]);
10    console.log(iterator.next());              // {value: 1, done: false}
11    console.log(iterator.next().value);        // 2
12    console.log(iterator.next().value);        // 3
13    console.log(iterator.next().done);         // true
```

在这个示例中，给生成器函数 genIterator 传入一个 items 数组，可以在函数内部通过 for 循环不断从数组中获取元素，并结合关键字 yield 生成新的元素放入迭代器中。当调用生成器函数返回迭代器后，每遇到一个 yield 语句循环都会停止；每次调用迭代器的 next 方法，循环会继续运行并执行下一条 yield 语句。

yield 关键字只可在生成器内部使用，在其他地方使用会导致程序抛出错误。

另外，也可以通过函数表达式来创建生成器，只需在 function 关键字和小括号中间添加一个星号（*）即可。代码 4-61 给出生成器表达式的示例。

【代码 4-61】 生成器表达式示例代码：ts061.ts

```
01    // 生成器表达式
02    let genIterator = function* (items) {
03        let len = items.length;
04        for (let i = 0; i < len; i++) {
05            yield items[i];
06        }
07    }
08    //
09    let iterator = genIterator([1,2,3]);
10    console.log(iterator.next());              // {value: 1, done: false}
11    console.log(iterator.next().value);        // 2
12    console.log(iterator.next().value);        // 3
13    console.log(iterator.next().done);         // true
```

不能用箭头函数来创建生成器。

由于生成器本身就是函数，因此可以将它们添加到对象中。代码 4-62 给出在对象中使用生成器的示例。

【代码 4-62】 对象中使用生成器示例代码：ts062.ts

```
01    let genIterator = function* (items) {
02        let len = items.length;
03        for (let i = 0; i < len; i++) {
04            yield items[i];
05        }
06    }
07    let myObj = {
08        genIterator: genIterator
09    };
10    //
11    let iterator = myObj.genIterator([1,2,3]);
12    console.log(iterator.next());              // {value: 1, done: false}
13    console.log(iterator.next().value);        // 2
14    console.log(iterator.next().value);        // 3
15    console.log(iterator.next().done);         // true
```

在代码 4-62 中，01~06 行创建了一个生成器表达式。07~09 行用对象字面量构建了一个对象 myObj，并将 genIterator 生成器表达式绑定到对象上。11 行在此对象上通过 myObj.genIterator 调用生成器返回迭代器。

可迭代对象具有 Symbol.iterator 属性，是一种与迭代器密切相关的对象。Symbol.iterator 通过指定的函数可以返回一个作用于附属对象的迭代器。所有的集合对象（如数组）和字符串都是可迭代对象，这些对象中都有默认的迭代器。

由于生成器默认会为 Symbol.iterator 属性赋值，因此所有通过生成器创建的迭代器都是可迭代对象。

代码 4-63 通过 Symbol.iterator 获取数组 arrs 的默认迭代器，然后用它遍历数组中的元素。

【代码 4-63】 Symbol.iterator 获取数组默认迭代器示例代码：ts063.ts

```
01    let arrs= [1, 2, 3];
02    let iterator = arrs[Symbol.iterator]();
03    while (true) {
04        let a = iterator.next();
05        if (a.done) {
06            break;
07        }
08        else {
09            console.log(a.value);      // 1 2 3
10        }
11    }
```

数组和字符串都有默认的迭代器，那么如何给自己创建的对象添加迭代器，让它成为一个可迭代的对象呢？可迭代对象必须具有 Symbol.iterator 属性，并且这个属性对应着一个能够返回迭代器的函数，因此只需要将这个生成器函数赋值给 Symbol.iterator 属性即可。代码 4-64 给出如何让自定义对象变成可迭代对象的示例。

【代码 4-64】 让自定义对象变成可迭代对象示例代码：ts064.ts

```
01    //创建可迭代对象
02    let obj = {
03        items: [1,2,3],
04        *[Symbol.iterator]() {
05            for (let item of this.items) {
06                yield item;
07            }
08        }
09    }
10    obj.items.push(4);
11    obj.items.push(5);
```

```
12    //必须开启--downlevelIteration 才能迭代
13    for (let num of obj) {
14        console.log(num);
15    }
```

默认情况下，TypeScript 会提示错误，提示必须开启编译选项--downlevelIteration 才能让对象可迭代。

4.4 小结

本章主要对数组和元组进行了比较详细的介绍，包括对数组和元组的声明和初始化，以及元素访问和遍历。最后介绍了一些迭代器和生成器的相关概念和示例。

第 5 章

◀ 函 数 ▶

在现实生活中，有很多因素和另外一些因素相关，它们之间存在某种对应法则。从理论上来讲，这些因素和对应法则可以用数学函数来描述。举个例子，人的体重主要和身高、年龄以及性别有关，那么就可以用一个函数来表示它们之间的关系，如体重=f(身高，年龄，性别)。

函数（function）最早由中国清朝数学家李善兰翻译，出于其著作《代数学》。之所以这么翻译，他给出的原因是“凡此变数中函彼变数者，则此为彼之函数”，即函数是指一个量随着另一个量的变化而变化，或者说一个量中包含另一个量。

函数在 TypeScript 语言中非常重要，本身可以独立解决某类问题，并且是抽象的，具有广泛的适用性。函数可以提高代码复用性，同时让代码更加容易维护。很多语言中的系统 API 方法本质上都是一种函数。使用者无须过多关注方法内部实现的细节，只要搞清楚输入参数是什么，能得到什么结果即可。

函数可以看作是一种对现实客观规律的抽象，是对某种具体问题的建模。TypeScript 中很多对象的方法本质上就是函数，是用来定义对象行为的。TypeScript 中若没有函数，就相当于鱼儿不能在水中游，鸟儿不能在天上飞。由此可见，函数对于 TypeScript 语言的重要性。掌握好函数，可以让我们写出更简洁、可复用的代码供他人使用。函数就是一种服务。

本章主要涉及的知识点有：

- 函数的定义和调用：学会如何声明一个函数，以及如何进行调用。
- 函数的参数及其分类：学会函数中可选参数、剩余参数、默认参数等基本用法。
- 特殊函数的语法：学会匿名函数、递归函数和 Lambda 等函数的基本用法。
- 函数和数组的组合应用：可以将数组传递给函数，也可以从函数返回数组。

5.1 一个完整的函数

在 JavaScript 中，函数是应用程序的基础。JavaScript 中很多高级功能都是建立在函数基础上的。JavaScript 可以通过函数实现对象方法、模拟类、信息隐藏和模块等高级功能。

无论是方法还是事件或构造器，它们的本质都是函数。在 TypeScript 里，虽然已经支持类、命名空间和模块，但是函数仍然是主要定义对象行为的方式。TypeScript 为 JavaScript 函数添加了额外的功能，让我们可以更容易地使用它。

5.1.1 定义函数

函数是一个独立的作用域，函数体中可以包含多条语句，并作为一个整体一起执行。TypeScript 和 JavaScript 一样，可以创建有名字的函数（普通函数）和匿名函数。

函数定义的规则有：

- 声明（定义）函数必须加 function 关键字。
- 函数名与变量名一样，命名规则按照标识符规则。
- 函数参数可有可无，多个参数之间用逗号隔开，每个参数由名字与类型组成，之间用冒号隔开。
- 函数的返回值可有可无，没有时返回类型为 void，需要时可添加别的类型。
- 大括号中是函数体，函数体内声明的变量作用域在此函数内，函数体外无法访问内部声明的变量。

那么如何声明一个函数呢？函数声明必须告诉 TypeScript 编译器函数的名称、返回类型和参数。函数体提供了函数的实际处理过程和逻辑。函数参数往往有形参和实参的区别，比如定义一个函数 add(a:number, b:number)，这里的 a 和 b 就是形参。当用 add(1, 2)进行函数调用的时候，这里的 1 和 2 就是实参。

在 TypeScript 中可以用几种方式来定义函数。

1. 函数声明

函数声明定义了一个具有指定参数的函数。函数声明的语法为：

```
function 函数名(参数1:类型,参数2:类型,... ,参数n:类型):类型
{
   // 执行代码
}
```

函数返回类型会自动进行类型推断，一般可以省略。

语法说明如下：

函数名在函数声明中是必需的，函数名必须符合标识符的规则，它在 function 关键字后面，二者用空格隔开。函数名在后续可以代表函数本身，供外部进行调用。

函数的参数可以是一个或者多个，也可以没有参数，但是小括号()不能省略。函数参数由参数名和参数类型构成，中间用冒号分隔。不同的参数之间用逗号分隔。参数名也要按照标识符的规则进行命名。不同引擎中的最大参数数量不同，一般最大不超过 255 个参数。函数的参数决定了函数需要外界传入什么数据。

函数返回类型一般可以明确指定函数的返回值类型，也可以不指定，TypeScript 会自动进

行类型推断来确定函数返回类型。在函数体中，如果没有 return 语句，那么此函数默认为 void 类型。如果有 return 语句，那么 return 值的类型必须和函数指定的返回类型兼容，否则报错。函数返回值决定了函数根据外界输入产生什么输出。

函数体是包含在一对大括号里面的代码块。函数体中主要定义了函数的处理逻辑，也决定了函数的功能。函数体相当于一个黑盒，它决定了输入参数如何产生输出结果。

如果把函数比作一个汽车的发动机，那么输入参数就是汽油，函数体就是内燃机，函数返回值就是驱动力。

函数声明定义的函数可以称为普通函数，也叫命名函数。代码 5-1 给出了函数声明的示例。

【代码 5-1】 函数声明示例代码：ts001.ts

```
01    //命名函数
02    function add(x:number, y:number):number{
03        return x + y;
04    }
```

代码 5-1 中定义了一个命名函数 add，其中包含两个类型都为 number 的参数 x 和 y，函数的返回类型也是 number，函数体中就一个语句，返回 x 和 y 的和。函数返回值类型为数值型。

2. 函数表达式

函数表达式用 function 关键字在一个表达式中定义一个函数，基本语法为：

```
let 或 var 函数表达式名 = function 函数名(参数 1:类型,参数 2:类型,... ,参数 n:类型):类型
{
   // 执行代码
}
```

函数表达式从语法上看起来是将函数声明赋值给了一个变量。在函数表达式中，函数名可以省略，此时函数就是匿名函数，即 function 关键字后直接就是小括号。一般来说，单独定义一个匿名函数是没有意义的，因为定义后无法继续调用，因此匿名函数一般都是出现在函数表达式中。这个函数表达式名可以作为函数对象，在后续进行调用。代码 5-2 给出了函数表达式的示例。

在函数表达式中，函数名只是函数体中的一个本地变量。外部并不能通过函数名来调用函数。

【代码 5-2】 函数表达式示例代码：ts002.ts

```
01    //函数表达式
02    let add = function(x:number, y:number):number{
03        return x + y;
04    }
```

在代码 5-2 中，通过函数表达式定义了一个匿名函数，这个函数有两个参数 x 和 y，都是数值类型的。函数体中用 return 返回 x 和 y 的和。函数返回值类型为数值型。

前面提到，在函数表达式中，函数名只是函数体中的一个本地变量，外部并不能通过函数名来调用函数。这段话究竟如何理解呢？请看下面的代码 5-3。

【代码 5-3】　函数表达式中函数名调用示例代码：ts003.ts

```
01    let a = function add(x:number,y:number):number {
02        return x + y;
03    }
04    console.log(a(2,3));        //5
05    console.log(add(2,3));      //错误
```

在代码 5-3 中，05 行是错误的，无法调用。函数表达式中虽然声明了函数名为 add，但是它只在函数体内可见，外部不可见。因此函数表达式只能用函数表达式名进行函数调用。

函数表达式一般都是匿名的，如果给出函数名，那么这个函数表达式则称为命名函数表达式（named function expression）。如果函数表达式中有递归这种场景，也就是自己需要调用自己，那么必须用命名函数表达式。代码 5-4 给出一个求阶乘的函数表达式，此函数中有递归的示例用法。

【代码 5-4】　阶乘的函数表达式示例代码：ts004.ts

```
01    //命名函数表达式
02    let func= function factorial(n: number): number {
03        if (n <= 1) {
04            return 1;
05        }
06        else {
07            return n * factorial(n - 1);        //需要函数名 factorial
08        }
09    }
10    console.log(func(3));      //6
```

在代码 5-4 中，用函数表达式定义了一个求阶乘的函数 factorial。由于阶乘是自己要调用自己的一种函数，因此必须给此函数表达式命名，在函数体内只能用此函数名来进行递归调用，不能用函数表达式名来递归。

被函数表达式赋值的变量会有一个 name 属性，如果你把这个变量赋值给另一个变量，那么这个 name 属性的值也不会改变。

如果函数表达式中的函数是一个匿名函数，那么 name 属性的值就是被赋值的变量的名称。如果函数不是匿名的，那么 name 属性的值就是这个函数的名称，具体如代码 5-5 所示。

【代码 5-5】　函数表达式 name 属性示例代码：ts005.ts

```
01    let add = function (n: number) {
```

```
02        return n * 2;
03    }
04    console.log(add.name);           //add
05    let add2 = add;
06    console.log(add2.name);          //add
07    let add3 = function funcName (n: number) {
08        return n * 2;
09    }
10    console.log(add3.name);          //funcName
```

在代码 5-5 中，01~03 行定义了一个名为 add 的函数表达式，此函数是一个匿名函数。04 行打印 add 函数表达式的 name 属性为 add。05 行将 add 函数表达式赋值给另一个变量 add2，06 行打印 add2 变量的 name 属性也是 add。07~09 行定义了一个命名的函数表达式，当打印 add3 的 name 属性时，输出的是函数名 funcName。

3. 箭头函数表达式

箭头函数表达式的语法比函数表达式更简洁，并且没有自己的 this 和 arguments 等内部变量。箭头函数表达式不能用作构造函数。箭头函数表达式的基本语法为：

```
let 或 var 箭头表达式名 = (参数 1:类型,参数 2:类型,... ,参数 n:类型) => {
    // 执行代码
}
```

箭头函数表达式也是一个匿名函数。引入箭头函数的优点就是更简短的函数定义且不绑定 this。箭头函数表达式是用箭头符号（=>）连接函数参数部分和函数体部分。

如果参数只有一个，并省略参数的类型，就可以将圆括号省略；如果是一个参数且有参数类型，那么圆括号不能省略。在函数体中，如果只有一条语句，那么可以省略大括号，否则不能省略。代码 5-6 给出箭头表达式的示例。

【代码 5-6】 箭头表达式示例代码：ts006.ts

```
01    let add = (a: number, b: number) => {
02        return a + b;
03    };
04    console.log(add(2, 3));          //5
```

在代码 5-6 中，用箭头表达式创建了一个函数表达式。它有两个参数，一个是数值类型的 a，一个是数值类型的 b。函数体中 return 返回了 a 和 b 的和。当箭头表达式中定义的函数只有一个参数且没有指定参数类型时，那么圆括号可以省略，如代码 5-7 所示。

【代码 5-7】 箭头表达式圆括号省略示例代码：ts007.ts

```
01    let add = a => a + 3;        //
02    console.log(add(2));         //5
```

代码 5-7 中 01 行若改成"let add = a:number => a + 3;"则报错。此时圆括号不能省略。

4. Function 对象

Function 对象可以定义任何函数。用 Function 类直接创建函数的语法如下：

```
let 或 var 函数名 = new Function(参数 1, 参数 2, ..., 参数 N, 函数体)
```

在 Function 构造函数的参数中，比较特殊的是最后一个参数，最后一个参数代表的是函数主体的文本代码。前面定义的参数都为这个函数名的参数。这些参数必须是字符串，不能是语句。代码 5-8 给出 Function 定义函数的示例。

【代码 5-8】 Function 创建函数示例代码：ts008.ts

```
01    let fnHello = new Function("msg", "console.log(\"Hello \" + msg);");
02    fnHello("World");       //"Hello World"
```

尽管可以使用 Function 构造函数创建函数，但最好不要使用它，因为用它定义函数比用传统方式要慢得多。不过，所有函数都应看作 Function 类的实例。

5.1.2 调用函数

定义函数以后，如果外部不调用函数，那么函数体内的代码是不会执行的。函数只有通过调用才可以执行函数内的代码，函数就是为被外界调用而生的。

在 TypeScript 中，函数调用主要有以下几种方式。

1. 函数模式

前面提到，定义函数主要有函数声明、函数表达式和箭头函数表达式。其中，函数声明一般为命名函数，可以通过函数名直接进行调用；函数表达式和箭头函数表达式一般为匿名函数，不能根据函数名来调用，而要用表达式名来调用。

这些函数的调用方法统称为函数模式。这也是函数调用最基本的方式。代码 5-9 给出函数声明、函数表达式和箭头表达式函数调用的基本用法。

【代码 5-9】 函数模式调用示例代码：ts009.ts

```
01    //函数声明
02    function pow(x: number, y: number): number {
03        return x ** y;
04    };
05    console.log(pow(2, 3));         //8 函数名 pow 调用
06    //函数表达式
07    let pow2 = function (x: number, y: number): number {
08        return x ** y;
```

```
09    };
10    console.log(pow2(2, 3));        //8 表达式名 pow2 调用
11    //箭头函数表达式
12    let pow3 = (a: number, b: number) => {
13       return a ** b;
14    };
15    console.log(pow3(2, 3));        //8 表达式名 pow3 调用
```

在代码 5-9 中，注意 03 行返回 x**y 的值，其中**符号代表数字乘幂，如 2**3=2*2*2=8。02 行用函数声明的方式定义了函数，名为 pow，则可以用函数名 pow 调用。07 行定义了一个函数表达式，名为 pow2，在函数外，只能用表达式名 pow2 对此函数进行调用。12 行定义了一个箭头表达式，名为 pow3，在函数外只能用表达式名 pow3 对此函数进行调用。

函数调用中传入的实际参数个数和类型必须和函数声明的一致。

函数声明创建的函数会被提升。你可以在函数声明之前使用该函数，如代码 5-10 所示。

【代码 5-10】 函数声明提升示例代码：ts010.ts

```
01    console.log(add(2, 3));        //5
02    //函数声明提升
03    function add(x:number, y:number):number{
04       return x + y;
05    }
```

在代码 5-10 中，01 行就调用了一个 add 函数，但是这个函数是在 03 行才定义的。这就说明了此函数声明被编译器提升到了顶部。

函数表达式和箭头函数表达式不会像函数声明一样被提升。

为了验证函数表达式是否真的不会进行提升，用代码 5-11 进行测试。

【代码 5-11】 函数表达式提升测试示例代码：ts011.ts

```
01    console.log(add(2, 3));        //运行时报错 add is not a function
02    //函数声明提升
03    var add = function (x: number, y: number): number {
04       return x + y;
05    }
06    console.log(add2(2, 3));       //运行时报错 add2 is not a function
07    //函数声明提升
08    var add2 = (x: number, y: number) => {
09       return x + y;
10    }
```

在代码 5-11 中，注意到这里用 var 声明函数表达式，而没有用 let 。因为 let 声明的变量只能在声明后才能调用，声明之前无法使用，编译器会在编码阶段报错。

此段代码在编码阶段没有错误，但是如果发布成 JavaScript 运行的时候就会报错说 add 不是一个函数，没有定义。

函数中的 this 一直都是比较让人迷惑的存在。虽然有规则可以判断，但是如果实际效果和预期有偏差，最简单的就是打印出 this 的值，这样就可以清晰地看出当前函数中 this 具体指向什么对象了。

为了了解 this，首先应该了解函数的作用域链。当在函数中使用一个变量的时候，首先在本函数内部查找该变量，如果找不到就找其父级函数，最后直到顶级 window，全局变量默认挂载在 window 对象下。

箭头函数没有自己的 this，它的 this 是继承父级对象而来的。默认情况下，指向箭头函数定义时所处的对象（宿主对象），而不是执行时的对象。

每个新定义的函数都有它内部的 this 值，在不同情况下 this 所指的对象是不同的。在函数声明中，一般作为独立函数调用。如果函数是独立调用的，那么 this 在严格模式中为 undefined、在非严格模式下为 window 对象。代码 5-12 给出函数声明在独立函数调用中严格模式和非严格模式下 this 的不同指向示例。

【代码 5-12】 函数声明独立函数调用 this 示例代码：ts012.ts

```
01    function add() {
02        //'use strict';     //此函数为非严格模式
03        //this 在非严格模式，this 作为全局对象 window
04        this.age = 1;
05        console.log(this.age);      //1  window.age 是 1
06    };
07    //独立函数调用
08    add();
09    function addX() {
10        'use strict';         //本函数是严格模式
11        //this 在严格模式下为 undefined
12        this.age = 1;         //运行时报错 this 是 undefined
13        console.log(this.age);
14    };
15    //独立函数调用
16    addX();
```

在代码 5-12 中定义了两个函数，其中函数 add 没有启用严格模式（use strict），而 addX 函数则启用了严格模式，这两个函数也就是模式不同，函数体其他语句均一致。我们分别调用，可以查看函数体内 this 的输出差异。在非严格模式下，add 函数中的 this 指代 window，将 this.age 赋值为 1，就是将 window.age 赋值为 1。addX 函数是在严格模式下运行的，this 为 undefined，则 this.age 报错。

在函数表达式中，如果函数表达式是独立调用的，那么 this 在严格模式中为 undefined、在非严格模式下则为 window 对象。

在箭头函数表达式中没有绑定 this，箭头函数不会创建自己的 this，它只会从自己的作用域链的上一层继承 this。如果箭头函数表达式是独立调用，那么 this 在严格模式和非严格模式下都指向父级的 this。代码 5-13 给出箭头函数表达式在独立函数调用时严格模式和非严格模式下 this 的不同指向示例。

【代码 5-13】 箭头函数表达式独立函数调用 this 示例代码：ts013.ts

```
01    let add = () => {
02        //在非严格模式下,this 指向父级 this,也就是 window
03        this.age = 1;
04        console.log(this.age);      //1
05    };
06    //独立函数调用
07    add();
08    let addX = () => {
09        'use strict';
10        //在严格模式下,this 指向父级 this,也就是 window
11        this.age2 = 2;
12        console.log(this.age2);          //2
13    };
14    //独立函数调用
15    addX();
```

由代码 5-13 可见，箭头函数表达式在独立函数调用时，不管在严格模式还是非严格模式下，函数体内的 this 都指向父级作用域的 this。

箭头函数 this 指向定义时所处的对象（宿主对象），而不是执行时的对象。

2. 方法模式

函数可以添加到对象中，相当于对象的行为，此时函数就是方法。当函数作为一个方法存在时，其调用和函数模式存在差异。在此种情况下，函数调用的方式是：

```
对象.方法名(参数...)
```

下面用对象字面量定义一个 obj 的对象，其中定义了一个 add 方法。add 方法本质上就是一个函数，这里采用了匿名函数的方式，此函数有两个类型为数值型的参数 x 和 y，在函数体中进行求和，并返回和。这个匿名函数被赋值给 obj 对象的 add 方法，那么这个函数必须用 obj.add()才可以调用。代码 5-14 给出对象方法调用的示例。

【代码 5-14】 对象方法调用示例代码：ts014.ts

```
01    let obj = {
02        add: function (x: number, y: number): number {
03            return x + y;
04        }
05    };
06    console.log(obj.add(2,3));     //5
```

函数表达式在对象类定义方法时，一般用匿名函数，即使是命名函数，也无法通过“对象.函数名”来调用。

当然也可以用箭头函数来定义对象的方法。代码 5-15 给出用箭头函数来定义对象方法的示例。

【代码 5-15】 对象方法调用示例代码：ts015.ts

```
01     let obj = {
02         add: (x: number, y: number) => x + y,
03     };
04     console.log(obj.add(2,3));         //5
```

函数被作为对象方法调用的时候，匿名函数和箭头表达式中的 this 指向什么呢？当用匿名函数赋值给方法时，this 为调用它的对象。当用箭头函数表达式赋值给方法时，this 指向的是对象的父级中的 this 对象。代码 5-16 给出函数作为方法调用时函数声明和箭头表达式中的 this 指向示例。

【代码 5-16】 对象方法调用 this 指向示例代码：ts016.ts

```
01    let c = 0;      //window.c
02    let obj = {
03        c : 2,
04        add: (x: number, y: number) => x + y + this.c,
05        add2: function (x: number, y: number) {
06            return x + y + this.c;
07        }
08    };
09    console.log(obj.add(2, 3));         //5
10    console.log(obj.add2(2, 3));        //7
```

在代码 5-16 中，04 行 add 方法是用箭头函数赋值的，this 是这个对象的父级 this，即 window，也就是“c=0;”，因此 09 行调用 obj.add(2, 3)时返回的是 5（2+3+0）。05 行用匿名函数赋值给 add2 方法，this 是指对象本身，也就是 obj，因此 10 行调用 obj.add2(2, 3)时值为 7（2+3+2）。

3. 构造器模式

函数除了可以直接调用，还可以通过 new 的方式来调用，不过此时相当于把函数当作构造函数来使用。下面创建一个 Person 函数，其中有两个参数，第一个参数为字符类型的 name，第二个参数为数值类型的 age。

此函数只打印了传入的 name 和 age 值，并不做其他处理，因此推断其返回类型是 void，如果一个函数的返回值是 void，那么可以作为构造函数调用。Person 函数的内容如代码 5-17 所示。

【代码 5-17】 Person 函数示例代码：ts017.ts

```
01    function Person(name:string, age: number ) {
02        console.log(name, age);
03    }
04    let p = new Person( 'jack', 31);        //构造器方法
05    console.log(p);
```

在代码 5-17 中，04 行用 new Person 调用该函数，并将其结果赋值给了变量 p。在 05 行对 p 进行输出，输出结果如图 5.1 所示。

```
▼Person
  ▼__proto__:
    ▼constructor: ƒ Person(name, age)
       arguments: null
       caller: null
       length: 2
       name: "Person"
      ▶prototype: {constructor: ƒ}
      ▶__proto__: ƒ ()
       [[FunctionLocation]]: VM28:1
      ▶[[Scopes]]: Scopes[1]
    ▶__proto__: Object
```

图 5.1 Person 对象的控制台输出结果

由图 5.1 可知，输出的 p 中的 constructor 构造函数上确实是声明的 Person 函数。这里的函数名第一个字母大写，是由于此时函数被当作构造函数来用，为了表示它可以用 new 来创建，以和其他函数区分。

函数只有返回值为 void 的才能用 new 进行调用。

在构造函数中，函数体内的 this 是指自身的实例对象。代码 5-18 给出一个说明构造函数调用中，函数体内的 this 指向为自身的实例对象的示例。

【代码 5-18】 Person 函数构造器调用示例代码：ts018.ts

```
01    let age = 6;
```

```
02    function Person() {
03        this.age = 0;
04        console.log(this);      //Person
05        console.log(age);       //6
06    }
07    let person = new Person();      //6
08    console.log(person.age);        //0
09    console.log(age);     //6
```

在代码 5-18 中，在 01 行首先定义了一个全局的 age 变量，值初始化为 6。02 行定义了一个 Person 函数，这个函数返回值为 void，且函数体内给 this.age 属性赋值为 0，然后 04 行打印输出 this 值，05 行打印了 age 的值。07 行用 new Person 调用了函数的构造方法，会执行 03~05 行的代码，依次输出 Person 对象实例和 6，说明函数体内要访问内部的属性 age，必须用 this.age，否则输出的是全局变量 age。

在 setInterval 和 setTimeout 中传入函数时，不管是在严格模式下还是在非严格模式下，函数中的 this 都指向 window 对象。代码 5-19 给出在 setInterval 中传入函数的示例。

【代码 5-19】 在 setInterval 中传入函数示例代码：ts019.ts

```
01     let age = 8;
02     function Person() {
03         //如果在构造函数调用，this 为本身实例
04         //如果是独立调用，如 Person()，则 this 为 window
05         this.age = 0;
06         setInterval(function () {
07             // this 指向 window
08             this.age++;
09             //console.log(this);
10             console.log(this.age);
11         }, 1000);
12     }
13     //Person();        // 1,2,3,...
14    var p = new Person();      // 9,10,...
```

在代码 5-19 中，注意 13 行注释了独立函数调用的方式 Person()。14 行用构造函数进行调用，则 05 行的 this.age=0 为本身的属性，不是 01 行定义的 age 全局变量。08 行的 this 指向 window，则 this.age++实际上就是对 01 行定义的全局变量 age 进行加 1，则每隔 1 秒进行输出，依次输出 9、10 等。

如果将 13 行取消注释、14 行注释掉，用独立函数的方法对 Person 进行调用，则此时 05 行的 this 在非严格模式下是 window，05 行将 01 行定义的 age 值覆盖成 0，因此在 08 行又对其进行加 1，则依次输出 1、2、3 等。

4. 上下文模式

上下文模式主要是利用函数的 call 和 apply 方法改变某个函数运行时的上下文，换句话说，就是为了改变函数体内 this 的具体指向对象。TypeScript 的函数有定义时上下文和运行时上下文区分，这种模式的函数调用语法为：

```
函数名.apply(对象, [参数1, 参数2, ..., 参数n] );
函数名.call(对象, 参数1, 参数2, ..., 参数n);
```

二者的区别就是参数部分，apply 是用数组进行函数参数传递，call 是用逗号分隔的多个值进行参数传递。apply 和 call 第一个参数都是 this 要指向的对象，也就是为 this 指定的上下文。如果是在对象 obj 上调用 obj.add(2,3)，那么有点像 obj.add.apply(obj,[2,3])。使用 apply 或 call 进行函数调用，this 指向是由 apply 或 call 的第一个参数决定的。代码 5-20 给出 apply 和 call 调用函数的示例。

【代码 5-20】 apply 和 call 调用函数示例代码：ts020.ts

```
01    function add(a: number, b: number) {
02        return a + b;
03    }
04    let a = add.apply(null, [1, 2]);
05    let b = add.call(null, 1, 2);
06    console.log(a);        //3
07    console.log(b);        //3
08    let numbers = [5, 458, 120, -215];
09    let maxNums = Math.max.apply(Math, numbers);  //458
10    let maxNums2 = Math.min.call(Math, ...numbers);       //458
11    console.log(maxNums);      //458
12    console.log(maxNums2);     //-215
13    let obj = {
14       x: 99,
15    };
16    let foo = {
17       getV: function (y: number) {
18          return this.x + y;
19       }
20    }
21    console.log(foo.getV.call(obj, 3));             //102
22    console.log(foo.getV.apply(obj, [2]));          //101
23    console.log(foo.getV.apply(obj, ["2"]));        //"992"
```

apply 和 call 第一个参数也可以是 null。

在代码 5-20 中，01~03 行首先用函数声明的方式创建一个名为 add 的函数，它有两个数值类型的参数，函数体用 return 返回和，因此该函数的返回类型可以推断为数值类型。04 行和 05 行分别用 add 函数中的 apply 和 call 方法进行函数调用。由于 add 函数本身内部没有和 this 的关联对象，因此不需要传入具体对象。注意第二个参数，apply 必须传入数组，即使只有一个参数，也必须用数组；而 call 则传入逗号分隔的值。08~10 行用内置的对象 Math.max 和 Math.min 来计算数组 numbers 中的最大值和最小值。本身 Math.max 和 Math.min 的基本用法为 Math.max(1,2,3)或者 Math.min(1,2,3)，计算最大值和最小值。它们都不能用于计算数组的最大值和最小值，但是可以借助 apply 将其对数组求最大值和最小值。从 09 行的示例代码即可求出数组 numbers 的最大值为 458。第 10 行用 call 求最小值，可以利用展开运算符对数组进行展开。

由于 Math.max 和 Math.min 求最大值最小值的时候和自身 this 并没有关系，因此 09 行和 10 行也可以将第一个参数设置为 null，不影响计算结果。

16~20 行定义了一个 foo 对象，里面有一个 getV 函数，此函数的函数体中需要获取 this 的 x 属性值。其中 13~15 行定义了一个 obj 对象，其中有一个属性为 x。21 行和 22 行分别调用 foo.getV.call 和 foo.getV.apply 的时候，第一个参数就不能省略，否则不能计算出结果(NaN)。

apply 和 call 调用函数时，类型检查无效，23 行中传入了一个字符类型的数组也是可以的。

除了 apply 和 call 以外，bind 方法也可以对函数进行调用。bind 方法会创建一个新函数，称为绑定函数，当调用这个绑定函数时，bind 方法的第一个参数用来指定 this，第二个及以后的参数按照顺序作为原函数的参数来调用。代码 5-21 给出 bind 调用函数的示例。

【代码 5-21】 bind 调用函数示例代码：ts021.ts

```
01    let obj = {
02       x: 99,
03    };
04    let foo = {
05       getV: function (y: number) {
06          return this.x + y;
07       }
08    }
09    let newFunc = foo.getV.bind(obj, 2);
10    let a = newFunc();
11    console.log(a);          //101
```

在代码 5-21 中，09 行用 foo.getV.bind(obj, 2)来调用函数，那么 this 指向 obj 对象，getV 的第一个参数值为 2。但是该语句并未执行，只是创建了绑定函数 newFunc。第 10 行用 newFunc() 对该函数进行调用，则结果为 99+2 = 101。

5.1.3 返回功能

函数可以看作是输入参数和输出结果的一种映射规则。有些函数没有任何返回值，但更常见的是有返回值的函数。函数的强大之处在某种程度上来说，恰恰是由于它本身可以返回结果。

函数作为一个可以复用的代码块，在需要的时候可以进行调用。在日常实战中，我们会希望函数将执行的结果赋值到某一个变量，以便后续进一步处理。

函数要想返回值，必须在函数体中使用 return 语句实现。在执行函数体中的语句时，只要遇到 return 语句，函数就会停止执行，并返回指定的值。

具备返回功能的函数声明语法如下：

```
function 函数名(参数 1:类型 , ... , 参数 n:类型): 类型
{
   //其他代码
return 返回值;
}
```

return 关键字后跟着要返回的结果。一个函数最终执行的只能有一个 return 语句。返回值的类型需要与函数定义的返回类型一致，否则报错。

函数的返回类型很多，比如字符类型、数值类型、枚举类型等。代码 5-22 给出函数返回字符串的示例。

【代码 5-22】 函数返回字符串示例代码：ts022.ts

```
01   //返回一个字符串
02   function greet(msg: string): string {
03       return "Hello " + msg;
04   }
05   let arg = "world";
06   let msg = greet(arg);
07   console.log(msg);       // Hello world
```

在代码 5-22 中，声明了一个 greet 函数，它有一个字符类型的参数 msg，并且用 return 返回“Hello”和参数 msg 的拼接字符串。这个返回类型和函数类型一致，都是 string。在 06 行调用 greet 函数，并将函数结果赋值到变量 msg 中。07 行在控制台打印出 msg 的值为"Hello world"。

另外，函数也可以接受数组类型作为参数，这个常用于数值计算。代码 5-23 给出函数将数组作为参数的示例。

【代码 5-23】 函数将数组作为参数的示例代码：ts023.ts

```
01   //返回一个数值
02   function sum(args: number[]): number {
03       let sum = 0;
04       for (let i of args) {
```

```
05            sum += i;
06        }
07        return sum;
08    }
09    let arg = [1,2,3,4];
10    let msg = sum(arg);
11    console.log(msg);      //10
```

在代码 5-23 中，声明了一个 sum 函数，它有一个数值数组类型的参数 args，并且用 return 返回传入参数的累加值，这个返回类型和函数类型一致，都是 number。09 行定义了一个数组 arg 并初始化值，作为调用 sum 函数的参数，并将函数结果保存到变量 msg 中。11 行在控制台打印出值为 10（1+2+3+4）。

数组作为一个函数参数的好处是，数组可以作为一个整体传入，但是数组中的元素个数是动态的，这样就可以让 sum 函数更加灵活。也就是 sum 函数可以计算很多个元素的和，例如调用 sum([2,3])将返回 5、调用 sum([1,2,3,4,5])将得到 15。

函数还可以返回一个函数。

函数还可以返回枚举类型。代码 5-24 给出一个示例。

【代码 5-24】 函数返回枚举示例代码：ts024.ts

```
01    //定义一个枚举
02    enum Grade{
03        A,
04        B,
05        C,
06        D
07    }
08    //返回一个枚举
09    function getGrade(score: number): Grade {
10        if (score > 90) {
11            return Grade.A;
12        }
13        else if (score<=90 && score >= 85) {
14             return Grade.B;
15        }
16        else if (score<85 && score >= 75) {
17            return Grade.C;
18        }
19        else {
20          return Grade.D;
21        }
```

```
22    }
23    let arg = 99;
24    let msg = getGrade(arg);
25    console.log(msg);      //0
26    console.log(Grade[msg]);       //A
```

在代码 5-24 中，02~07 行创建一个名为 Grade 的枚举，它里面的枚举值为 A,B,C,D。09~22 行定义了一个函数 getGrade，它接受一个数值类型的参数 score，并返回枚举类型 Grade。函数体中会根据传入的参数 score 范围来决定返回枚举 Grade 的什么值。24 行调用该函数，按照 getGrade 函数的定义，应该是返回 Grade.A（索引为 0），因此 25 行输出是 0，要想输出枚举的名，可以使用 Grade[0]获取 A，如 26 行所示。

函数不仅可以返回简单类型，还可以返回自定义类型，如枚举或元组类型等。代码 5-25 给出了函数返回元组的示例。

【代码 5-25】 函数返回元组示例代码：ts025.ts

```
01    //返回学生信息
02    function getStudentInfo(code: string) {
03        let table = [];
04        for (let i = 0; i < 10; i++){
05            table.push([]);
06            let tupl: [string, string, number] = ["", "语文", 0];
07            tupl[0] = "00" + i;
08            tupl[1] = "语文";
09            tupl[2] = parseFloat(((100 * Math.random()).toFixed(1)));
10            table[i] = tupl;
11        }
12        console.log(table);
13        let len = table.length;
14        for (let i = 0; i < len; i++) {
15            if (table[i][0] === code) {
16                return table[i];
17            }
18        }
19        return null;
20    }
21    let arg = getStudentInfo("002");
22    console.log(arg);      //
```

在代码 5-25 中，定义了一个 getStudentInfo 函数来模拟获取学生的成绩信息，在函数体内先模拟产生了 10 条成绩数据，由于学生成绩信息中包含学生的学号、课程名称以及考试成绩，因此这个记录是一个元组，结构为[string, string, number]。

在代码 5-25 中，03 行先初始化一个空数组，然后利用循环创建 10 个不同记录的元组追加到数组 table 中。此处用到了 Math.random()函数，主要用来产生随机数。

TypeScript 是有元组概念的，但是当生成 JavaScript 时，元组的本质就是数组，如图 5.2 所示。

```
▼Array(10)
  ▶0: (3) ["000", "语文", 8.5]
  ▶1: (3) ["001", "语文", 13.4]
  ▶2: (3) ["002", "语文", 71.2]
  ▶3: (3) ["003", "语文", 74]
  ▶4: (3) ["004", "语文", 58]
  ▶5: (3) ["005", "语文", 75.6]
  ▶6: (3) ["006", "语文", 16.1]
  ▶7: (3) ["007", "语文", 16.7]
  ▶8: (3) ["008", "语文", 35.4]
  ▶9: (3) ["009", "语文", 29.4]
   length: 10
  ▶__proto__: Array(0)
▼Array(3)
   0: "002"
   1: "语文"
   2: 71.2
   length: 3
  ▶__proto__: Array(0)
```

图 5.2 代码 5-25 运行结果

元组是按引用传值的，因此循环添加值的时候注意不要用同一个 tuple 对象，否则循环后所有的值都是最后一个 tuple 的对象值。因此 06 行不能移到循环体外，否则生成的 10 条记录都为最后一条记录。

数组也是按引用传值的，当将一个数组作为函数参数的时候，在函数体内修改了数组的值，那么这个数组本身的值也被修改了。因此，即使没有 return 函数也可以修改外部的数据。代码 5-26 给出数组作为函数参数并被修改的示例。

【代码 5-26】 数组作为函数参数并被修改示例代码：ts026.ts

```
01    function change(args: number[]) {
02       for (let i = 0; i < args.length; i++) {
03          args[i] = i;
04       }
05    }
06    let arr = [1, 2, 3, 4];
07    change(arr);
08    console.log(arr);      //[0, 1, 2, 3]
```

在代码 5-26 中，01~05 行定义了一个函数 change，它接受一个 number 类型的数组，在函数体内通过循环修改了参数的值。此函数并未通过 return 返回值。06 行用[1, 2, 3, 4]初始化了一个变量 ar。07 行将 arr 作为实参去调用函数 change。08 行打印 arr 的值发现已经被修改了。

最后，函数也可以返回一个函数。本质上函数可以返回任何类型。代码 5-27 给出函数返回另一个函数的示例。

【代码 5-27】 函数返回另一个函数示例代码：ts027.ts

```
01    //定义一个枚举
02    enum Funs{
03       SUM,
04       MULTI
05    }
06    //返回一个函数
07    function getFunc(funs: Funs) {
08       if (funs === Funs.SUM) {
09          return function (score: number[]) {
10             let sum = 0;
11             for (let i of score) {
12                sum += i;
13             }
14             return sum;
15          }
16       }
17       else if (funs === Funs.MULTI) {
18           return function (score: number[]) {
19             let rest = 1;
20             for (let i of score) {
21                rest *= i;
22             }
23             return rest;
24          }
25       }
26       else {
27          throw new Error("不支持此参数");
28       }
29    }
30    let arg = Funs.SUM;
31    let func = getFunc(arg);
32    console.log(func([1, 2, 3, 4]));        //10
33    func = getFunc(Funs.MULTI);
34    console.log(func([1, 2, 3, 4]));        //24
```

在代码 5-27 中，首先定义了一个枚举 Funs，用来限定可以使用的函数名，这里有两个枚举项：SUM 和 MULTI。定义了一个 getFunc 函数，它接受一个类型为枚举 Funs 的参数，函数体根据参数会返回不同的函数。30~34 行分别用不同的实参对 getFunc 进行调用，可以看到会返回不同的值。

5.1.4 参数化功能

函数中可以有参数，但函数中的参数也可能是函数，这种就是函数的参数化功能。参数的参数化可以理解为一种代理结构，在定义函数类型的参数时，指定的函数模式实际上就是函数的约定，可以视为一种接口，只要符合这个接口定义的，不管外部具体的函数怎么定义和实现，都可以被函数当作参数来处理。

事件机制其实可以看作是一种函数的参数化功能在实际中的用例。事件中只规定了函数参数的具体格式，但不限制其实现内容，因此大大提高程序的扩展性和通用性。代码 5-28 给出函数参数化的示例。

【代码 5-28】 函数参数化示例代码：ts028.ts

```
01    let add = function (a: number, b: number) {
02        return a + b;
03    };
04    let multi = function (a: number, b: number) {
05        return a * b;
06    };
07    function calc(fn:(a: number, b: number) => number, c: number,d:number) {
08        return fn(c,d);
09    }
10    console.log(calc(add,4,2));          //6
11    console.log(calc(multi, 4, 2));         //8
```

在代码 5-28 中，先定义了两个函数：一个函数 add 返回参数的和，另一个 multi 函数返回参数的乘积，这两个函数当作参数使用。另外，还定义了一个 calc 函数，第一个参数 fn 的类型是(a: number, b: number) => number，限制了可以传入的函数格式，只能是两个 number 类型的参数，并且返回值是 number。

只要符合这个定义约定，即可作为 calc 的第一个参数进行传入并计算。从 10 和 11 行可以看出，calc(add,4,2)返回 6，calc(multi, 4, 2)返回 8。

另外，也可以直接在 calc 函数中写函数的实现逻辑。代码 5-29 给出函数参数化的另一种写法示例。

【代码 5-29】 函数参数化的另一种写法示例代码：ts029.ts

```
01    function calc(fn: (a: number, b: number) => number,c: number,d:number) {
02        return fn(c,d);
03    }
04    let c = calc(function (a: number, b: number) {
05        return a ** b;
```

```
06    }, 2, 3);
07    console.log(c);          //8
```

TypeScript 中函数参数化可以有函数签名，这样可以让代码更加安全。

5.2 函数的参数

参数是调用函数时向其传递的值。这些参数可以直接在函数中使用，无须声明和初始化。函数中的参数可以没有，也可以是一个或者多个，每个参数使用逗号分隔。

在 TypeScript 中，参数可以用“参数名:数据类型”来定义一个函数的参数，其中数据类型省略时，默认为 any 类型，可以传入任意值。

虽然参数类型可以省略，但是不建议省略，any 类型将失去静态检测的功能。

一般来说，如果 TypeScript 里的函数参数用数据类型做了限制，那么在调用函数的时候传递的实参值就不像 JavaScript 那么随意了。实参必须严格按照函数定义的约定，实参的数据类型及个数必须和形参的数据类型及个数兼容。

编译器会检查用户是否为每个参数都传入了值，且数据类型是否正确。换句话说，若传递给一个函数的实参个数和形参个数不一致，则编译器会提示错误；若参数个数相同，但是有一个形参类型和实参类型不兼容，则编译器也会提示错误。代码 5-30 给出函数调用时实参传递错误的示例。

【代码 5-30】 函数调用时实参传递错误示例代码：ts030.ts

```
01    function func(a: string, b: string) {
02        return a + " " + b;
03    }
04    let result1 = func("Jack");          // 错误，少一个参数
05    let result2 = func("Jack", "Adams", undefined);          //错误，多一个参数
06    let result3 = func("Jack", "Adams");          //正确
07    let result4 = func("Jack", 2);       // 错误，第二个参数类型不对
```

在代码 5-30 中，01~03 行声明了一个名为 func 的函数，它接受 2 个数据类型为 string 的参数，函数体返回参数的拼接值，返回类型推断为 string 类型。在 04 行调用 func 的时候只传递了一个参数，编译器报错。在 05 行调用 func 的时候传递了 3 个参数，多了一个参数，编译器也会提示错误。在 07 行调用 func 的时候传递了 2 个参数，个数是符合函数声明中参数定义个数的，但是第二个是数值 2，而形参需要的是字符串类型，因此类型不符合，编译器也会提示错误。

在 TypeScript 中，函数参数有以下几类：

- 可选参数
- Rest 参数（剩余参数）
- 默认参数

下面将分别对这几类函数参数进行详细介绍。

5.2.1 可选参数

前面提到，函数参数定义了几个，我们在调用的时候就要传递几个，且类型还必须兼容。有些情况下，在调用函数的时候，某一个参数某些情况下不是必需的，只是有些情况下才需要这个参数，但是按照前面的说法，这个参数只要在函数声明的时候定义了就必须传入。

学过 JavaScript 的人都知道，JavaScript 中函数声明时的形参和调用函数时的实参并不强制个数和类型一致，那么在 TypeScript 函数里支不支持可选的参数呢？

由于 TypeScript 是兼容 JavaScript 的，因此 TypeScript 也支持声明可选的参数。可选参数使用问号标识（？）来定义，参数一旦声明为可选的，那么在函数调用的时候既可以传值也可以不传值。代码 5-31 给出函数可选参数的示例。

【代码 5-31】 函数可选参数示例代码：ts031.ts

```
01    function func(a: string, b?: string) {
02        if (b === undefined) {
03            //避免 b = undefined
04            b = "";
05        }
06        return a + " " + b;
07    }
08    let result1 = func("Jack");                        // 正确
09    let result2 = func("Jack", "Adams", undefined);    // 错误，多一个参数
10    let result3 = func("Jack", "Adams");               // 正确
11    let result4 = func("Jack", 2);                     // 错误，第二个参数类型不对
```

在代码 5-31 中，01 行将函数 func 中第二个参数 b 设置为可选参数，格式为 b?:string。这样在调用 func 的时候，第二个参数既可以不传值也可以传值。例如，在 08 行用 func("Jack") 进行调用，虽然只传了另一个参数值，但是函数正常运行。

虽然第二个参数是可选参数，但是如果调用函数时传递了第二个参数值，那么实参的数据类型必须和形参数据类型兼容，否则报错，如 11 行，传入可选参数值为 2，是数值型的，而形参需要的是字符型，所以报错。另外，传递过多参数仍然不允许，如 09 行传入 3 个参数，而函数 func 只定义了 2 个参数，编译器提示错误。

函数的参数可以全部设为可选的，但可选的必须位于非可选参数之后，否则报错。

一般来说，如果定义了可选参数，那么在实际被外部调用时，我们是预先不知道到底有没有传值的。如果不显性传递可选参数，那么可选参数默认值是 undefined。为了函数处理得更加稳健，需要在函数体内判断一下可选参数是否为undefined，以便有区别地进行处理。在 02 行进行了可选参数 b 的判断，如果是 undefined，在函数调用的时候没有传入可选参数 b 的值，那么可以将其设置为空字符串，让返回值更具可读性。

5.2.2 Rest 参数（剩余参数）

如果函数的参数中某一部分不确定，既可能是一个参数，也可能是多个参数，这时就不太好处理了。前面虽然提到可以用数组来解决类似的问题，但是还不够优雅。在 TypeScript 中，可以用 Rest 参数来解决此类问题。

Rest 参数（剩余参数）可以接受函数的多余参数，组成一个数组，但必须放在形参的最后面。Rest 参数名前用...表示，形式如下：

```
function 函数名(a:类型, b:类型, ...restArgs:类型[]){
    // 函数逻辑
}
```

其中，最后一个参数...restArgs 就是一个 rest 参数。因此，参数 restArgs 可以传入任意数量但符合参数类型的数据。虽然函数中有一个 arguments 内置对象，实际上它也可以动态解决参数个数不确定的问题，但是相对于 Rest 参数而言，还是有一些不同：

- Rest 参数只包括那些没有给出名称的参数，arguments 包含所有参数。
- arguments 对象本质上不是数组，而 Rest 参数是数组。
- arguments 无须声明，是内置对象，而 Rest 参数是需要声明的。
- Rest 参数必须放在末尾。

剩余参数在实际调用过程中可以不传入任何参数值，也可以传递多个参数值，但是形参数据类型必须和实参数据类型兼容。代码 5-32 给出函数剩余参数的示例。

【代码 5-32】 函数剩余参数示例代码：ts032.ts

```
01    function func(a: string, ...b: string[]) {
02        if (b === undefined) {
03            //避免 b = undefined
04            b = [];
05        }
06        return a + " " + b;
07    }
08    let result1 = func("Jack");                              // 正确 "Jack "
```

```
   09    let result2 = func("Jack", "Adams", undefined);        // 正确 "Jack
Adams,"
   10    let result3 = func("Jack", "Adams","Smith");           // 正确,"Jack
Adams,Smith"
   11    let result4 = func("Jack", 2);                     // 错误，第二个参数类型不对
```

剩余参数的类型必须是数组类型的，不支持其他类型。

在代码 5-32 中，01~06 行定义了一个 func 函数，注意第二个参数 b 声明为可选的参数，此类型是 string 数组。08 行只传入了第一个参数的值，第二个参数没有传入值，运行正常。09 和 10 行在调用函数 func 的时候传入了 3 个值，运行也正常。11 行传入了 2 个参数值，但是第二个是数值 2，与形参类型 string 不兼容，编译器报错。

剩余参数在数值求和等方面非常方便。如果要求一些数值的和，那么用剩余参数将非常合适。下面定义一个 sum 函数来求和（见代码 5-33），有且只有一个参数，参数 nums 以 ... 为前缀，表明它是一个剩余参数，且参数类型为数值型数组。

【代码 5-33】 sum 函数剩余参数示例代码：ts033.ts

```
   01    function sum(...nums:number[]) {
   02        let i=0;
   03        let sum = 0;
   04        let len = nums.length;
   05        for(i = 0;i< len;i++) {
   06          sum = sum + nums[i];
   07        }
   08        console.log(sum);
   09     }
   10    sum(1);                       //1
   11    sum(1, 2, 3);                 //6
   12    sum(1, 2, 3, 4);              //10
   13    sum();                        //0
```

在代码 5-33 中，01~09 行定义了一个名为 sum 的函数，函数参数为一个剩余参数，且类型为数值数组，10 行传入一个参数 1，则求和为 1；11 行和 12 行分别传入 3 个值和 4 个值，都将正确地打印出来。13 行没有传入任何参数值，返回默认值 0。

5.2.3 默认参数

可选参数有一个不足之处，就是如果外部调用的时候没有传递值，那么其值为 undefined。这个值在函数体内一般需要显式判断并处理，但是如果这个参数有一个默认值，那么在函数体内就可以省略一些预处理工作，让代码更加简洁。

在 TypeScript 中，我们可以为函数的参数设置默认值。这样在调用函数的时候，如果不显

式传入该参数的值，则使用默认参数值；如果显式传入值，则覆盖参数默认值。函数的参数默认值是在参数声明后用等号（=）来设置的，语法格式为：

```
function 函数名(a:类型,..., b:类型= 默认值){
   // 函数逻辑
}
```

函数参数不能同时设置为可选和默认。

为了对默认参数有一个更加直观认识，代码 5-34 给出一个使用参数默认值的函数 getDiscount。该函数有两个参数：第一个是参数 price，为数值类型；第二个参数是 rate，设置了默认值 0.50，是默认参数。

【代码 5-34】 函数默认参数示例代码：ts034.ts

```
01    function getDiscount(price:number,rate:number = 0.50) {
02       let discount = price * rate;
03       return discount;
04    }
05    let a = getDiscount(1000);          //500
06    let b = getDiscount(1000, 0.6);         //600
```

在代码 5-34 中，当调用 getDiscount 函数时，如果未传入第二个参数，则默认参数使用设置的默认值 0.50；如果传入 rate 参数的实参值，则覆盖默认值，而改用传入的值。05 行调用函数未提供第二个参数的值，因此函数返回的值为 1000*0.50=500；06 行调用的时候显式地传入了第二个参数的值 0.6，因此函数返回值为 1000*0.6=600。

5.2.4 参数类型推断

如果在定义函数的时候并未指定参数的类型，那么此时编译器会根据上下文来自动推断参数的类型。一般来说，如果未指定参数类型，编译器会自动推断为 any 类型。代码 5-35 给出参数类型推断的示例。

【代码 5-35】 函数参数类型推断示例代码：ts035.ts

```
01    //x,y 推断为 any 类型
02    let myAdd = function (x, y) {
03       return x + y;
04    }
05    console.log(myAdd(2, 3));       //5
06    console.log(myAdd(2, "3"));         //"23"
```

在代码 5-35 中，用函数表达式定义了一个函数，函数参数 x 和 y 都没有显式地指定参数类型，则此时编译器会自动推断为 any 类型。05 行和 06 行分别用不同类型的参数来调用 myAdd 函数，发现都没有报错，都能正确返回结果。

自动推断类型为 any 的情况下会失去静态类型检测。

当使用参数默认值的情况下，参数会推断为默认值的类型，如 y=0.5 默认值是数值类型，那么推断为 y 为数值类型。代码 5-36 给出参数默认值的参数类型推断示例。

【代码 5-36】 默认参数类型推断示例代码：ts036.ts

```
01    //x 推断为 any 类型，y 推断为 number
02    let myAdd = function (x, y = 0.5) {
03        return x + y;
04    }
05    console.log(myAdd(2, 3));       //5
06    console.log(myAdd(2, "3"));         //错误
```

在代码 5-36 中，将第二个参数赋上默认值 0.5，由于 0.5 是数值类型的，因此编译器将自动推断 y 参数类型为数值型。此时，05 行传入两个数值类型的实参，可以正确执行并返回结果。06 行的第二个参数为字符串，不兼容数值类型，因此编译器会提示报错。

如果在赋值语句的一边指定了类型但是另一边没有指定类型，那么 TypeScript 编译器会自动识别出类型。代码 5-37 给出函数参数类型推断的另一种示例。myAdd 声明了函数的类型，当定义一个匿名函数给其赋值的时候，TypeScript 编译器会用 myAdd 的函数定义来推断匿名函数的参数类型，即 x 和 y 都是数值型的。

【代码 5-37】 函数参数类型推断示例代码：ts037.ts

```
01    let myAdd: (baseValue: number, increment: number) => number;
02    //x,y 推断为 number
03    myAdd = function (x, y) {
04        return x + y;
05    }
06    console.log(myAdd(2, 3));       //5
07    console.log(myAdd(2, "3"));         //参数类型错误
```

在代码 5-37 中，01 行定义了一个变量 myAdd，其类型是一个箭头表达式，这就限制了此变量只能赋值和此声明结构一致的表达式。03 行定义了一个匿名函数，并将其赋值给变量 myAdd，此时编译器就会根据 myAdd 的类型定义来自动推断赋值右边匿名函数的参数类型，即 x 和 y 都为 number 类型。

5.2.5 单个参数的可选括号

当用箭头表达式来定义函数时，如果函数参数有且只有一个，那么定义函数中的括号()是可选的。换句话说，括号可以省略，让代码更加简洁。代码 5-38 给出单个参数的可选括号示例。

【代码 5-38】 单个参数的可选括号示例代码：ts038.ts

```
01    let f = x => x * 2;
02    console.log(f(2));      //4
```

此函数相当于：

```
01    let f = function (x) {
02      return x * 2;
03    };
04    console.log(f(2)) ;          //4
```

省略了括号，则无法声明单个参数的类型，默认是 any。

如果要限制单个参数的类型，那么必须加括号。代码 5-39 给出单个参数限定参数类型的示例。

【代码 5-39】 单个参数限定参数类型示例代码：ts039.ts

```
01    let f = (x:number) => x * 2;
02    console.log(f(2));      //4
```

5.2.6 类型注解

JavaScript 不是一种静态类型语言。这意味着我们不能指定变量和函数参数的类型。但是，TypeScript 是一种静态类型语言，这让我们可以对变量和函数参数进行类型注解（Type Annotation）。类型注解也就是对参数或变量类型进行注释，比如限定参数为数值类型或者字符类型等。

类型注解用于强制执行类型检查。TypeScript 中不一定要使用类型注释。但是，类型注解有助于编译器检查类型，并有助于避免处理数据类型时报错。在 TypeScript 编程中，类型注解也是一种编写代码的好习惯，一方面开启静态类型检测功能，将很多潜在的类型错误及时排查出来，另一方面也让后续的维护更加容易。

可以用冒号（:）在函数的参数名后面指定类型，冒号和参数名之间可以有一个空格。代码 5-40 给出参数内联类型注解的示例。

【代码 5-40】 参数内联类型注解示例代码：ts040.ts

```
01    let stu: {
02        id: string,
03        age: number,
04        name: string
05    }
06    function print(student: {
07        id: string,
08        age: number,
```

```
09        name: string
10    }) {
11        console.log("name:" + student.name);
12    }
13    stu = {
14        id: "001",
15        age: 31,
16        name: "jack"
17    }
18    print(stu);
19    //print({id: "001"}});      //error
```

在代码 5-40 中，01~05 行声明了一个变量 stu，它用内联类型注解的方式注释了此变量的结构信息，即 3 个属性（分别是 id、age 和 name）以及每个属性的类型。06 到 12 行定义了一个 print 函数，此函数的一个形参 student 也用内联类型注解的方式注释了此变量的结构信息，结构和 stu 一致。13 行用对象字面量对 stu 变量进行赋值。18 行将其作为参数去调用 print 函数来打印参数中的 name 属性。从 19 行可以看出，如果结构不一致，则会报错。

5.3 特殊函数

相对于函数声明而言，匿名函数、递归函数、构造函数以及 lambda 函数称为特殊函数。这些函数虽然说是特殊函数，但也是比较常用的，因此非常有必要进行掌握。

5.3.1 匿名函数

顾名思义，匿名函数是一个没有函数名的函数，即 function 关键字后直接就是小括号。匿名函数和命名函数在少数地方存在差异。匿名函数在程序运行时动态声明，一般来说，单独定义一个匿名函数是没有意义的（除了匿名函数自调用），因为定义后无法继续调用。

因此需要将匿名函数赋值给一个变量，可以用 let 或者 var。这个变量即可在后续当作“函数名”来调用。可以将匿名函数赋值给一个变量，这种表达式就称为函数表达式。匿名函数的基本语法为：

```
function(参数1:类型,...,参数n:类型):类型{
    //其他语句
}
```

匿名函数若不赋值给变量，那么一般都要进行自调用，不然定义这个匿名函数将失去意义，后续无法调用。

匿名函数仅在调用时才临时创建函数对象和作用域链对象。调用完成后，立即释放，所以匿名函数比非匿名函数更节省内存空间。

一般来说，匿名函数的使用场景有如下几个。

1. 即刻自调用

匿名函数自调用的方法是在函数后直接使用 () 进行调用。代码 5-41 给出匿名函数自调用的示例。

【代码 5-41】 匿名函数自调用示例代码：ts041.ts

```
01    (function (msg:string) {
02        let x = "Hello " + msg;
03        console.log(x);
04     })("world") ;     //Hello world
```

在代码 5-41 中定义了一个匿名函数，此匿名函数有一个 string 类型的参数 msg，在自调用的时候需要进行参数传值，这里传递的值为"world" 。此函数在运行的时候才创建函数对象和作用域，执行完毕后就销毁了。因此，它不能被多次调用。

2. 回调函数

将一个函数 callback 作为另一个函数的参数时，这个 callback 叫作回调函数。回调函数在 JavaScript 中是非常重要的特征，如事件机制和 Ajax 访问都涉及函数回调。代码 5-42 给出回调函数的示例。

【代码 5-42】 回调函数示例代码：ts042.ts

```
01    function postData(data: string,func : (res:string)=> void) {
02        let rest = "get " + data + " result from post";
03        //调用回调函数
04        func(rest);
05    };
06    let a = postData("hello", function (e) {
07        console.log(e);
08    });
```

在代码 5-42 中，01~05 行定义了一个 postData 函数，它有两个参数：第一个参数为 string 类型 data；第二个参数为一个箭头函数表达式，限定了传入的参数类型是一个函数，它有一个 string 类型的参数并且返回类型为 void。06 行调用了 postData 函数，第二个实参直接传入匿名函数的定义。

3. 对象的方法

在声明对象的时候，可以用对象字面量来声明，其中对象方法往往用匿名函数来创建。代码 5-43 给出匿名函数创建对象方法的示例。

【代码 5-43】 匿名函数创建对象方法示例代码：ts043.ts

```
01    let obj = {
02        data:[1,2,3,4,5],
03        add: function (...arg: number[]) {
04            let sum = 0;
05            for (let i of arg) {
06                sum += i;
07            }
08            return sum;
09        }
10    }
11    //展开操作符
12    let a = obj.add(...obj.data);
13    console.log(a);          //15
```

在代码 5-43 中，用对象字面量创建了一个 obj 对象，其中 03 行定义了 add 方法，是用匿名函数实现的，此函数的参数为剩余参数，可以传入多个数值类型的值。obj 对象中定义了一个值为[1,2,3,4,5]的属性 data，12 行用对象 obj 调用 add 方法，由于 obj.data 是数值，不是逗号分隔的值，因此可以用...（展开操作符）来将数值展开成逗号分隔的值列表。

5.3.2 构造函数

构造函数是一种特殊的方法，主要用来在创建对象时初始化对象，即为对象成员变量赋初始值。构造函数总与 new 操作符一起使用。TypeScript 也支持使用内置的构造函数 Function()来定义函数，语法格式如下：

```
let res = new Function("参数 1","参数 2",...,"参数 n","函数体")
```

Function()构造函数允许运行时代码动态地创建和编译。在这个方式上，它类似于全局函数 eval()。Function()构造函数每次执行时都解析函数主体，并创建一个新的函数对象。所以，在一个循环或者频繁执行的函数中调用 Function()构造函数的效率是非常低的。代码 5-44 给出 Function 构造函数创建函数的示例。

【代码 5-44】 Function 构造函数创建函数示例代码：ts044.ts

```
01    let myFunction = new Function("x", "y", "return x * y");
02    let x = myFunction(4, 3);
03    console.log(x);          //12
```

new Function 这种方式一般不建议使用。

值得注意的是，返回值为 void 的函数。在函数声明时，默认会生成一个同名的构造函数，可以用 new 函数名来调用。代码 5-45 给出构造函数调用的示例。

【代码 5-45】 构造函数调用示例代码：ts045.ts

```
01    function Add(x: number, y: number) {
02        console.log(x + y);
03    }
04    let a = new Add(2, 3);
05    console.log(a);          //5
```

只有返回值为 void 的函数才能用 new 进行调用。

构造函数不能返回非空的值，为了区分哪些函数可以调用构造函数、哪些函数不可以调用构造函数，约定的命名规则是不同的，可以用构造函数调用的函数首字母大写，不能用构造函数调用的首字母小写。

5.3.3 递归函数

程序调用自身的过程称为递归（recursion）。递归作为一种算法在程序设计语言中广泛应用。有些现实问题如果不借助递归，那么可能是无法求解的。

递归往往只需少量的代码就可以描述出解题过程所需要的多次重复计算，大大地减少了程序的代码量。递归的能力在于用有限的语句来定义对象的无限集合。

一般来说，递归需要有退出条件、递归前进段和递归返回段。当退出条件不满足时，递归前进；当退出条件满足时，递归返回。

递归函数在函数内调用函数本身。举个例子：斐波那契数列的排列是 1，1，2，3，5，8，13，21，34，55，89，144……以此类推下去，我们会发现，它后一个数等于前面两个数的和。在这个数列中的数字就被称为斐波那契数。

如果想求解斐波那契数，那么必须借助递归函数来求解。首先分析数列的递归表达式如下：

$$f(n)=\begin{cases} n & n\leqslant 1 \\ f(n\text{-}1)+f(n\text{-}2) & n>1 \end{cases}$$

此函数的解析式是一个分段函数，其中第二段可以看到是一个递归函数，自身调用自身。代码 5-46 给出递归函数求解斐波那契数的示例。

【代码 5-46】 递归函数求解斐波那契数示例代码：ts046.ts

```
01    function F(n:number){
02        if (n <= 1) {
03            return n;
04        }
05        else {
06           return F(n-1)+F(n-2);
07        }
08    }
```

```
09    let a = F(10);
10    console.log(a);          //55
```

代码 5-46 就是将斐波那契数的解析式翻译成 TypeScript 代码。图 5.3 给出斐波那契数 F(6)的计算过程示意图。

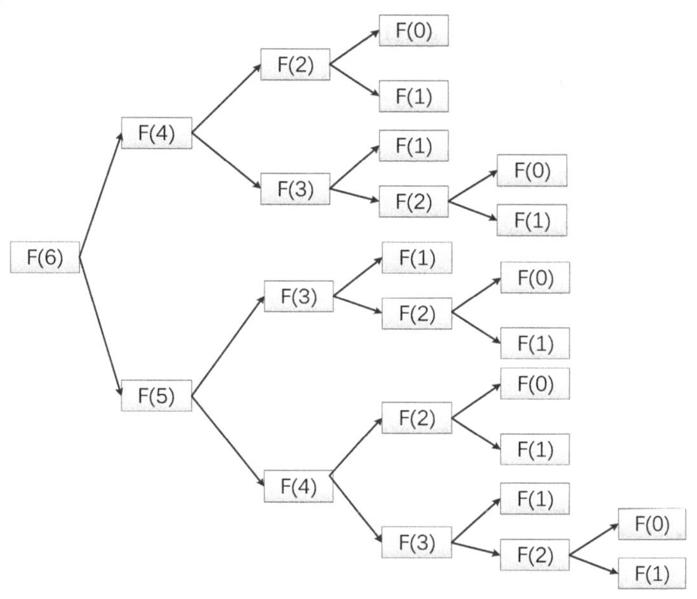

图 5.3　斐波那契数 F(6)的计算过程示意图

另外，数学上的阶乘也是递归的典型示例。其解析式为：

$$f(n)=\begin{cases}1 & n=0\\ n*f(n\text{-}1) & n>0\end{cases}$$

我们可以用箭头函数来递归求解阶乘。代码 5-47 给出递归函数求解阶乘的示例。

【代码 5-47】 递归函数求解阶乘示例代码：ts047.ts

```
01    var fact = (x) => (x == 0 ? 1 : x * fact(x - 1));
02    let n = fact(5);
03    console.log(n);          //120
```

图 5.4 给出阶乘 fact(5)的计算过程示意图。

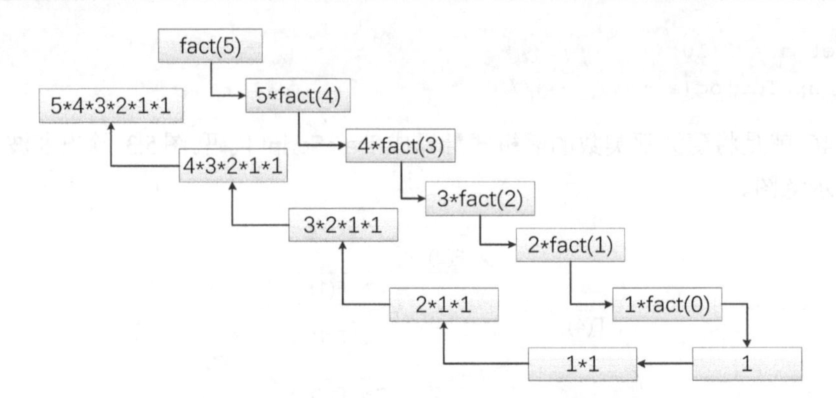

图 5.4 阶乘 fact(5)的计算过程示意图

5.3.4 lambda 函数

lambda 表达式基于数学中的 λ 演算得名，是没有函数名的函数。lambda 函数是用箭头符号（=>）声明的，因此 Lambda 函数也称为箭头函数。箭头函数表达式的语法比函数表达式更短，基本语法为：

```
(参数 1:类型, 参数 2:类型,…,参数 n:类型 ) => {函数逻辑语句};
```

函数只有一行语句时，大括号可以省略（return 也可以省略）。代码 5-48 给出 lambda 函数示例，该函数返回两个数的和。

【代码 5-48】 lambda 函数求和示例代码：ts048.ts

```
01    let sum = (x: number, y: number) => x + y;
02    let ret = sum(2, 3);
03    console.log(ret);
```

如果 lambda 函数有多条语句，那么大括号不能省略，如代码 5-49 所示。

【代码 5-49】 lambda 函数求和多条语句示例代码：ts049.ts

```
01    let sum = (x: number, y: number) => {
02        let ret = x + y;
03        return ret;
04    }
05    let ret = sum(2, 3);
06    console.log(ret);
```

如果参数就一个（单个参数）且没有给出参数类型，那么函数声明中的 () 是可选的，如代码 5-50 所示。

【代码 5-50】 lambda 函数单个参数示例代码：ts050.ts

```
01    let display = x => {
02        console.log("输出为 "+x);
```

```
03    }
04    display(12);        //输出为 12
```

无参数时必须设置空括号，不能省略，如代码 5-51 所示。

【代码 5-51】 lambda 函数无参数示例代码：ts051.ts

```
01    let display = () => {
02        console.log("函数被调用") ;
03    }
04    display();      //函数被调用
```

当返回值是对象字面量时，为了避免函数体的大括号与对象字面量的大括号冲突，必须在字面量上加一对小括号，如代码 5-52 所示。

【代码 5-52】 lambda 函数返回值是对象字面量示例代码：ts052.ts

```
01    let func = params => (
02        {
03            name: "jack",
04            data : params
05        }
06    );
07    console.log(func("wang"));
```

箭头函数没有绑定 this 变量，默认指向定义它时父对象的 this 对象。代码 5-53 给出一个相对复杂的函数示例。

【代码 5-53】 lambda 函数 this 示例代码：ts053.ts

```
01    function func() {
02        //"use strict";
03        console.log(this);
04        let array = [3, 4, 5];                //局部变量
05        this.array = [2, 3, 4];
06        let calculator = {
07            array: [1, 2, 3],
08            sum: () => {
09                console.log(this);         //父级 this 指向
10                return this.array.reduce((result, item) => result + item);
11            },
12            sum2: function () {
13                console.log(this);
14                return this.array.reduce((result, item) => result + item);
15            }
16        };
17        console.log(calculator.sum());
```

```
18        console.log(calculator.sum2());
19    }
20    //构造函数调用
21    //new func();
22    //独立调用
23    func();
```

在代码 5-53 中，并未在 window 对象下直接定义函数，而是先用函数 func 创建了一个独立的作用域。在函数 func 中，定义了一个 calculator 对象，用对象字面量方式创建了一个 sum 和 sum2 方法。sum 是用箭头函数构建的，而 sum2 是用匿名函数构建的。17 行和 18 行分别对 calculator 对象的 sum 和 sum2 方法进行了调用。

23 行用独立函数调用的方式（func()）进行调用。此时，默认情况下是非严格模式，所以 func 内的 this 为 window 对象。05 行的 this.array = [2, 3, 4]相当于 window.array = [2, 3, 4]。09 行箭头函数中的 this 指向父对象运行时的 this 指向，也就是 window，因此 17 行输出结果为 9。13 行的 this 指向调用它的对象，即 calculator 自身，因此第 14 行的 this.array 值为[1, 2, 3]，18 行则输出 6。

如果将 02 行注释去掉，则为严格模式，此时 func 里面的 this 为 undefined，则在运行 05 行的时候就会报 TypeError 错误。

如果用构造函数调用 new func()，则不管函数 func 是严格模式还是非严格模式，func 里面的 this 均指向 func 对象本身，因此 09 行箭头函数中的 this 指向父对象的 this，也就是 func 对象，17 行输出结果为 9，为[2, 3, 4]数值的和。13 行仍然指向 calculator 自身。因此，第 14 行的 this.array 值为[1, 2, 3]，18 行输出 6。

箭头函数也没有绑定 arguments 变量，因此在箭头函数里面不能使用内置的 arguments 对象。代码 5-54 给出 lambda 函数中使用 arguments 的错误示例。

【代码 5-54】 lambda 函数中使用 arguments 示例代码：ts054.ts

```
01    var arr = () => arguments[0];
02    arr();       //arguments 不可用
```

箭头函数虽然从语法本身上看是可以作为构造函数调用的，但是由于其内部没有绑定 this，因此不能为函数中的属性初始化值。代码 5-55 给出 lambda 函数用作构造函数的示例。

【代码 5-55】 lambda 函数用作构造函数的示例代码：ts055.ts

```
01    let Func = (name: string, age: number) => {
02        this.name = name;
03        this.age = age;
04    }
05    let a = new Func("jack", 31);
06    console.log(window);
```

在代码 5-55 中，01~04 行定义了一个函数 Func，它具有两个参数，02~03 行分别将这两个参数赋值给了 this 对象中的 name 和 age 属性。05 行用构造函数进行调用，你会发现函数体内的 this 实际上指向 window，也就是污染了全局环境。

箭头函数可以用 prototype 扩展属性。代码 5-56 给出 lambda 函数用 prototype 扩展属性的示例。

【代码 5-56】 lambda 函数用 prototype 扩展示例代码：ts056.ts

```
01    let func = () => {
02        console.log("call");
03    }
04    func.prototype.name = "jack";
05    let a = new func();
06    console.log(a.name);
```

lambda 函数的主要用途是作为参数传入，这种语法比较简洁和高效。特别适合在定时器函数中使用。代码 5-57 给出 lambda 函数用作定时器参数的示例。

【代码 5-57】 lambda 函数用作定时器参数示例代码：ts057.ts

```
01    let timer = setTimeout(() => {
02        console.log(this);      //window
03        console.log('1 秒后执行');
04    }, 1000);
```

5.3.5 函数重载

函数重载常用来实现功能类似但所处理的数据类型不同的问题。函数重载是函数名字相同，而参数不同，返回类型可以相同也可以不同，但不能只有函数返回值类型不同。这些同名函数的形参要么个数不同，要么类型不同，要么顺序不同。

每个函数重载都必须有一个独一无二的参数类型列表。函数重载是多态的一种实现方式。JavaScript 本身不支持重载，在 TypeScript 中可以使用“变通”的方式来支持重载：先声明所有函数重载的定义，不包含方法的实现；再声明一个参数为 any 类型的重载函数并实现。函数体内要通过参数类型不同来实现不同的操作。

重载函数一般有以下几种方式。

1. 参数类型不同

例如，有两个同名的函数 disp，它们的参数都只有一个，其中一个参数类型为 string，另一个参数类型为 number。代码 5-58 给出函数重载的示例。

【代码 5-58】 函数重载示例代码：ts058.ts

```
01    //1 声明定义
02    function disp(x: string);
03    function disp(x: number);
04    //2 实现
```

```
05    function disp(x: any) {
06        if (typeof x === "string") {
07            console.log("string="+x);
08        }
09        else if (typeof x === "number") {
10            console.log("number="+x);
11        }
12        else {
13            console.log("未实现")
14        }
15    }
16    disp(2);
17    disp("2");
```

函数重载声明定义必须放在实现函数之前，否则报错。

2. 参数数量不同

例如，有两个同名的函数 disp，它们的参数都是 number 类型的，但一个函数的参数是一个，而另一个是两个。代码 5-59 给出参数数量不同的函数重载的示例。

【代码 5-59】 参数数量不同的函数重载示例代码：ts059.ts

```
01    //1 声明定义
02    function disp(x:number);
03    function disp(x:number,y:number);
04    //2 实现
05    function disp(x: any,y?:any) {
06        if (y === undefined) {
07            console.log(x);
08        }
09        else {
10            console.log(x+y);
11        }
12    }
13    disp(2);
14    disp(2,3);
```

函数重载中如果是参数个数不同，那么函数实现中对应的参数必须为可选参数，否则报错。

在代码 5-59 中，02 行函数有一个参数，03 行函数有两个参数，那么在使用这个重载函数时可能传入一个参数，也可能传入两个参数，因此第二个参数必须设置为可选参数。

3. 参数类型顺序不同

除了上面的函数重载方式之外，还可以是参数类型顺序不同的函数重载。代码 5-60 给出参数类型顺序不同的函数重载的示例。

【代码 5-60】 参数类型顺序不同的函数重载示例代码：ts060.ts

```
01    //1 声明定义
02    function disp(x: number, y: string);
03    function disp(x: string, y: number);
04    //2 实现
05    function disp(x: any, y: any) {
06        if (typeof x === "number" && typeof y === "string") {
07            console.log(x*10 + y);
08        }
09        else if (typeof y === "number" && typeof x === "string") {
10            console.log(x + y*10);
11        }
12        else {
13            console.log("未实现");
14        }
15    }
16    disp("2", 3);       //"230"
17    disp(2, "3");       //"203"
```

4. 参数默认值不同

函数重载还有一种形式，即参数默认值不同，虽然参数个数和类型以及顺序都是一样的，但是就是参数的默认值不同。代码 5-61 给出参数默认值不同的函数重载的示例。

【代码 5-61】 参数默认值不同的函数重载示例代码：ts061.ts

```
01    //1 声明定义
02    function disp(x:"Jack",y:number);
03    function disp(x:"Smith", y: number);
04    //2 实现
05    function disp(x: any, y: any) {
06        if ( x === "Jack") {
07            console.log("Jack = "+y);
08        }
09        else if (x === "Smith") {
10            console.log("Smith = "+y);
11        }
12        else {
13            console.log("未实现");
14        }
```

```
15    }
16    disp("Jack", 3);
17    disp("Smith", 6);
```

在参数默认值重载函数中，除了默认值外不允许传入其他值。代码 5-61 中的第一个参数只能是 Jack 或者 Smith，不能是其他字符串。

从以上几个示例可以看出，TypeScript 函数重载相对于 C#语言而言并非是严格意义上的重载，只是利用了重载的思想。

5.4 函数与数组

函数和数组都是比较常用的类型，函数一般用于定义动作或行为，而数组一般用于多个值的存储。函数是动，数组是静，函数可以传入数组，也可以返回数组；而数组也可以存储函数。可谓静中有动，动中有静。

5.4.1 将数组传递给函数

数组可以作为参数传入函数，相比于其他简单类型的参数，数组传参可以将多个元素当作一个整体进行操作。代码 5-62 给出数组作为函数参数的示例。

【代码 5-62】 数组作为函数参数示例代码：ts062.ts

```
01    function sum(args: number[]) {
02        let sum = 0;
03        for (let i of args) {
04            sum += i;
05        }
06        return sum;
07    };
08    let a = sum([1, 2, 3]);         //6
09    let b = sum([1, 2, 3, 4]);      //10
10    let c = sum([1]);           //1
```

在代码 5-62 中，首先定义了一个 sum 函数，它有一个参数 arg，其数据类型为 number[]，即是一个数值数组。函数体主要利用循环对参数 arg 中的元素进行求和，并返回。08 到 10 行用数组实参调用函数 sum，可以看到不同长度的数组都可以正确地求和。

数组是引用类型，因此要特别小心，在函数体内修改数组参数的值会直接改变外部数组的值。

5.4.2 从函数返回数组

一般来说，函数都具有返回值，但是函数的返回值只能是一个对象，如果要想从函数中返回多个元素，可以将其封装到数组中，从而作为一个整体对象进行返回。代码5-63给出数组作为函数返回值的示例。

【代码5-63】 数组作为函数返回值示例代码：ts063.ts

```
01  function fnMultiTwo(args: number[]) :number[] {
02      let ratio = 2;
03      let ret: number[] = [];
04      for (let i of args) {
05          ret.push(i * ratio);
06      }
07      return ret;
08  };
09  let a = fnMultiTwo ([1, 2, 3]);            //[2, 4, 6]
10  let b = fnMultiTwo ([1, 2, 3, 4]);      //[2, 4, 6,8]
11  let c = fnMultiTwo ([1]);               //[2]
```

5.5 小结

本章重点对函数的相关内容进行了详细介绍。函数作为TypeScript中非常重要的一个知识点，必须认真掌握。函数可以用函数声明、函数表达式和箭头表达式等方式进行函数定义，它们之间既有共同点也有不同点，要注意区分this的具体指代对象。这是函数的难点，虽然有基本的判断规则，但是最靠谱的还是输出this来查看当前的具体指代对象。

函数的参数分为可选参数、剩余参数和默认参数几种，这些不同类型的参数可以更好地让我们编写出更加安全和优雅的函数代码。函数的参数可以是任何类型，函数也可以作为另一个函数的参数。

另外，函数中还有一些相对于普通函数而言的特殊函数，如匿名函数、递归函数和lambda函数，这些函数适用于特别的场景下，可以让代码更加简洁。其中，递归函数可以解决很多比较复杂的问题。

最后，函数的参数可以是数组，同时也可以返回数组。函数和数组的良好配合可以打破函数参数个数的限制以及函数一般只能返回单个值的局限。

第 6 章 项目必备工具

古语云，巧妇难为无米之炊，工欲善其事必先利其器。这些都直接说明了工具对一件事情的重要性。我们学习 TypeScript 语言也是一样的，虽然可以用记事本来编写 TypeScript 代码，但是当代码比较复杂时，若没有一些编辑器等工具的辅助，则会让我们编码的效率和质量都大大降低。

因此，针对 TypeScript 语言，找到几款合适的工具，来辅助我们日常的开发，将大有裨益。开发工具建议选择开源免费的 Visual Studio Code，它对 TypeScript 的支持度非常完善，个人感觉在 Web 前端开发方面比 Visual Studio 还要好。

另外，Visual Studio Code 大量的插件（如 ESLint）可以对编写的代码进行自定义语法规则检查，可以让我们的代码更规范。本章重点对几个 Visual Studio Code 插件工具进行介绍。

本章主要涉及的知识点有：

- Visual Studio Code 工具：学会如何用 Visual Studio Code 进行 TypeScript 项目的开发以及调试。
- ESLint 工具：学会在 Visual Studio Code 中集成 ESLint 工具，并让其对代码规范进行检查。
- TSLint 工具：TSLint 工具和 ESLint 工具有点类似，但是更针对 TypeScript 的特点，可以更有针对性地对我们的代码进行规范检查。
- Jest 工具：学会在 Visual Studio Code 中集成 Jest 测试工具，并让其对代码进行测试。
- webpack 工具：学会在 Visual Studio Code 中集成 webpack 工具，并学习如何用 webpack 工具对我们的项目代码进行打包。

Visual Studio Code 对 TypeScript 的多文件项目管理和开发来说非常有好处。

6.1 使用 Visual Studio Code

最近几年，微软的 Visual Studio Code 开发工具异常火爆。Visual Studio Code 是一个轻量级且开源的、非常适合编写现代 Web 应用的一款跨平台编辑器，能运行在 Windows、Mac OS 和 Linux 之上。这标志着 Microsoft 第一次向开发者们提供了一款真正的跨平台编辑器。

Visual Studio Code 是很多前端开发人员的一款首选 Web 开发工具。它支持自定义编辑器，可以让开发人员更改布局、图标、字体和配色方案，可以打造非常个性的主题。

Visual Studio Code 支持很多种语言的开发，如 C#、Java、JavaScript、HTML、CSS、TypeScript、Ruby、Objective-C、PHP、JSON、Less、Sass 和 Markdown 等。

Visual Studio Code 支持语法自动高亮和括号匹配，同时可以对代码进行折叠和导航。Visual Studio Code 已经成为 HTML、Node.js、JavaScript 和 TypeScript 开发的首选 IDE。另外，可以通过插件扩展来增强编辑器的功能。

Visual Studio Code 主要具有以下主要功能：

1. 代码智能感知

对于一款编程开发工具而言，代码的智能提示和自动补全等功能必不可少。由于很多编程语言本身的语法和内置 API 比较多，不可能一一记住。此时代码提示就非常重要了，开发人员只要输入几个关键单词，Visual Studio Code 就可以根据当前语言的相关配置来自动进行代码提示。另外，可以很方便地对代码进行导航，跳转到定义，如图 6.1 所示。

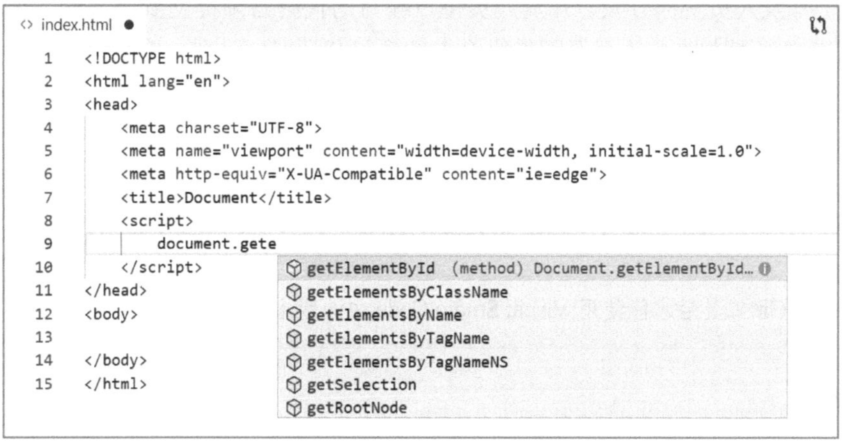

```
index.html
1   <!DOCTYPE html>
2   <html lang="en">
3   <head>
4       <meta charset="UTF-8">
5       <meta name="viewport" content="width=device-width, initial-scale=1.0">
6       <meta http-equiv="X-UA-Compatible" content="ie=edge">
7       <title>Document</title>
8       <script>
9           document.gete
10      </script>        getElementById  (method) Document.getElementById…
11  </head>              getElementsByClassName
12  <body>               getElementsByName
13                       getElementsByTagName
14  </body>              getElementsByTagNameNS
15  </html>              getSelection
                         getRootNode
```

图 6.1　Visual Studio Code 代码智能提示界面

2. 调试

调试对于任何一个开发人员来说都是非常重要的。我们编写的代码，虽然可以通过单元测试等方法进行发布前测试，但是一旦发现程序运行异常，单靠人工查看代码来排查 Bug 是非常难的，必须借助工具进行逐步调试。

因此，编辑器的调试是必备功能。Visual Studio Code 的调试功能非常强大，可以非常方便地设置断点来跟踪和调试代码。

对于前端 JavaScript 的编写，简单、常用的调试方法是在控制台打印出信息，但现在可以借助 Visual Studio Code 对 JavaScript 进行断点调试。在断点的地方，我们可以把鼠标悬停到变量名上来查看此时的变量值，如图 6.2 所示。

```
<> index.html ×                               {} launch.json
1   <!DOCTYPE html>
2   <html lang="en">
3
4   <head>
5       <meta charset="UTF-8">
6       <meta name="viewport" content="width=device-width, initial-scale=1.0">
7       <meta http-equiv="X-UA-Compatible" content="ie=edge">
8       <title>Document</title>
9       <script>
10          window.onload = function() {
11              var msg = "hello world";
12              var len = msg.length;
13              alert("hello world");
14          }
15      </script>
16  </head>
17
18  <body>
19
```

图 6.2　Visual Studio Code 代码调试界面

3. 内置 Git 支持

代码的版本管理对于一个团队项目来说非常重要。一个大型的项目代码结构往往比较复杂，且有多个开发人员协同开发。开发人员每日编写的代码必须提交到服务器，开发人员也可以定期来同步文件到本地，从而保证最终合并的项目代码是一个统一的版本。

Visual Studio Code 内置 Git，可以对项目代码进行版本控制。Git 是一个开源的分布式版本控制系统，可以有效、高速地处理从很小到非常大的项目版本管理。

因此，Visual Studio Code 不仅是一个代码编辑工具，还是一个代码版本管理工具。关于如何使用 Git 的内容已超出本书范围，感兴趣的读者可以自行搜索资料进行学习。

安装 Git 工具后才能使用 Visual Studio Code 中的版本管理功能。

4. 扩展

据不完全统计，Visual Studio Code 有 4000 多个扩展，涵盖的范围非常广泛。开发人员可以利用 Visual Studio Code 中的扩展功能来下载自己需要的扩展，如图 6.3 所示。

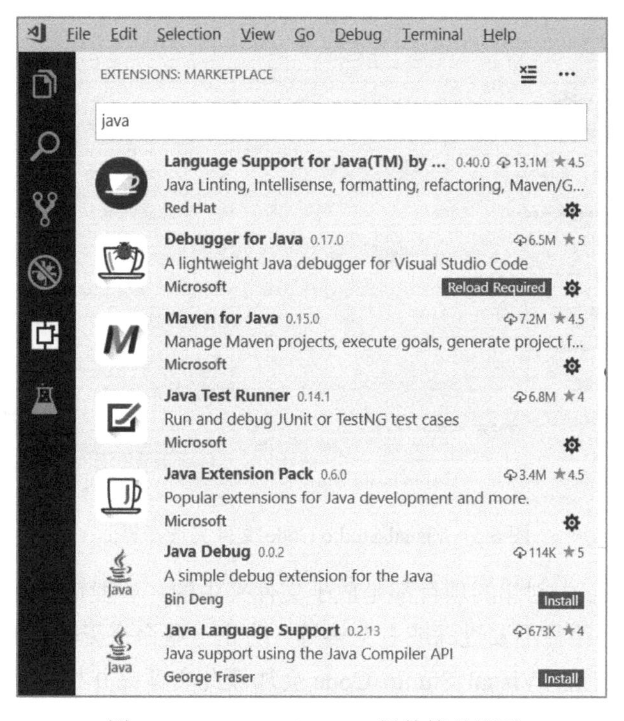

图 6.3　Visual Studio Code 插件管理界面

下面重点讲解如何利用 Visual Studio Code 开发 TypeScript 应用。这里假设已经安装好了 npm 和 TypeScript 开发环境，同时安装了 Visual Studio Code 工具。不清楚如何安装的读者可以重新阅读第 1 章的相关内容。

6.1.1　在 Visual Studio Code 中新建 TypeScript 应用

建立一个项目文件夹(如 vscode)，然后打开 Visual Studio Code 编辑器，单击菜单栏【File】，此时弹出下拉菜单，如图 6.4 所示。

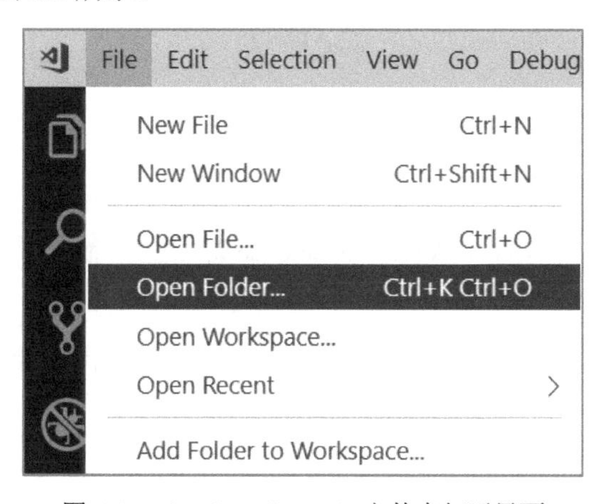

图 6.4　Visual Studio Code 文件夹打开界面

在图 6.4 中，可以看到很多菜单项，这里单击【Open Folder...】选项，选择刚才新建的 vscode

文件夹，如图 6.5 所示。

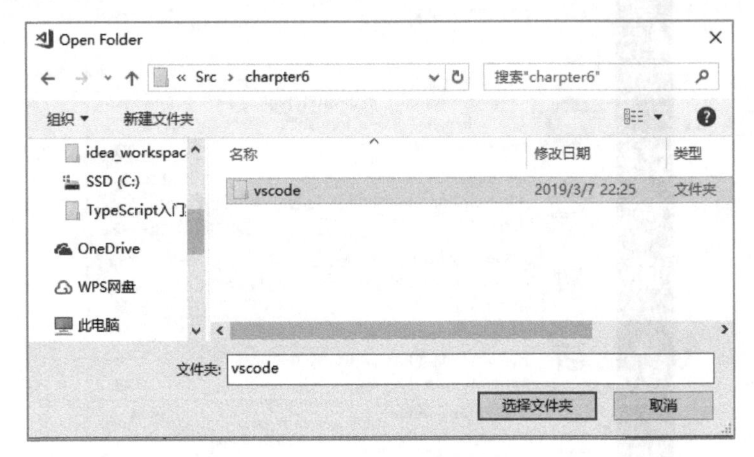

图 6.5　Visual Studio Code 文件夹选择界面

Visual Studio Code 中创建的项目都是放于文件夹中的。一般情况下，建议文件夹用英文命名，同时项目文件的路径不要过深或者空格等，防止一些命令无法识别此路径。在图 6.5 中单击【选择文件夹】按钮，Visual Studio Code 会加载此文件夹并扫描里面的文件夹及文件。此时，我们的项目文件夹是空的。

一般来说，Visual Studio Code 左边有一个快速工具栏，上面主要有 4 大功能，第 1 个是文件资源管理器视图，第 2 个是搜索视图，第 3 个是 Git 代码管理视图，第 4 个是调试（Debug）视图。单击调试图标（图 6.6 标注为①），切换到调试配置界面，如图 6.6 所示。

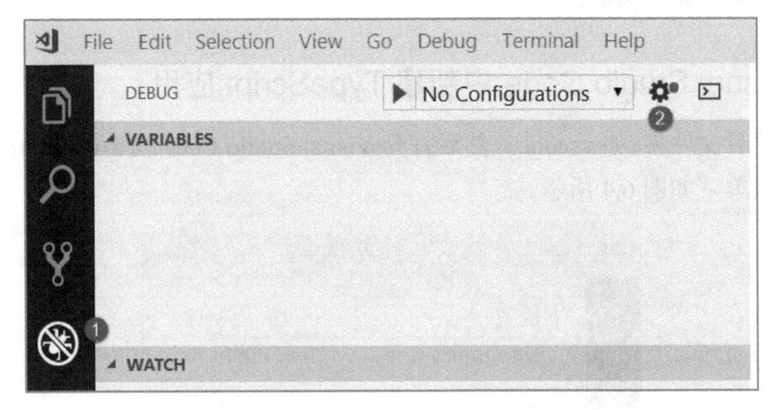

图 6.6　Visual Studio Code 调试配置界面

这里的 Visual Studio Code 并没有安装中文包，因此可能和你使用的界面存在差异，但是不影响使用。

6.1.2　配置 Visual Studio Code 的 launch.json

打开 Visual Studio Code 调试（debug）界面，单击图 6.6 中②处的齿轮图标让 Visual Studio

Code 自动帮我们新建一个 launch.json （启动配置文件）文件（存放在根目录下的 .vscode 文件中）。.vscode 是 Visual Studio Code 开发工具特有的文件夹，主要用来存放调试时需要用到的启动配置文件。

首次单击图 6.6 中②处的齿轮图标时会弹出一个命令面板，让我们选择开发环境，支持.NET Core、Java、Node.js 和 PHP 等，如图 6.7 所示。

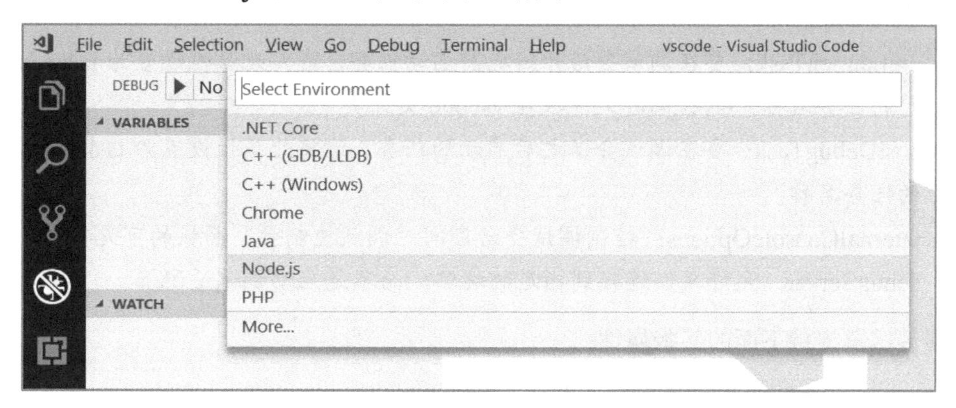

图 6.7　Visual Studio Code 运行环境选择界面

Visual Studio Code 内置 Node.js 运行时能调试 JavaScript 和 TypeScript 代码。这里我们选择 Node.js 作为开发和调试环境。

此时，Visual Studio Code 会自动为我们创建启动配置文件 launch.json，如图 6.8 所示。launch.json 默认的配置比较多，在 configurations 节点中可以看到一个 type 为 node 的配置，说明当前的启动环境是 Node.js。name 为启动项的名字，可以修改。program 是启动文件，相当于 main 函数文件，是项目的入口。

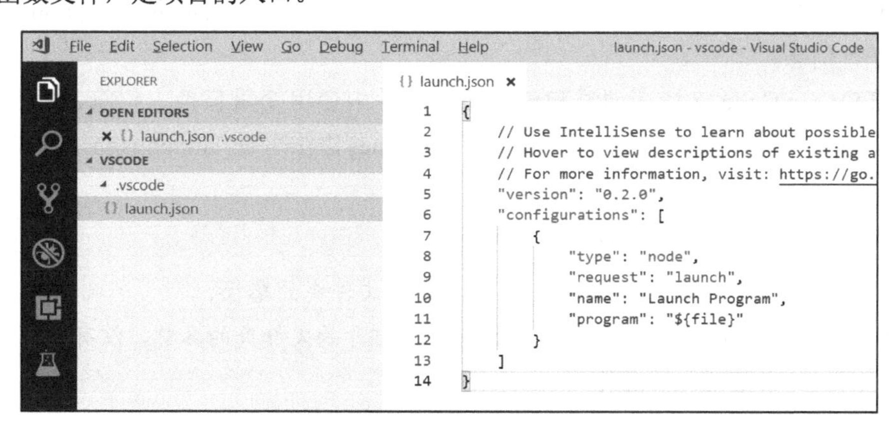

图 6.8　launch.json 默认的配置界面

Visual Studio Code 有很多默认的快捷键，熟悉这些快捷键对于提高开发效率非常有好处，如 F12 转到定义、Shift+Alt+F 格式化代码。要想完整查看这些快捷键列表，可以访问 https://code.visualstudio.com/shortcuts/keyboard-shortcuts-windows.pdf。

每个启动配置都必须具有以下属性：

- type：用于启动配置的调试器类型。node 是内置的 JavaScript 和 TypeScript 调试器。
- request：用于配置启动配置的请求类型，支持 launch 和 attach 两种。
- name：启动项名称，显示在“调试启动配置”下拉列表中。
- program：启动调试器时要运行的文件。

以下是启动配置的一些可选属性：

- preLaunchTask：要在调试会话开始之前启动任务，请将此属性设置为 tasks.json 中指定的任务名称。tasks.json 文件放在.vscode 文件夹中。
- postDebugTask：要在调试会话之后启动的任务，请将此属性设置为 tasks.json 中指定的任务名称。
- internalConsoleOptions：控制调试会话期间“调试控制台”面板的可见性。
- debugServer：允许我们连接到指定的端口，而不是启动调试适配器。

许多调试器支持下面的某些属性：

- args：传递给程序进行调试的参数。
- Env：环境变量（该值 null 可用于“取消定义”变量）。
- cwd：当前工作目录，用于查找依赖项和其他文件。
- port：连接到正在运行的进程时的端口。
- stopOnEntry：程序启动时立即中断。
- Console：要使用什么样的 Console，有 internalConsole、integratedTerminal 和 externalTerminal 三种选项。

在官网 https://code.visualstudio.com/docs/editor/debugging#_launch-configurations 上可以查看更多的配置信息。

Visual Studio Code 支持在调试和任务配置文件中使用变量替换占位符，从而提高配置的灵活性。使用变量替换占位符中的$ {variableName}语法可在 launch.json 和 tasks.json 文件中使用。

Visual Studio Code 支持以下预定义变量：

- $ {workspaceFolder}：在 VS Code 中打开的文件夹的路径。
- $ {workspaceFolderBasename}：VS 代码中打开的文件夹的名称，没有斜杠（/）。
- $ {file}：当前打开的文件。
- $ {relativeFile}：当前打开的文件相对于 workspaceFolder。
- $ {fileBasename}：当前打开文件的基本名称。
- $ {fileBasenameNoExtension}：当前打开文件的基本名称，没有文件扩展名。
- $ {fileDirname}：当前打开文件的目录名。
- $ {fileExtname}：当前打开文件的扩展名。
- $ {cwd}：启动时任务运行器的当前工作目录。

- ${lineNumber}：活动文件中当前选定的行号。
- ${selectedText}：活动文件中当前选定的文本。
- ${execPath}：运行 VS Code 可执行文件的路径。

在官网 https://code.visualstudio.com/docs/editor/variables-reference 上可以查看更多的变量替换占位符使用方法。

在 Visual Studio Code 中即使未打开项目文件夹，也可以调试一个简单的应用程序，但是无法管理启动配置和设置高级调试。如果没有打开文件夹，则 Visual Studio Code 代码状态栏为紫色。

启动配置中可用的属性因调试器类型而异。不要假设一个调试器可用的属性也自动适用于其他调试器。如果您在启动配置文件中看到绿色波形的提示，就将鼠标悬停在它们上，以了解问题原因，如果有必要就修复它们。

如果想对 Visual Studio Code 进行个性设置，可以用快捷键 Ctrl+, 打开设置界面，进行字体以及大小等配置，如图 6.9 所示。

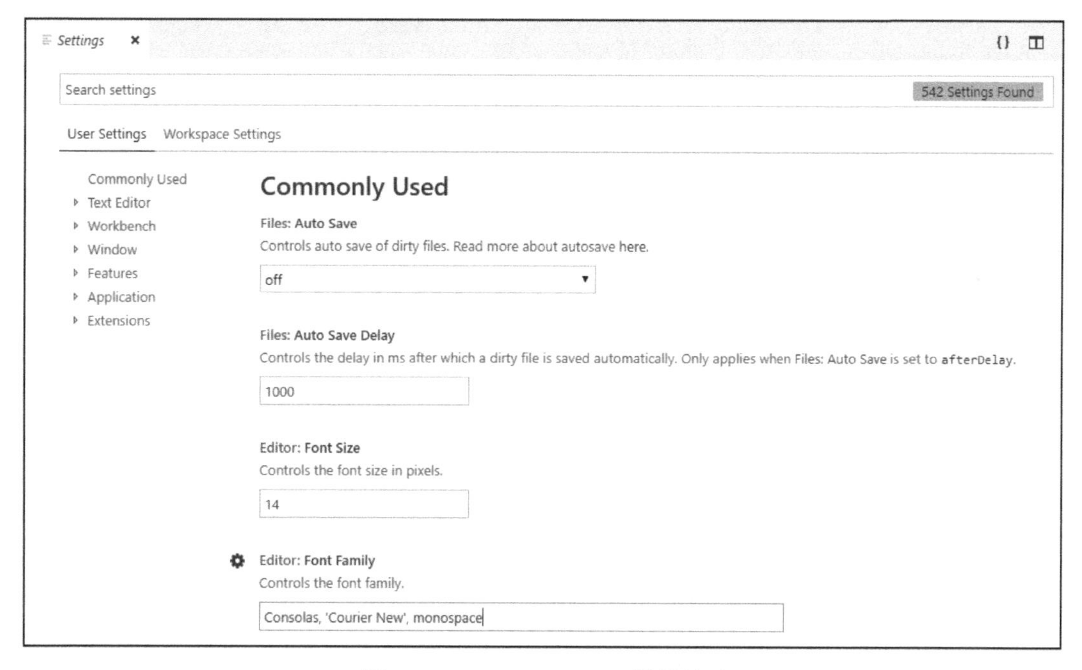

图 6.9　Visual Studio Code 设置界面

launch.json 中的 configurations 属性是一个数组，说明可以添加多个启动配置项。在某些复杂的项目中，往往项目由多个子项目构成，如服务器端一个项目、客户端一个项目。此时的入口文件是两个。调试的时候也需要用到多目标调试。

Visual Studio Code 支持多目标调试。使用多目标调试很简单，在 launch.json 中的 configurations 属性配置多个启动项，在启动第一个调试会话后还可以启动另一个调试会话。

一旦有第二个调试会话启动，Visual Studio Code 就会切换到多目标模式。调试工具栏显示当前活动的会话（其他调试会话可以在下拉菜单中选择进行切换），如图 6.10 所示。

图 6.10 Visual Studio Code 多目标调试工具栏

启动多目标调试的时候，一个一个启动比较麻烦，我们可以将单个启动调试项配置组合到一起，即使用复合（compounds）启动配置。复合启动配置列出了应并行启动的两个或多个启动配置的名称。

复合启动配置名称显示在启动配置下拉菜单中。代码 6-1 给出在 launch.json 文件中配置复合启动项的示例。

【代码 6-1】 复合启动配置 launch.json 的示例代码：mlaunch.json

```
01    {
02        "version": "0.2.0",
03        "configurations": [{
04                "type": "node",
05                "request": "launch",
06                "name": "Server",
07                "program": "${workspaceFolder}/server.js",
08                "cwd": "${workspaceFolder}"
09            },
10            {
11                "type": "node",
12                "request": "launch",
13                "name": "Client",
14                "program": "${workspaceFolder}/client.js",
15                "cwd": "${workspaceFolder}"
16            }
17        ],
18        "compounds": [{
19            "name": "Server/Client",
20            "configurations": ["Server", "Client"]
21        }]
22    }
```

一旦在 launch.json 文件中配置复合启动项之后，就可以在 Visual Studio Code 的调试视图中从启动配置下拉菜单中选择可以启动的项。代码 6-1 在 configurations 属性中配置了 3 个启动项，name 分别为 Server、Client 和 Server/Client。在启动配置下拉菜单中会显示这 3 个选项，我们直接选择符合启动项即可同时启动服务端和客户端程序，如图 6.11 所示。

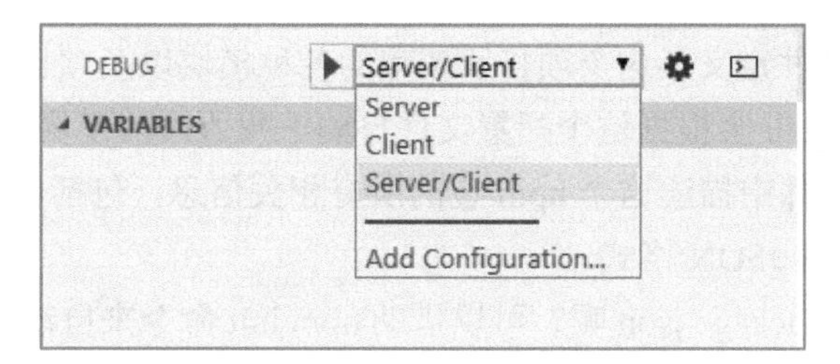

图 6.11　Visual Studio Code 多目标调试工具栏

提示

Visual Studio Code 需要.NET Framework 4.5.2 或更高版本。如果使用的是 Windows 7，请确保至少安装了.NET Framework 4.5.2。

我们切换到 Visual Studio Code 文件资源管理器视图中，如图 6.12 所示。我们可以看到在.vscode 文件夹下有一个文件 launch.json。此文件暂时不用修改，等后续再根据项目的具体情况进行配置。在图 6.12 中，可以通过图标按钮快速新建文件和新建文件夹。

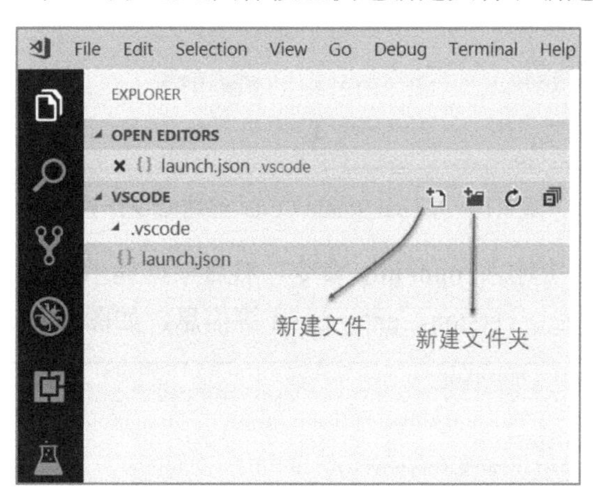

图 6.12　Visual Studio Code 文件资源管理器视图

在文件资源管理器中，创建项目的文件目录结构。在根目录下新建一个文件夹 src，用于存放 TypeScript 源文件；再新建一个 dist 目录，用于存放生成的 JavaScript 文件。在 src 目录下新建一个 app.ts 作为入口函数。app.ts 文件的内容如代码 6-2 所示。

【代码 6-2】 app.ts 的示例代码：app.ts

```
01    function hello(msg:string){
02        let ret ="Hello " + msg;
03        console.log(ret);
04    }
05    hello("typescript");
```

6.1.3　初始化项目 package.json

我们的 TypeScript 开发是要借助 Node.js 运行环境的，每个项目的根目录下一般都有一个

package.json 文件。该文件定义了这个项目所依赖的各种模块以及项目的配置信息。

包管理命令 npm install 会根据这个配置文件自动下载所需的模块，也就是配置项目所需的依赖库。package.json 文件中描述这个 npm 包的所有相关信息，包括作者、简介、包依赖、构建等信息，格式是严格的 JSON 格式。

那么如何创建这个 package.json 呢？可以借助 npm init 命令来自动构建 package.json 文件。在 Visual Studio Code 的调试视图中，单击调试控制台图标，可以打开调试控制台面板，如图 6.13 所示。

图 6.13　Visual Studio Code 调试控制台启动图标界面

单击图 6.13 调试控制台图标按钮后会在 Visual Studio Code 的底部打开一个面板。单击【TERMINAL】标签，切换到 PowerShell 命令行界面，如图 6.14 所示。

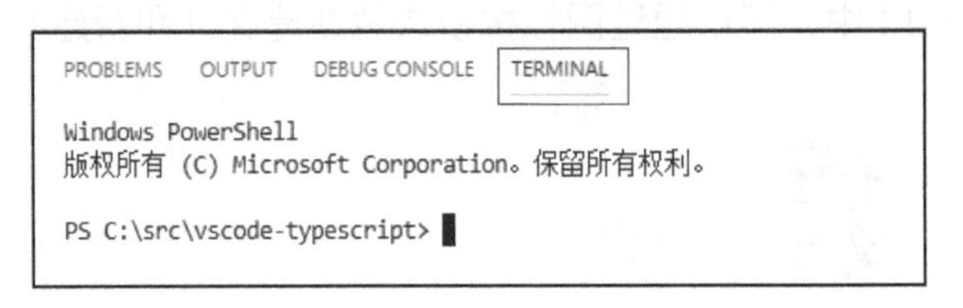

图 6.14　Visual Studio Code 终端命令行界面

在图 6.14 中的命令行中输入 npm init 命令，然后根据提示一步一步进行配置即可，按照向导可以输入 package name、version、entry point 等信息，如图 6.15 所示。

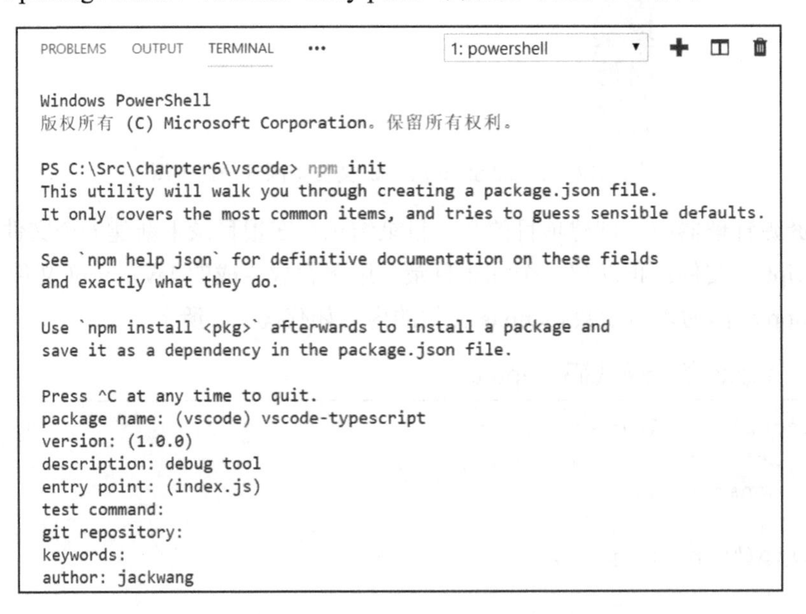

图 6.15　终端命令 npm init 配置界面

配置完成后，npm init 命令会在当前根目录下创建 package.json，生成的 package.json 文件内容如代码 6-3 所示。

【代码 6-3】 package.json 代码：package_init.json

```
01 {
02   "name": "vscode-typescript",
03   "version": "1.0.0",
04   "description": "debug tool",
05   "main": "index.js",
06   "scripts": {
07     "test": "echo \"Error: no test specified\" && exit 1"
08   },
09   "author": "jackwang",
10   "license": "ISC"
11 }
```

package.json 必须是一个严格的 JSON 文件，换句话说是不允许有注释的，否则会提示错误。

package.json 文件就是一个 JSON 对象，该对象的每一个成员就是当前项目的一项设置，比如 name 是项目名称、version 是版本号（遵守大版本.次要版本.小版本的格式）。name 和 version 是 package.json 中的两个重要字段，也是发布到 NPM 平台上的唯一标识。如果没有正确设置这两个字段，包就不能发布和被下载。

package.json 中的一些属性说明如下：

- name: 包名称，最重要的字段之一，如 "vscode-typescript"。
- version: 包版本号，最重要的字段之一，如"1.0.0"。
- description: 包的描述信息，将会在 npm search 的返回结果中显示，以帮助用户选择合适的包。
- keywords: 包的关键词信息，是一个字符串数组，也将显示在 npm search 的结果中。
- Homepage: 包的主页地址。
- license: 包的开源协议名称。
- author: 包的作者。
- files: 包所包含的所有文件，可以取值为文件夹。通常我们还是用.npmignore 来去除不想包含到包里的文件。
- main: 包的入口文件。
- bin: 如果你的包里包含可执行文件，通过设置这个字段可以将它们包含到系统的 PATH 中，这样直接就可以运行，很方便。
- directories: CommonJS 包所要求的目录结构信息，表示项目的目录结构信息。字段可以是：lib、bin、man、doc、example。值都是字符串。
- repository: 包的仓库地址。
- scripts: 通过设置这个可以使 npm 调用一些命令脚本，封装一些功能。

- config：添加一些设置，可以供 scripts 读取用，同时这里的值也会被添加到系统的环境变量中。
- dependencies：指定依赖的其他包，这些依赖是指包发布后正常执行时所需要的，也就是线上需要的包。使用 npm install --save packageName 命令来安装。
- devDependencie：这些依赖只有在开发时才需要。使用 npm install --save-dev packageName 命令来安装。
- peerDependencie：相关的依赖，如果你的包是插件，而用户在使用这个包的时候通常也会需要这些依赖（插件），那么可以将依赖列到这里。
- bundledDependencies：绑定的依赖包，发布的时候这些绑定包也会被一同发布。
- engines：指定包运行的环境，可以对 node 和 npm 版本进行限制。
- private：设为 true 时这个包将不会发布到 NPM 平台。

6.1.4 安装 typescript 依赖

由于我们要用 Visual Studio Code 开发 TypeScript 程序，因此在开发阶段需要依赖 typescript 库，在 Visual Studio Code 的 PowerShell 命令行中用如下命令安装开发依赖库：

```
npm install typescript --save-dev
```

安装成功后，会自动在 package.json 文件的 devDependencies 属性下写入如下内容：

```
"devDependencies": {
    "typescript": "^3.3.3333"
}
```

修改 package.json 文件的内容，最终的配置内容如代码 6-4 所示。

【代码 6-4】 package.json 的示例代码：package.json

```
01  {
02      "name": "vscode-typescript",
03      "version": "1.0.0",
04      "description": "debug tool",
05      "main": "app.js",
06      "scripts": {
07          "prebuild_ts": "tsc"
08      },
09      "author": "jackwang",
10      "license": "ISC",
11      "devDependencies": {
12          "typescript": "^3.3.3333"
13      }
14  }
```

在 package.json 中，不但不能有注释，如果一行后没有同级的语句，后面的逗号也是不允许的，否则在编译时会报错。

6.1.5　添加并配置 tsconfig.json

如果一个目录里存在一个 tsconfig.json 文件，就意味着这个目录是 TypeScript 项目的根目录。tsconfig.json 文件中指定了用来编译这个项目的根文件和编译选项。在不带任何输入文件的情况下调用命令 tsc，编译器会从当前目录开始去查找 tsconfig.json 文件，如果没有就逐级向上搜索父目录。

在 Visual Studio Code 的文件资源管理器中直接通过添加文件的方式创建 tsconfig.json，然后配置 tsconfig.json 内容，如代码 6-5 所示。

【代码 6-5】 配置 tsconfig.json 代码： tsconfig.json

```
01  {
02      "compilerOptions": {
03          "target": "es5",
04          "esModuleInterop": true,
05          "noImplicitAny": false,
06          "module": "commonjs",
07          "removeComments": false,
08          "sourceMap": true,
09          "outDir": "./dist",
10          "allowUnreachableCode": false,
11          "allowUnusedLabels": false,
12          "noUnusedLocals": true,
13          "noImplicitReturns":true,
14          "noFallthroughCasesInSwitch":true,
15          "experimentalDecorators": true
16      },
17      "include":[
18          "src/**/*"
19      ],
20      "exclude": [
21          "node_modules",
22      ]
23  }
```

在代码 6-5 中，我们配置了编译器的相关选项。

① target 属性为"es5"，表示将 TypeScript 代码编译为符合 ES5 规范的 JavaScript 代码。target 可选的值为'ES3'（默认）、'ES5'、'ES2015'、'ES2016'、'ES2017'、'ES2018'或'ESNEXT'。

② module 属性表示模块代码规范，可选的值为'none'、'commonjs'、'amd'、'system'、'umd'、'es2015'或'ESNext' 。

③ outDir 属性表示编译的代码输出目录。

④ sourceMap 属性设为 true，表示在编译 TypeScript 文件到 JavaScript 文件时同时生成.map 的文件。SourceMap 是一个存储源代码与编译代码对应位置映射的信息文件，对于 TypeScript 文件的调试需要 SourceMap 帮助我们在控制台中转换成源码，从而进行源码调试。

⑤ noImplicitAny 属性默认为 false，表示如果编译器无法根据变量的用途推断出变量的类型，就会悄悄地把变量类型默认为 any。这个可能导致类型错误，因此建议将其配置为 true，此时 TypeScript 编译器在无法推断出变量类型时就会报告一个错误，但也可以生成 JavaScript 文件。

⑥ "include"和"exclude"属性指定一个文件 glob 匹配模式列表。支持的 glob 通配符有：

- *：匹配 0 或多个字符（不包括目录分隔符）。
- ?：匹配一个任意字符（不包括目录分隔符）。
- **/：递归匹配任意子目录。

如果一个 glob 模式里的某部分只包含*或.*，那么仅有支持的文件扩展名类型被包含在内（比如默认.ts、.tsx 和.d.ts，如果 allowJs 设置为 true 就还包含.js 和.jsx）。

如果"files"和"include"属性都没有被指定，编译器默认包含当前目录和子目录下所有的 TypeScript 文件（.ts、.d.ts 和.tsx），排除在"exclude"里指定的文件。

因此 include 属性配置为"src/**/*"表示包含根目录中 src 文件夹下所有文件扩展名为.ts、tsx 和.d.ts（包括子目录）。

另外，exclude 属性配置为"node_modules"表示排除根目录下的 node_modules 目录，这样可以提高编译的速度。

⑦ removeComments 属性表示在生成 JS 代码的时候是否要移除注释。一般情况下，如果是发布，可以将其设置为 true 来移除注释，从而减小文件的大小，提高加载的速度。

⑧ allowUnreachableCode 属性表示是否允许不可达的代码出现，默认值是 true。如果设置为 false，则不允许出现，一旦代码中出现此类错误，就会报错。建议将其设置为 false。

⑨ allowUnusedLabels 属性表示是否报告未使用的标签错误，默认值是 false。

⑩ noImplicitReturns 属性表示当不是函数的所有路径都有返回值时报错，默认是 false。这里设置为 true，则当函数有的路径没有返回值的时候会报错。

⑪ noFallthroughCasesInSwitch 默认值是 false，此处设置为 true，表示报告 switch 语句的 fallthrough 错误。

⑫ experimentalDecorators 默认值为 false，这里设置为 true，表示启用实验性的 ES 装饰器。

在官网 https://www.tslang.cn/docs/handbook/tsconfig-json.html 上可以查看更多的配置属性。在 https://www.tslang.cn/docs/handbook/compiler-options.html 上可以查看更多的编译选项。

我们可以用命令 tsc --init 自动创建 tsconfig.json。

最终，launch.json 文件的内容如代码 6-6 所示。

【代码 6-6】 配置 tsconfig.json 代码： tsconfig.json

```
01  {
02      "version": "0.2.0",
03      "configurations": [
04          {
05              "type": "node",
06              "request": "launch",
07              "name": "启动",
08              "program": "${workspaceRoot}/dist/app.js",
09              "stopOnEntry": false,
10              "cwd": "${workspaceRoot}",
11              "preLaunchTask": "build_ts",
12              "env": {
13                  "NODE_ENV": "development"
14              },
15              "console": "internalConsole",
16              "sourceMaps": true
17          }
18      ]
19  }
```

program 需设置为你要调试的 ts 生成的对应 js 文件。

6.1.6　添加并配置 tasks.json

tasks.json 和 launch.json 配置文件一样，需要放到.vscode 文件夹中。tasks.json 配置文件可以配置多个任务，这些任务可以在 launch.json 配置文件中使用，一般用于在启动前任务（preLaunchTask）或者调试后任务（postDebugTask）。

launch.json 可以调用 tasks.json 的任务，而 tasks.json 中的任务可以调用 package.json 中的脚本，如果 package.json 的脚本是 tsc，那么又可以调用 tsconfig.json 中的配置信息。这几种文件之间的关系如图 6.16 所示。

```
{} launch.json ●
1   {
2       "version": "0.2.0",
3       "configurations": [
4           {
5               "type": "node",
6               "request": "launch",
7               "name": "启动",
8               "program": "${workspaceRoot}/dist/app.js",
9               "stopOnEntry": false,
10              "cwd": "${workspaceRoot}",
11              "preLaunchTask": "build_ts", ❶
12              "env": {
13                  "NODE_ENV": "development"
14              },
15              "console": "internalConsole",
16              "sourceMaps": true
17          }
18      ]
19  }
20
```

```
{} tasks.json ●
1   {
2       "version": "2.0.0",
3       "tasks": [{
4           "type": "npm",
5           "script": "prebuild_ts", ❸
6         ❷ "label": "build_ts"
7       }]
8   }
```

```
{} package.json ●
1   {
2       "name": "vscode-typescript",
3       "version": "1.0.0",
4       "description": "debug tool",
5       "main": "app.js",
6       "scripts": {
7           "prebuild_ts": "tsc" ❹
8       },
9       "author": "jackwang",
10      "license": "ISC",
11      "devDependencies": {
12          "typescript": "^3.3.3333"
13      }
14  }
15
```

图 6.16　三种配置文件命令之间的调用关系示意图

task 中的标签 label 名可以被外部引用。

launch.json 中的 preLaunchTask 配置的任务名实际上就是 task.json 文件中的任务标签 label 名。其中，tasks.json 的脚本 script 配置为 prebuild_ts，这个是在 package.json 里面定义的。

在 Visual Studio Code 中，利用新建文件的方式将 tasks.json 添加到.vscode 目录下，并修改其内容如代码 6-7 所示。

【代码 6-7】 tasks.json 配置代码：tasks.json

```
01  {
02      "version": "2.0.0",
03      "tasks": [{
04          "type": "npm",
05          "script": "prebuild_ts",
06          "label": "build_ts"
07      }]
08  }
```

在代码 6-7 中，07 行定义了一个 type 为 npm、script 为 prebuild_ts 的任务。这个任务可以用 npm run prebuild_ts 运行，如图 6.17 所示。

```
{} package.json ×
1  {
2      "name": "vscode-typescript",
3      "version": "1.0.0",
4      "description": "debug tool",
5      "main": "app.js",
6      "scripts": {
7      ❶ "prebuild_ts": "tsc"
8      },
9      "author": "jackwang",
10     "license": "ISC",
11     "devDependencies": {
12         "typescript": "^3.3.3333"
13     }
14 }

PROBLEMS   OUTPUT   DEBUG CONSOLE   TERMINAL                1: powershell

PS C:\Src\charpter6\vscode> npm run prebuild_ts ❷

> vscode-typescript@1.0.0 prebuild_ts C:\Src\charpter6\vscode
> tsc

PS C:\Src\charpter6\vscode>
```

图 6.17　package.json 脚本命令运行界面

6.1.7　调试运行

至此，我们就可以对代码进行调试了。首先在 app.ts 中给第 3 行代码添加调试断点，用鼠标在左边的行空白区域单击即可。断点添加成功后，会在代码行左边显示一个红色的小圆圈，如图 6.18 所示。

另外需要注意的是，我们安装的 TypeScript 版本是 3.3.3333，而从 Visual Studio Code 状态栏上看到 TypeScript 版本为 3.3.1（打开 app.ts 文件时才能显示此状态栏），如图 6.19 所示。

```
TS app.ts  ●
  1   function hello(msg:string){
  2       let ret ="Hello " + msg;
● 3       console.log(ret);
  4   }
  5   hello("typescript");
  6
  7
```

图 6.18　package.json 脚本命令运行界面

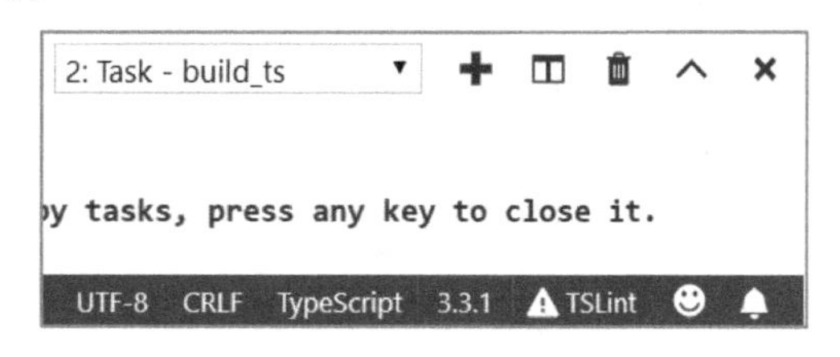

图 6.19　TypeScript 版本状态栏选择界面

那么我们如何进行 TypeScript 版本切换呢？很简单，在图 6.19 的版本 3.3.1 上单击，即可弹出切换面板，如图 6.20 所示。这里我们可以选择最新的版本 3.3.3333 作为此项目的 TypeScript 编译器。此时，会在.vscode 中自动生成一个 settings.json 的配置文件，在这个文件中还可以对当前项目所使用的字体、字体大小以及界面缩放比例进行配置。

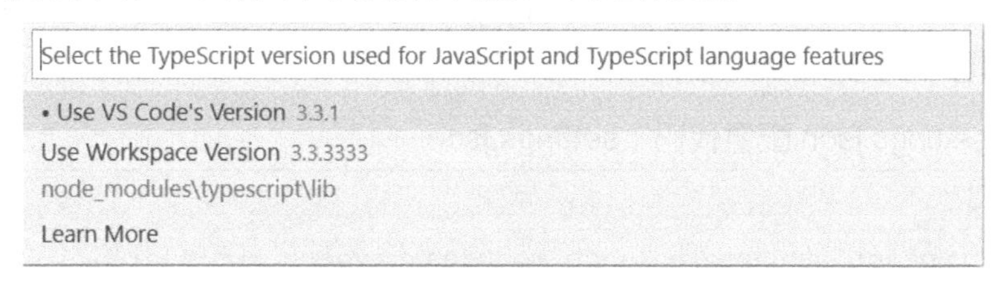

图 6.20　TypeScript 版本选择界面

然后在调试视图中单击启动图标，即可启动项目调试代码了。当项目启动后，我们之前设置的断点起作用了，程序运行到断点处即暂停运行。此时，我们可以查看变量的值并通过调试面板来进行各种调试，如图 6.21 所示。

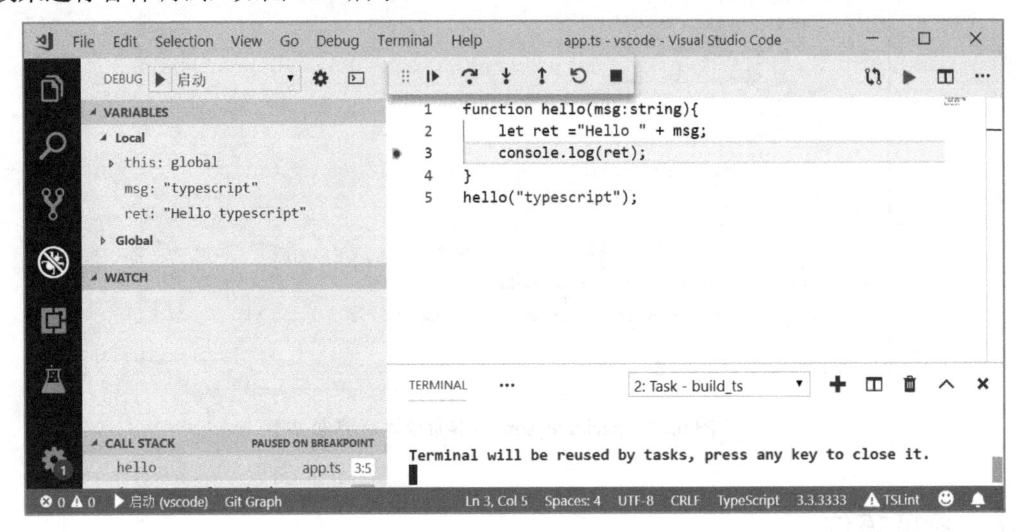

图 6.21　TypeScript 调试界面

至此，使用 Visual Studio Code 工具开发和调试 TypeScript 的基本步骤就介绍完了，可以基于此配置来构建更加复杂的项目。

这里需要提一下，launch.json 配置的启动主文件为"${workspaceRoot}/dist/app.js"，但是我们设置的断点是在 app.ts 上，那么 Visual Studio Code 是如何知道二者的映射关系的呢？答案就在.map 文件上。

如果把 app.js.map 文件删除，且将 tsconfig.json 中的 sourceMap 设置为 false，那么我们再运行调试的时候不会定位到 app.ts 上，而是定位到 app.js 上，如图 6.22 所示。

```
JS app.js ●
1  function hello(msg) {
2      var ret = "Hello " + msg;
3      console.log(ret);
4  }
5  hello("typescript");
6
```

图 6.22　JavaScript 调试界面

前面提到的在.vscode 文件中有一个 settings.json 文件，这个文件我们可以配置针对本项目的特有个性配置，内容如代码 6-8 所示。

【代码 6-8】　settings.json 配置代码：settings.json

```
01  {
02      "typescript.tsdk": "node_modules\\typescript\\lib",
03      "editor.formatOnPaste": true,
04      "editor.fontFamily": "Consolas, 'Courier New', monospace",
```

```
05        "editor.fontSize": 14,
06        "window.zoomLevel": 2.0
07    }
```

从代码 6-8 可以看出，02 行 typescript.tsdk 属性指明了当前的编译器 SDK 的路径，是根目录下的 node_modules\\typescript\\lib 路径，而不是 Visual Studio Code 的内置 typescript。editor.fontFamily 属性可以配置编辑器使用的字体，editor.fontSize 可以指定编辑器字体大小，而 window.zoomLevel 可以配置当前 UI 缩放比例，此值越大，界面中的元素显示越大。

此项目的文件目录结构如图 6.23 所示。

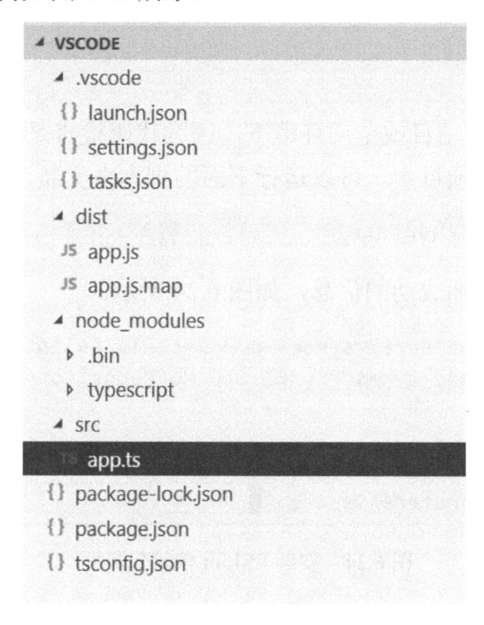

图 6.23　项目文件结构

从图 6.23 可以看出，我们在 src 文件夹中编写了 app.ts 文件，经过调试后会自动在 dist 文件夹中生成 app.js 及 app.js.map 文件。其中，app.js.map 是调试 app.ts 的关键，如果没有此文件，那么是不能调试 app.ts 的，这个一定要注意。

6.2 使用 ESLint

ESLint 是一个语法规则和代码风格的检查工具，主要用来发现代码错误、统一代码风格，目前已被广泛地应用于各种 JavaScript 项目中。它通过插件化的特性极大地丰富了适用范围，搭配 typescript-eslint-parser 之后，可以用来检查 TypeScript 代码。

前面提到，TypeScript 语言本身就是一种静态类型的语言，编译器自带语法检查功能，会对 ts 文件进行语法解析，如果遇到一些语法错误，或使用了未定义的变量，就会报错。那么为什么还需要 ESLint 功能呢？

因为 ESLint 工具除了对文件进行语法解析外，更主要的是可以对一些代码风格进行约束。代码编程的规范是很多公司都有的，而且可能每个公司都不一样，但是其目的都是让代码的书写符合某种既定的规范，读者都应遵循它，这样代码在团队中的协作效率就会更好，一个人阅读另一个人的代码也更加容易。

可以说，ESLint 工具和 TypeScript 静态类型检查既有交集又有互补。虽然发现代码错误比统一的代码风格更重要，但是当一个项目越来越庞大、开发人员越来越多的时候，代码风格的约束还是必不可少的。

下面我们就来一步一步给上面的 TypeScript 项目安装 ESLint 工具进行语法检查。

6.2.1 安装 ESLint

ESLint 可以安装在当前项目或全局环境下，因为代码检查是项目的重要组成部分，所以我们一般会将它安装在当前项目中。可以运行下面的脚本来安装：

```
npm install eslint --save-dev
```

安装成功后，会显示添加成功的信息，如图 6.24 所示。

```
PS C:\Src\charpter6\vscode> npm install eslint --save-dev
npm WARN vscode-typescript@1.0.0 No repository field.

+ eslint@5.15.1
added 117 packages in 15.199s
PS C:\Src\charpter6\vscode>
```

图 6.24 安装 ESLint 依赖包界面

由于 ESLint 默认使用 espree 进行语法解析，无法识别 TypeScript 的一些语法，因此我们还需要安装@typescript-eslint/parser 来替代默认的解析器，在 Visual Studio Code 的终端命令行中用如下命令进行安装：

```
npm install @typescript-eslint/parser  --save-dev
```

安装成功后，会显示添加成功的信息，如图 6.25 所示。

```
PS C:\Src\chartper6\vscode> npm install @typescript-eslint/parser  --save-dev
npm WARN vscode-typescript@1.0.0 No repository field.

+ @typescript-eslint/parser@1.4.2
added 4 packages from 3 contributors and audited 194 packages in 1.72s
found 0 vulnerabilities

PS C:\Src\chartper6\vscode>
```

图 6.25 安装@typescript-eslint/parser 依赖包界面

我们也可以安装 typescript-eslint-parser，但是它已经过时了，官网建议用@typescript-eslint/parser 进行代替。

为了更好地支持 TypeScript，我们再安装一个插件@typescript-eslint/eslint-plugin。在 Visual Studio Code 的终端命令行中用如下命令进行安装：

```
npm install @typescript-eslint/eslint-plugin  --save-dev
```

安装成功后会显示添加成功的信息，如图 6.26 所示。

```
PS C:\Src\chartper6\vscode> npm install @typescript-eslint/eslint-plugin  --save-dev
npm WARN vscode-typescript@1.0.0 No repository field.

+ @typescript-eslint/eslint-plugin@1.4.2
added 3 packages from 2 contributors and audited 210 packages in 1.61s
found 0 vulnerabilities

PS C:\Src\chartper6\vscode>
```

图 6.26　安装@typescript-eslint/eslint-plugin 依赖包界面

通过上面的 npm install 命令（--save-dev），会自动在 package.json 中写入开发依赖包，如图 6.27 所示。在 devDependencies 属性下，安装的各个依赖包名及其版本一目了然。

```
{} package.json ●
1   {
2       "name": "vscode-typescript",
3       "version": "1.0.0",
4       "description": "debug tool",
5       "main": "app.js",
6       "scripts": {
7           "prebuild_ts": "tsc"
8       },
9       "author": "jackwang",
10      "license": "ISC",
11      "devDependencies": {
12          "@typescript-eslint/eslint-plugin": "^1.4.2",
13          "@typescript-eslint/parser": "^1.4.2",
14          "eslint": "^5.15.1",
15          "typescript": "^3.3.3333"
16      }
17  }
18
```

图 6.27　package.json 文件截图界面

需要注意的是@typescript-eslint/parser 和@typescript-eslint/eslint-plugin 必须使用相同的版本号，这一点非常重要。

如果全局安装 ESLint（使用-g 标志），就必须对@typescript-eslint/eslint-plugin 依赖包进行全局安装。

6.2.2　创建 ESLint 配置文件

ESLint 工具需要一个配置文件来决定对哪些规则进行检查，配置文件的名称一般是.eslintrc.js 或.eslintrc.json。

当运行 ESLint 工具检查一个文件的时候，它会首先尝试读取根目录下的配置文件，然后再一级一级往上查找，将所找到的配置合并起来，作为当前被检查文件的配置。

我们在项目的根目录下创建一个.eslintrc.js，内容如代码 6-9 所示。

【代码 6-9】 .eslintrc.js 配置代码：.eslintrc.js

```
01    module.exports = {
02        "parser": "@typescript-eslint/parser",
03        "plugins": ["@typescript-eslint"],
04        //使用类型信息
05        "parserOptions": {
06            "project": "./tsconfig.json"
07        },
08        "rules": {
09            "@typescript-eslint/no-use-before-define": "error",
10            "@typescript-eslint/indent": "error",
11            "@typescript-eslint/camelcase": "error",
12            "@typescript-eslint/class-name-casing": "error",
13            "@typescript-eslint/explicit-function-return-type": "warn",
14        },
15        //一键开启所有建议规则
16        //"extends": ["plugin:@typescript-eslint/recommended"]
17    }
```

我们也可以一次启用所有建议的规则，如代码第 16 行中用扩展 extends 属性配置一个插件 plugin:@typescript-eslint/recommended 即可。规则的值有警告（warn）和报错（error）之分。警告级别的规则用黄色字体输出信息，错误级别的规则用红色字体输出信息。

在上面的配置中，我们指定了几个规则：

- @typescript-eslint/no-use-before-define 表示在定义变量之前不允许使用变量，配置为错误级别。
- @typescript-eslint/indent 表示强制实施一致的缩进，配置为错误级别。
- @typescript-eslint/camelcase 表示实施 camelCase 命名约定，配置为错误级别。
- @typescript-eslint/class-name-casing 表示需要 PascalCased 类和接口名称，配置为错误级别。
- @typescript-eslint/explicit-function-return-type 要求函数和类方法的显式返回类型，配置为警告级别。

typescript-eslint 支持的规则如表 6.1 所示。

表 6.1　typescript-eslint 支持的规则说明

名称	描述
@typescript-eslint/adjacent-overload-signatures	要求成员重载是连续的
@typescript-eslint/array-type	需要使用任意 T[]或 Array<T>，用于阵列
@typescript-eslint/ban-types	强制不使用该类型
@typescript-eslint/ban-ts-ignore	禁止使用“// @ ts-ignore”注释
@typescript-eslint/camelcase	实施 camelCase 命名约定
@typescript-eslint/class-name-casing	需要 PascalCased 类和接口名称
@typescript-eslint/explicit-function-return-type	要求函数和类方法的显式返回类型
@typescript-eslint/explicit-member-accessibility	在类属性和方法上需要显式的可访问性修饰符
@typescript-eslint/generic-type-naming	强制命名泛型类型变量
@typescript-eslint/indent	实施一致的缩进
@typescript-eslint/interface-name-prefix	要求接口名称以 I 为前缀
@typescript-eslint/member-delimiter-style	要求接口和类型文字的特定成员分隔符样式
@typescript-eslint/member-naming	通过可见性强制类成员的命名约定
@typescript-eslint/member-ordering	需要一致的成员声明顺序
@typescript-eslint/no-angle-bracket-type-assertion	强制使用 as Type 断言而不是<Type>断言
@typescript-eslint/no-array-constructor	禁止通用 Array 构造函数创建数组，如 hew Array(0,1,2)
@typescript-eslint/no-empty-interface	禁止声明空接口
@typescript-eslint/no-explicit-any	禁止使用该 any 类型
@typescript-eslint/no-extraneous-class	禁止将类用作命名空间
@typescript-eslint/no-for-in-array	禁止使用 for…in 循环迭代数组
@typescript-eslint/no-inferrable-types	对于初始化为数字、字符串或布尔值的变量或参数，禁止显式类型声明。
@typescript-eslint/no-misused-new	强制执行的有效定义 new 和 constructor
@typescript-eslint/no-namespace	禁止使用自定义 TypeScript 模块和命名空间
@typescript-eslint/no-non-null-assertion	使用!后缀运算符，禁止非空断言
@typescript-eslint/no-object-literal-type-assertion	禁止对象文字出现在类型断言表达式中
@typescript-eslint/no-parameter-properties	禁止在类构造函数中使用参数属性
@typescript-eslint/no-require-imports	不允许调用 require()
@typescript-eslint/no-this-alias	禁止别名 this
@typescript-eslint/no-triple-slash-reference	禁止/// <reference path="" />
@typescript-eslint/no-type-alias	不允许使用类型别名
@typescript-eslint/no-unnecessary-qualifier	在不需要名称空间限定符时发出警告
@typescript-eslint/no-unnecessary-type-assertion	如果类型断言不改变表达式的类型，就发出警告
@typescript-eslint/no-unused-vars	禁止未使用的变量
@typescript-eslint/no-use-before-define	在定义变量之前不允许使用变量
@typescript-eslint/no-useless-constructor	禁止不必要的构造函数

（续表）

名称	描述
@typescript-eslint/no-var-requires	禁止使用 require 语句，但在 import 语句中除外
@typescript-eslint/prefer-function-type	使用函数类型而不是带有调用签名的接口
@typescript-eslint/prefer-interface	首选类型文字的接口声明（类型 T = {...}）
@typescript-eslint/prefer-namespace-keyword	需要使用 namespace 关键字而不是 module 关键字来声明自定义 TypeScript 模块
@typescript-eslint/promise-function-async	需要任何返回 Promise 的函数或方法才能标记为异步
@typescript-eslint/restrict-plus-operands	添加两个变量时，操作数必须是数字类型或字符串类型
@typescript-eslint/type-annotation-spacing	要求类型注释周围的间距一致

6.2.3 检查 ts 文件

在配置好.eslintrc.js 文件之后，我们来创建一个名为 eslint-test.ts 的文件，看看是否能用 ESLint 工具去检查它的语法规范。创建一个新文件 eslint-test.ts，内容如代码 6-10 所示。

【代码 6-10】 eslint-test.ts 代码：eslint-test.ts

```
01    function hello_World(msg: string) {
02        a.go=2;
03        var a;
04        if (1) {
05            return;
06        }
07        else {
08        }
09          eval('console.log("hello")')
10        let ret = "Hello " + msg;
11        if (ret == "") {
12            console.log("hello");
13        }
14
15
16        console.log(ret);
17    }
18    hello_World("world");
```

然后执行以下命令，用 eslint 对代码进行语法检测：

```
./node_modules/.bin/eslint  .\src\eslint-test.ts
```

ESLint 检查此文件的结果如图 6.28 所示。

```
PS C:\Src\chartper6\vscode> ./node_modules/.bin/eslint  .\src\eslint-test.ts

C:\Src\chartper6\vscode\src\eslint-test.ts
   1:1   warning  Missing return type on function           @typescript-eslint/explicit-function
-return-type
   1:10  error    Identifier 'hello_World' is not in camel case  @typescript-eslint/camelcase
   2:5   error    'a' was used before it was defined        @typescript-eslint/no-use-before-def
ine
   7:10  error    Empty block statement                     no-empty
  10:1   error    Expected indentation of 4 spaces but found 7  @typescript-eslint/indent
  10:8   warning  eval can be harmful                       no-eval
  12:13  error    Expected '===' and instead saw '=='       eqeqeq
  15:1   warning  More than 1 blank line not allowed        no-multiple-empty-lines
  19:22  error    Newline required at end of file but not found  eol-last

✕ 9 problems (6 errors, 3 warnings)
  2 errors and 1 warning potentially fixable with the `--fix` option.
```

图 6.28　ESLint 检查结果界面

我们使用的是 ./node_modules/.bin/eslint，而不是全局的 ESLint 脚本，这是因为代码检查是项目的重要组成部分，所以我们一般会将它安装在当前项目中。

可是每次执行这么长一段脚本颇有不便，我们可以在 package.json 中添加一个 script 属性，并配置一个 ESLint 的脚本来简化这个步骤，如图 6.29 所示。

```
{} package.json ×
 1  {
 2      "name": "vscode-typescript",
 3      "version": "1.0.0",
 4      "description": "debug tool",
 5      "main": "app.js",
 6      "scripts": {
 7          "prebuild ts": "tsc",
 8     ①   "eslint": "eslint  ./src/eslint-test.ts"
 9      },
10      "author": "jackwang",
11      "license": "ISC",
12      "devDependencies": {
13          "@typescript-eslint/eslint-plugin": "^1.4.2",
14          "@typescript-eslint/parser": "^1.4.2",
15          "eslint": "^5.15.1",
```

```
PROBLEMS    OUTPUT    DEBUG CONSOLE    TERMINAL                1: powershell

PS C:\Src\chartper6\vscode> npm run eslint  ②

> vscode-typescript@1.0.0 eslint C:\Src\chartper6\vscode
> eslint  ./src/eslint-test.ts


C:\Src\chartper6\vscode\src\eslint-test.ts
   1:1   warning  Missing return type on function                 @typescript-eslint
-return-type
   1:10  error    Identifier 'hello_World' is not in camel case   @typescript-eslint
   2:5   error    'a' was used before it was defined              @typescript-eslint
```

图 6.29　eslint 检查命令界面

这时只需要执行 npm run eslint 即可。上面的只是检查单个文件，那么如何对所有文件进行检查呢？下面就说一下如何检查整个项目的ts文件。我们的项目源文件一般放在src目录下，所以将package.json中的ESLint脚本改为对一个目录进行检查即可。由于ESLint默认不会检查.ts后缀的文件，因此需要加上参数--ext .ts，如图6.30所示。

```
{} package.json ×
 5      "main": "app.js",
 6      "scripts": {
 7          "prebuild_ts": "tsc",
 8          "eslint": "eslint  ./src/eslint-test.ts",
 9          "eslint_src": "eslint src --ext .ts"
10      },
```

图 6.30　ESLint 检查 src 目录文件脚本截图

此时执行 npm run eslint_src 即会检查 src 目录下的所有.ts 后缀的文件，输出结果如图 6.31 所示。

```
> vscode-typescript@1.0.0 eslint_src C:\Src\chartper6\vscode
> eslint src --ext .ts


C:\Src\chartper6\vscode\src\app.ts ①
  1:1  warning  Missing return type on function
t-function-return-type
  6:1  warning  Too many blank lines at the end of file. Max of 1 allowed

C:\Src\chartper6\vscode\src\eslint-test.ts ②
   1:1   warning  Missing return type on function                  @typescri
-return-type
   1:10  error    Identifier 'hello_World' is not in camel case    @typescri
   2:5   error    'a' was used before it was defined               @typescri
ine
   7:10  error    Empty block statement                            no-empty
  10:1   error    Expected indentation of 4 spaces but found 7     @typescri
  10:8   warning  eval can be harmful                              no-eval
  12:13  error    Expected '===' and instead saw '=='              eqeqeq
```

图 6.31　ESLint 检查 src 目录文件结果

ESLint 的规则有 3 种级别：

- "off"或者 0，不启用这个规则。
- "warn"或者 1，出现问题会有警告。
- "error"或者 2，出现问题会报错。

ESLint 的规则细节请到 ESLint 官方网站（http://eslint.org/docs/rules）查看。

6.3 使用 TSLint

还有一款和 ESLint 比较相似的工具，就是 TSLint。它也是主要针对代码的编程规范进行检查。从名字上看，TSLint 应该更加针对 TypeScript 语法。

6.3.1　安装 TSLint 工具

用命令行 npm install tslint --save-dev 进行安装：

```
npm install tslint --save-dev
```

安装成功后会显示安装的 TSLint 版本等信息，如此处安装的是 tslint@5.14.0，如图 6.32 所示。

```
PS C:\Src\chartper6\vscode> npm install tslint --save-dev
npm WARN vscode-typescript@1.0.0 No repository field.

+ tslint@5.14.0
added 16 packages from 7 contributors and audited 262 packages in 2.467s
found 0 vulnerabilities

PS C:\Src\chartper6\vscode>
```

图 6.32　TSLint 安装结果

TSLint 是一种可扩展的静态分析工具，可检查 TypeScript 代码的可读性、可维护性和功能性错误。它在现代编辑器和构建系统中得到广泛支持，可以使用我们自己定义的 lint 规则、配置和格式化程序进行自定义。

TSLint 具有以下特点：

- 内置一套广泛使用的核心规则。
- 支持自定义 lint 规则。
- 自定义格式化代码。
- 内联禁用和启用带有源代码中的注释标志的规则。
- 插件支持（如 tslint-react）。
- 与 Visual Studio Code、WebStorm、Eclipse 等集成。

6.3.2　创建 TSLint 配置文件

在 Visual Studio Code 终端命令行中用命令./node_modules/.bin/tslint --init 初始化一个 tslint.json 文件。此文件自动在项目根目录下创建，内容如代码 6-11 所示。

【代码 6-11】 tslint.json 代码：tslint.json

```
01    {
02        "defaultSeverity": "error",
03        "extends": [
04            "tslint:recommended"
05        ],
06        "jsRules": {},
07        "rules": {
08            "no-unused-expression": true,
09            "no-string-throw": true,
```

```
10          "no-duplicate-variable": true,
11          //for if do while 要有括号
12          "curly": true,
13          "class-name": true,
14          "semicolon": [
15              true,
16              "always"
17          ],
18          // ===
19          "triple-equals": true
20      },
21      "rulesDirectory": []
22  }
```

在 tslint.json 配置文件中，rulesDirectory 指定规则的实现目录，可以配置多个。extends 指定我们继承的配置，这里继承 tslint:recommended 来启用推荐的检验规则。另外，我们可以在 rules 中添加配置，它能覆盖继承所提供的配置。

6.3.3 检查 ts 文件

要用 TSLint 检测代码，需要在 Visual Studio Code 命令行终端执行命令：

```
./node_modules/.bin/tslint  .\src\eslint-test.ts
```

对文件 eslint-test.ts 进行语法检测，检测的结果如图 6.33 所示。

```
PS C:\Src\chartper6\vscode> ./node_modules/.bin/tslint .\src\eslint-test.ts

ERROR: src/eslint-test.ts:2:9 - missing whitespace
ERROR: src/eslint-test.ts:2:10 - missing whitespace
ERROR: src/eslint-test.ts:3:5 - Forbidden 'var' keyword, use 'let' or 'const' instead
ERROR: src/eslint-test.ts:3:9 - Identifier 'a' is never reassigned; use 'const' instead of 'var
'.
ERROR: src/eslint-test.ts:7:5 - misplaced 'else'
ERROR: src/eslint-test.ts:7:10 - block is empty
ERROR: src/eslint-test.ts:10:8 - forbidden eval
ERROR: src/eslint-test.ts:10:8 - statements are not aligned
ERROR: src/eslint-test.ts:10:36 - Missing semicolon
ERROR: src/eslint-test.ts:11:9 - Identifier 'ret' is never reassigned; use 'const' instead of '
let'.
ERROR: src/eslint-test.ts:12:13 - == should be ===
ERROR: src/eslint-test.ts:13:9 - Calls to 'console.log' are not allowed.
ERROR: src/eslint-test.ts:16:1 - trailing whitespace
ERROR: src/eslint-test.ts:16:1 - Consecutive blank lines are forbidden
ERROR: src/eslint-test.ts:17:5 - Calls to 'console.log' are not allowed.
ERROR: src/eslint-test.ts:19:22 - file should end with a newline
```

图 6.33　TSLint 检测结果截图

TSLint 常用规则如表 6.2 所示。

表 6.2 TSLint规则

属性/方法	说明
no-parameter-properties	禁止给类的构造函数的参数添加修饰符
no-debugger	禁止使用 debugger
no-trailing-whitespace	禁止行尾有空格
no-unused-expression	禁止无用的表达式
no-unused-variable	定义过的变量必须使用
no-use-before-declare	变量必须先定义后使用
no-var-keyword	禁止使用 var
triple-equals	必须使用 === 或 !==，禁止使用 == 或 !=，与 null 比较时除外
member-ordering	指定类成员的排序规则
no-this-assignment	禁止将 this 赋值给其他变量，除非是解构赋值
no-empty	禁止出现空代码块，允许 catch 是空代码块
no-unnecessary-type-assertion	禁止无用的类型断言
return-undefined	使用“return;”而不是“return undefined;”
no-for-in-array	禁止对 array 使用 for…in 循环
adjacent-overload-signatures	定义函数时如果用到了覆写，就必须将覆写的函数写到一起
no-parameter-reassignment	禁止对函数的参数重新赋值
curly	if 后面必须有 {
forin	for…in 内部必须有 hasOwnProperty
no-conditional-assignment	禁止在分支条件判断中有赋值操作
no-construct	禁止使用 new 来生成 String、Number 或 Boolean
no-duplicate-super	禁止 super 在一个构造函数中出现两次
no-duplicate-switch-case	禁止在 switch 语句中出现重复测试表达式的 case
no-duplicate-variable	禁止出现重复的变量定义或函数参数名
no-eval	禁止使用 eval
no-object-literal-type-assertion	禁止对对象字面量进行类型断言（断言成 any 是允许的）
no-return-await	禁止没必要的 return await
no-sparse-arrays	禁止在数组中出现连续的逗号，如 let foo = [,,]
no-string-throw	禁止 throw 字符串，必须 throw 一个 Error 对象
no-switch-case-fall-through	switch 的 case 必须用 return 或 break 语句返回
no-unbound-method	使用实例的方法时，必须绑定到实例上
use-isnan	必须使用 isNaN(foo) 而不是 foo === NaN
radix	parseInt 必须传入第二个参数
deprecation	禁止使用废弃（被标识了 @deprecated）的 API
indent	一个缩进的配置
no-duplicate-imports	禁止出现重复的 import
no-mergeable-namespace	禁止一个文件中出现多个相同的 namespace
encoding	文件类型必须是 utf-8
import-spacing	在 import 语句中，关键字之间的间距必须是一个空格
interface-over-type-literal	接口可以 implement extend 和 merge

（续表）

属性/方法	说明
new-parens	使用 new 关键字调用构造函数时需要括号
no-angle-bracket-type-assertion	类型断言必须使用 as Type，禁止使用 <Type>
no-consecutive-blank-lines	禁止连续出现几行空行，几行可配
no-irregular-whitespace	禁止使用特殊空白符（比如全角空格）
no-redundant-jsdoc	禁止使用 JSDoc，因为 TypeScript 已经包含了大部分功能
no-reference-import	禁止使用三斜杠引入类型定义文件
no-unnecessary-initializer	禁止变量定义时赋值为 undefined
number-literal-format	小数必须以 0. 开头，禁止以 . 开头，并且不能以 0 结尾
object-literal-shorthand	必须使用 a = {b} 而不是 a = {b: b}
one-variable-per-declaration	变量声明必须每行一个，for 循环的初始条件中除外
one-line	if 后的 { 禁止换行
quotemark	"quotemark": [true, "single", "jsx-double", "avoid-template", "avoid-escape"]必须使用单引号，jsx 中必须使用双引号
semicolon	行尾必须有分号
space-before-function-paren	函数名前必须有空格
space-within-parens	括号内首尾禁止有空格
no-unsafe-finally	禁止 finally 内出现 return、continue、break、throw 等，finally 会比 catch 先执行

我们可以将这些规则根据实际需求添加到 tsconfig.json 中的 rules 属性下。需要注意的是，有些规则除了可以用 true 或者 false 配置外，还可以配置排除项或其他额外配置，这里不再赘述。

6.4 使用 Jest

一般我们不管是做前端还是后端，为了提高代码的质量，都会选择一种测试驱动开发（TDD）的办法来对代码进行单元测试。Jest 是 Facebook 团队开发的一款测试框架，可以提高开发者的“测试体验”。

我们做单元测试的时候需要分解出一个个独立的模块，但是这样做要写很多的 mock 代码（模拟的辅助函数），这个过程非常烦琐。这是编写测试用例的一个“痛点”。如果我们不想编写大量的辅助代码来测试，那么 Jest 测试框架就是很好的一种选择。

如果你用过一些其他测试框架，比如 Mocha 和 Jasmine，那么看一下 Jest 文档应该会比较容易上手。

Jest 测试框架的特征有：

- 性能非常好，快速响应。
- 用法非常简单，几分钟快速上手。
- 容易安装和运行，无须任何配置。
- 自带覆盖率统计工具。
- 可以在沙盒环境运行。
- 自动监测你的代码变动并运行测试。
- 自动 mock 函数。
- 其他测试框架都没有的快照（snapshot）测试。
- 测试异步代码非常简单。
- Vue、Angular 和 React 框架等都能用。

6.4.1　安装 Jest

在 Visual Studio Code 命令行终端中执行命令：

```
npm install jest --save-dev
```

此命令可以从网站上自动下载 jest 安装包，并在 package.json 文件中进行配置依赖信息。安装的结果如图 6.34 所示。

```
PS C:\Src\chartper6\vscode> npm install jest --save-dev
npm WARN vscode-typescript@1.0.0 No repository field.

+ jest@24.5.0
added 413 packages from 367 contributors and audited 476925 packages in 29.806s
found 0 vulnerabilities

PS C:\Src\chartper6\vscode>
```

图 6.34　Jest 安装截图

6.4.2　Jest 初始化配置

在 Visual Studio Code 终端命令行中，输入./node_modules/.bin/jest --init 初始化配置文件。这里需要注意的是，当回车执行这些命令的时候，会有一个配置询问过程，根据这个过程设置一些参数即可。

在选择测试环境的时候，用键盘上的上下箭头来选择，这里选择 node 作为测试环境。初始化配置的界面如图 6.35 所示。

```
PS C:\Src\chartper6\vscode> ./node_modules/.bin/jest --init

The following questions will help Jest to create a suitable configuration for your project

√ Would you like to use Jest when running "test" script in "package.json"? ... yes
? Choose the test environment that will be used for testing » - Use arrow-keys. Return to submi
? Choose the test environment that will be used for testing » - Use arrow-keys. Return to submi
? Choose the test environment that will be used for testing » - Use arrow-keys. Return to submi
√ Choose the test environment that will be used for testing » node
√ Do you want Jest to add coverage reports? ... yes
√ Automatically clear mock calls and instances between every test? ... yes

Modified C:\Src\chartper6\vscode\package.json

Configuration file created at C:\Src\chartper6\vscode\jest.config.js
PS C:\Src\chartper6\vscode>
```

图 6.35　Jest 初始化

在这个过程中，会在 package.json 中写入脚本内容，对应 scripts 节点的 test 脚本块，如图 6.36 所示。

```
{} package.json ×
1   {
2     "name": "vscode-typescript",
3     "version": "1.0.0",
4     "description": "debug tool",
5     "main": "app.js",
6     "scripts": {
7       "prebuild_ts": "tsc",
8       "eslint": "eslint  ./src/eslint-test.ts",
9       "eslint_src": "eslint src --ext .ts",
10      "test": "jest"
11    },
12    "author": "jackwang",
13    "license": "ISC",
14    "devDependencies": {
15      "@typescript-eslint/eslint-plugin": "^1.4.2",
16      "@typescript-eslint/parser": "^1.4.2",
```

图 6.36　package.json 内容截图

6.4.3　Jest 测试

（1）测试代码的时候，需要先有一个测试对象。这里为了方便测试，编写一个 TypeScript 函数。在 src 文件夹里面新建一个 sum.ts 文件，内容如代码 6-12 所示。

【代码 6-12】 sum.ts 代码：sum.ts

```
01   function sum(a: number, b: number) {
02       return a + b;
03   }
04   module.exports = sum;
```

sum.ts 中 04 行用 module.exports=sum 将该函数进行导出，否则可能无法找到该函数，出现函数未定义的错误。

（2）在根目录下新建一个 test 文件夹，在 test 文件里面新建一个 sum.test.js 文件。注意，名字要带有 test。sum.test.js 文件内容如代码 6-13 所示。

【代码 6-13】 sum.test.js 代码：sum.test.js

```
01    const sum = require('./../dist/sum');
02    test('hellojest', () => {
03        let ret = sum(1, 2);
04        expect(ret).toBe(3);
05    });
```

在代码 6-13 中，01 行用 require 引入了刚才定义的 sum 文件，但是要注意，这里引入的是 dist 文件夹中的 sum.js，而不是对应的 src 文件夹中的 sum.ts。因此，在测试之前，需要先用 tsc 命令将 typescript 转成 javascript，然后调用 npm run test 进行测试。测试结果如图 6.37 所示。

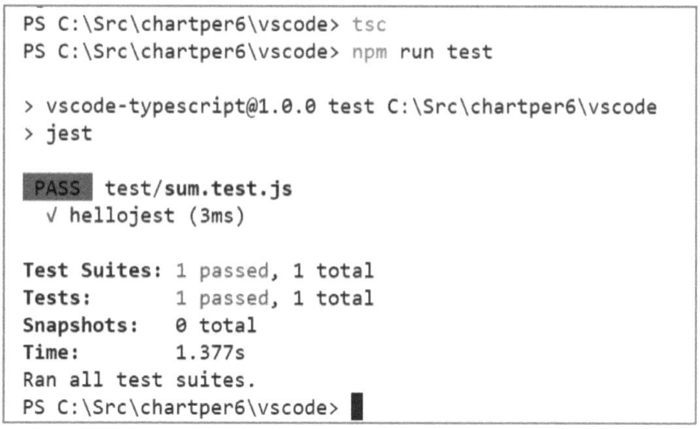

```
PS C:\Src\chartper6\vscode> tsc
PS C:\Src\chartper6\vscode> npm run test

> vscode-typescript@1.0.0 test C:\Src\chartper6\vscode
> jest

 PASS  test/sum.test.js
  √ hellojest (3ms)

Test Suites: 1 passed, 1 total
Tests:       1 passed, 1 total
Snapshots:   0 total
Time:        1.377s
Ran all test suites.
PS C:\Src\chartper6\vscode>
```

图 6.37　jest 测试截图

关于 Jest 的具体使用，可以参考官网 https://jestjs.io。官网上有大量的实际例子可供参考和学习。在编写测试时，通常需要检查值是否符合某些条件。expect 可以访问许多“匹配器”，以便我们验证不同的内容。对于由 Jest 社区维护的其他 Jest 匹配器，可查看 jest-extended，地址为 https://github.com/jest-community/jest-extended。

图 6.37 可以看出，需要手动执行两个命令，比较烦琐。那么能不能在启动程序的时候先进行编译再调用测试呢？换句话说，就是调用两个命令（可以称为组合命令）。tasks.json 文件中组合任务可以用 dependsOn 来定义。

为了达到这个目的，我们修改 launch.json 启动配置文件中的 preLaunchTask 属性为 ts_test_build，如图 6.38 所示。ts_test_build 是 tasks.json 定义的复合任务标签名。tasks.json 内容如代码 6-14 所示。

```
{} launch.json ×
7               "name": "启动",
8               "program": "${workspaceRoot}/dist/app.js",
9               "stopOnEntry": false,
10              "cwd": "${workspaceRoot}",
11              //"preLaunchTask": "build ts",
12              "preLaunchTask": "ts_test_build",
13              "env": {
14                  "NODE_ENV": "development"
15              },
16              "console": "internalConsole",
17              "sourceMaps": true
18          }
19      ]
20  }
```

图 6.38　launch.json preLaunchTask 配置截图

【代码 6-14】 tasks.json 代码：tasks.json

```
01    {
02        "version": "2.0.0",
03        "tasks": [{
04                "type": "npm",
05                "script": "prebuild_ts",
06                "label": "build_ts"
07            }, {
08                "type": "npm",
09                "script": "test",
10                "label": "test_ts"
11            }, {
12                "label": "ts_test_build",
13                "dependsOn": ["build_ts", "test_ts"]
14            }
15        ]
16    }
```

其中，dependsOn 值为数组，可以传入自定义的 label 值，如 build_ts 是 06 行定义的标签；而 test_ts 是 10 行定义的标签。此时，我们就可以在 Visual Studio Code 中直接启动程序进行编译和测试了，如图 6.39 所示。

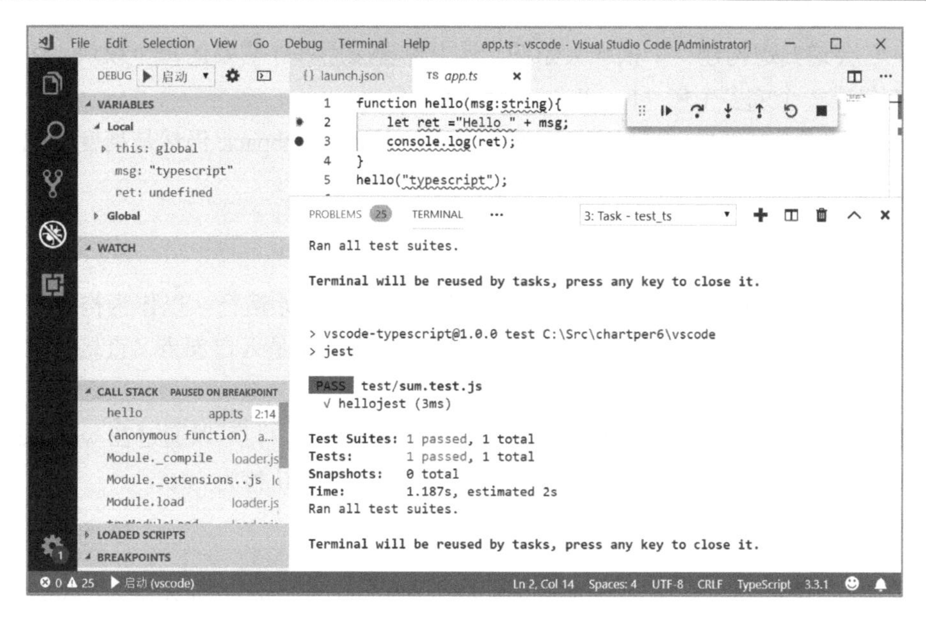

图 6.39 启动调试并测试

6.5 使用 webpack

webpack 可以看作模块打包器，用于分析项目结构，找到 JavaScript 模块以及其他的一些浏览器不能直接运行的扩展语言（如 SCSS、TypeScript 等）并将其打包为合适的格式以供浏览器使用。webpack 官网地址为 https://www.webpackjs.com。

如今很多 Web 应用的功能都比较复杂，项目文件拥有复杂的 JavaScript 代码和一大堆依赖包。为了简化开发的复杂度，前端社区涌现出了很多好的实践方法，如分模块开发。TypeScript 语言的出现也是基于这样的大背景，它诞生的目标就是构建大型可扩展的 Web 应用。在 webpack 官网首页上有一张图（见图 6.40），可以很好地说明 webpack 的用途。

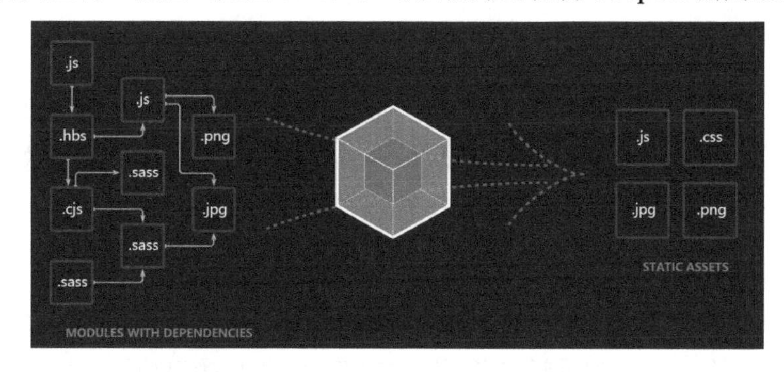

图 6.40 webpack 用途示意图（来自官网）

本质上，webpack 是一个现代 JavaScript 应用程序的静态模块打包器。当 webpack 处理应用程序时，它会递归地构建一个依赖关系图，其中包含应用程序需要的每个模块，然后将所有这些模块打包成一个或多个包（bundle）。

从 webpack v4.0.0 开始，可以不引入配置文件。然而，webpack 仍然是高度可配置的。在开始前需要理解 4 个核心概念：

- 入口（entry）

入口起点（entry point）指定 webpack 应该从哪个文件开始运行，以作为构建其内部依赖图的开始。进入入口起点后，webpack 会找出有哪些模块和库是入口起点（直接和间接）依赖的。

每个依赖项随即被处理，最后输出到称为 bundles 的文件中。可以通过在 webpack 配置中配置 entry 属性来指定一个入口起点（或多个入口起点），默认值为./src。

- 输出（output）

output 属性告诉 webpack 在什么地方（文件目录）将打包好的文件输出，同时可以配置命名这些文件的方式，默认值为./dist。基本上，整个应用程序结构都会被编译到你指定的输出路径的文件夹中。我们可以通过在配置中指定一个 output 属性来配置这些处理过程。

- 加载器（loader）

loader 是一个加载器，由于 webpack 自身只理解 JavaScript 语义，无法解析其他类型的文件，如 SCSS 等，因此为了让 webpack 能够去处理那些非 JavaScript 文件，需要用加载器对文件进行预处理。loader 可以将所有类型的文件转换为 webpack 能够处理的有效模块，然后就可以利用 webpack 的打包能力对它们进行处理了。

从本质上说，webpack loader 可将所有类型的文件转换为应用程序的依赖图可以直接引用的模块。

loader 能够导入任何类型的模块（例如.css 文件）。这是 webpack 特有的功能，其他打包程序或任务执行器可能并不支持。这种语言扩展是很有必要的，因为这可以使开发人员创建出更准确的依赖关系图。

从更高层面上来说，在 webpack 的配置中 loader 有两个属性：test 属性和 use 属性。前者用于表示应该被对应的 loader 进行转换的某个或某些文件。后者表示进行转换时，应该使用哪个 loader。

- 插件（plugins）

加载器被用于转换某些类型的模块，而插件则可以用于执行范围更广的任务。插件的范围包括：打包优化、压缩，一直到重新定义环境中的变量。插件接口功能极其强大，可以用来处理各种各样的任务。

想要使用一个插件，我们只需要用 require()引入它即可，然后将其添加到 plugins 数组中。

多数插件可以通过选项（option）自定义。我们也可以在一个配置文件中因不同目的而多次使用同一个插件，这时需要通过使用 new 操作符来创建它的一个实例。

通过选择 development 或 production 中的一个来设置 mode 参数。development 模式一般打包文件时会保留一些注释信息等，而 production 会删除注释，同时对代码进行压缩和混淆，从而减少文件的大小、增加代码被破解的难度。

下面让我们逐步搭建 webpack 打包环境。

6.5.1　安装 webpack

webpack 可以使用 npm 命令安装。在 Visual Studio Code 终端命令行中输入 npm install --save-dev webpack 并执行命令 npm install -D webpack-cli 进行安装。安装完成后显示信息如图 6.41 所示。这里安装的版本是 webpack@4.29.6。

```
PS C:\Src\chartper6\vscode> npm install --save-dev webpack
npm WARN vscode-typescript@1.0.0 No repository field.
npm WARN optional SKIPPING OPTIONAL DEPENDENCY: fsevents@1.2.7 (node_modules
\fsevents):
npm WARN notsup SKIPPING OPTIONAL DEPENDENCY: Unsupported platform for fseve
nts@1.2.7: wanted {"os":"darwin","arch":"any"} (current: {"os":"win32","arch
":"x64"})

+ webpack@4.29.6
added 157 packages from 104 contributors and audited 481101 packages in 20.5
26s
found 0 vulnerabilities

PS C:\Src\chartper6\vscode>
```

图 6.41　webpack 安装界面

webpack4 需要安装 webpack-cli 模块。

为了使用 webpack 处理 typescript，还需要一个加载器 ts-loader。在 Visual Studio Code 终端命令行中输入命令“npm install ts-loader --save-dev”来安装 ts-loader 工具。

我们打包的 JavaScript 文件最终是要被引入到 html 页面中的。在 dist 文件中，新建一个 index.html 文件，在里面输入 html，然后会有代码提示面板弹出，我们可以选中 html:5 来快速生成 html 代码，如图 6.42 所示。

```
index.html ●
1   <!DOCTYPE html>
2   <html lang="en">
3   <head>
4       <meta charset="UTF-8">
5       <meta name="viewport" content="width=device-width, initial-scale=1.0">
6       <meta http-equiv="X-UA-Compatible" content="ie=edge">
7       <title>Document</title>
8   </head>
9   <body>
10
11  </body>
12  </html>
```

图 6.42　html:5 默认生成的代码界面

我们对自动生成的 index.html 代码进行修改，具体内容如代码 6-15 所示。

【代码 6-15】 index.html 代码：index.html

```
01    <!DOCTYPE html>
02    <html lang="en">
03    <head>
04        <meta charset="UTF-8">
05        <meta name="viewport" content="width=device-width, initial-scale=1.0">
06        <meta http-equiv="X-UA-Compatible" content="ie=edge">
07        <title>webpack demo</title>
08    </head>
09    <body>
10        <div id='root'>
11        </div>
12        <script src="bundle.js"></script>
13    </body>
14    </html>
```

在 src 目录下修改 app.ts 的内容，如代码 6-16 所示。

【代码 6-16】 app.ts 代码：app.ts

```
01    let sum2 = require("./sum");
02    let ret = sum2(1, 2);
03    document.getElementById("root").innerHTML = "sum(1,2)=" + ret;
04    function hello(msg: string) {
05        let ret = "Hello " + msg;
06        console.log(ret);
07    }
08    hello("typescript");
```

在 Visual Studio Code 终端命令行中输入以下命令：

```
./node_modules/.bin/.webpack .\dist\app.js -o .\dist\bundle.js
```

对 dist 文件夹中的 app.js 进行文件打包，并输出到 dist 文件夹中的 bundle.js。打包命令执行结果如图 6.43 所示。

```
PS C:\Src\chartper6\vscode> ./node_modules/.bin/webpack .\dist\app.js -o .\dist\bun
dle.js
Hash: 3c319ebc4f6ec5bacaca
Version: webpack 4.29.6
Time: 91ms
Built at: 2019-03-15 13:59:27
    Asset       Size  Chunks             Chunk Names
bundle.js  974 bytes       0  [emitted]  main
Entrypoint main = bundle.js
[0] ./dist/app.js 133 bytes {0} [built]

WARNING in configuration
The 'mode' option has not been set, webpack will fallback to 'production' for this
value. Set 'mode' option to 'development' or 'production' to enable defaults for ea
ch environment.
You can also set it to 'none' to disable any default behavior. Learn more: https://
webpack.js.org/concepts/mode/
PS C:\Src\chartper6\vscode>
```

图 6.43　webpack 打包界面

当我们成功打包好之后，用浏览器打开 dist 中的 index.html 即可看到结果，如图 6.44 所示。

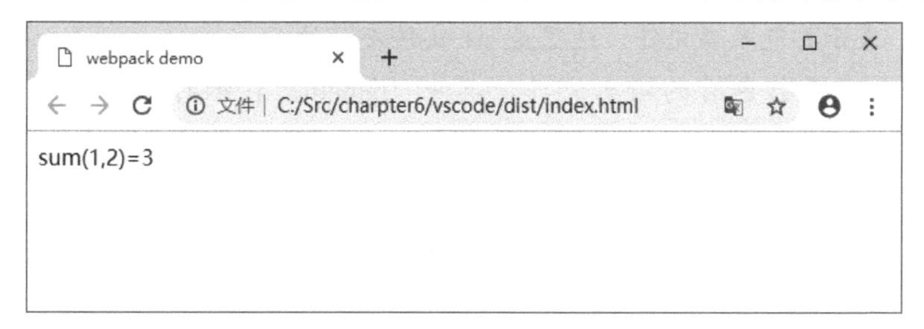

图 6.44　webpack 打包界面

6.5.2　配置 webpack.config.js

上面用 webpack 命令将文件进行了打包，webpack 还有一个配置文件，可以对很多高级功能进行个性化定制，使其更加强大和高效。webpack 配置文件其实也是一个 JavaScript 模块文件。我们可以把所有的与打包相关的信息放在配置文件中。

在项目根目录下新建一个名为 webpack.config.js 的文件，并在其中写入如代码 6-17 所示的配置代码。

【代码 6-17】 webpack 打包配置代码：webpack.config.js

```
01    module.exports = {
02        mode: "development",
03        entry: './src/app.ts',
04        output: {
05            filename: 'bundle.js',
06            path: __dirname + "/dist"
07        },
08        module: {
09            rules: [{
10                test: /\.ts$/,
```

```
11              use: "ts-loader"
12          }]
13      },
14      resolve: {
15          extensions: [
16              '.ts'
17          ]
18      }
19  }
```

在代码 6-17 中，目前的配置主要涉及以下几点：

- mode：打包模式，有 development 和 production 两个选项。production 会将代码进行压缩和移除注释等操作；而 development 不会移除注释，也不会混淆代码。
- entry：表示打包入口文件，这里是 src 文件夹下的 app.ts。
- output：表示打包后的输出文件，其中 filename 表示打包的文件名，还可以用 [name].min.js 或者[name]-[hash].js 来表示。path 表示文件输出路径，这里是根目录下的 dist 文件夹。
- module：表示模块解析配置，rules 是 module 的属性，指定模块解析规则，而 use 是每一个 rule 的属性，指定要用哪个 loader 进行处理，这里用 ts-loader 进行处理。
- resolve：配置 webpack 如何寻找模块所对应的文件。webpack 内置 JavaScript 模块化语法解析功能，默认会采用模块化标准里约定好的规则去寻找，但我们也可以根据自己的需要修改默认的规则。extensions 是 resolve 的属性，可以配置在导入语句没带文件后缀时让 webpack 自动带上后缀后去尝试访问文件是否存在。resolve.extensions 用于配置在尝试过程中用到的后缀列表，默认是 extensions: ['.js', '.json']。也就是说，当遇到 require('./sum')这样的导入语句时，webpack 会先去寻找./sum.js 文件，该文件不存在时才去寻找./sum.json 文件，如果还是找不到就报错。这里配置的是 extensions: ['.ts']，表示优先寻找.ts 文件。

__dirname 是 node.js 中的一个全局变量，指向当前执行脚本所在的目录。

有了这个配置文件 webpack.config.js 之后，再打包文件，只需在 Visual Studio Code 终端里运行 node_modules/.bin/webpack 命令就可以对项目文件进行打包了，这条命令会自动引用 webpack.config.js 文件中的配置选项。

在命令行中输入命令时需要同时输入类似于 node_modules/.bin/webpack 的路径是比较烦人的，不过值得庆幸的是 npm 可以引导任务执行。对 npm 进行配置后可以在命令行中使用简单的 npm webpack_src（自定义名称）命令来替代上面略微烦琐的命令。

在 package.json 中对 scripts 节点进行相关设置即可。我们添加了 webpack_src 命令，且这个属性的值为 webpack，代表真正要执行的命令。package.json 配置如代码 6-18 所示。

【代码 6-18】 package.json 配置代码：package.json

```
01  {
02    "name": "vscode-typescript",
03    "version": "1.0.0",
04    "description": "debug tool",
05    "main": "app.js",
06    "scripts": {
07      "prebuild_ts": "tsc",
08      "eslint": "eslint  ./src/eslint-test.ts",
09      "eslint_src": "eslint src --ext .ts",
10      "test": "jest",
11      "webpack_app": "webpack ./dist/app.js -o ./dist/bundle.js",
12      "webpack_src": "webpack"
13    },
14    "author": "jackwang",
15    "license": "ISC",
16    "devDependencies": {
17      "@typescript-eslint/eslint-plugin": "^1.4.2",
18      "@typescript-eslint/parser": "^1.4.2",
19      "eslint": "^5.15.1",
20      "jest": "^24.5.0",
21      "jsdom": "^14.0.0",
22      "ts-loader": "^5.3.3",
23      "tslint": "^5.14.0",
24      "typescript": "^3.3.3333",
25      "webpack": "^4.29.6",
26      "webpack-cli": "^3.2.3"
27    }
28  }
```

package.json 中的 scripts 会按照一定的顺序寻找命令对应位置，项目根目录中的 node_modules/.bin 路径就在这个寻找清单中。所以无论是全局还是局部安装的 webpack，你都不需要给出前面详细的路径信息，只需要提供命令即可。

webpack 打包的基本过程如图 6.45 所示。在 src 目录下，要先用 tsc 编译命令将 ts 文件编译成js 文件，然后 webpack 对入口函数 app.js 进行依赖分析，将 app.js 和 sum.js 打包成 bundle.js。

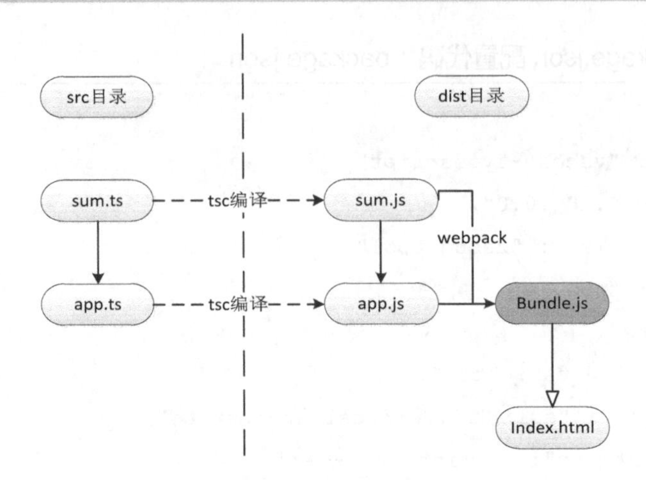

图 6.45 webpack 打包过程示意图

开发总是离不开调试，方便的调试能极大地提高开发效率，不过有时候通过 webpack 打包后的文件，我们是不容易找到出错的具体位置的。source map 就是为了帮我们解决这个问题的。

通过简单的配置，webpack 就可以在打包时为我们生成 source map 文件。这为我们提供了一种映射编译文件和源文件的方法，使得编译后的代码可读性更高，也更容易调试。

在 webpack 的配置文件中配置 source map 时需要配置 devtool。它有以下几种不同的配置选项，各有优缺点：

- source-map：在一个单独的文件中产生一个完整且功能完全的文件。这个文件具有最好的 source map，但是它会减慢打包速度。
- cheap-module-source-map：在一个单独的文件中生成一个不带列映射的 map。不带列映射提高了打包速度，但是也使得浏览器开发者工具只能对应到具体的行，不能对应到具体的列（符号），会对调试造成不便。
- eval-source-map：使用 eval 打包源文件模块，在同一个文件中生成干净、完整的 source map。这个选项可以在不影响构建速度的前提下生成完整的 source map，但是对打包后输出的 JS 文件的执行具有性能和安全的隐患。在开发阶段这是一个非常好的选项，在生产阶段则一定不要启用这个选项。
- cheap-module-eval-source-map：这是在打包文件时最快的生成 source map 的方法，生成的 source map 会和打包后的 JavaScript 文件同行显示，没有列映射，和 eval-source-map 选项具有相似的缺点。

上述选项由上到下打包速度越来越快，不过同时也具有越来越多的负面作用，较快的打包速度的后果就是对打包后的文件的执行有一定影响。

前面提到，如果要在 Visual Studio Code 中让程序启动的时候可以执行多个任务，如编译、测试和打包，就需要借助 task.json 中的复合任务。下面给出 task.json 配置，如代码 6-19 所示。

【代码 6-19】 复合任务配置代码：task.json

```
01  {
02      "version": "2.0.0",
03      "tasks": [{
04              "type": "npm",
05              "script": "prebuild_ts",
06              "label": "build_ts"
07          }, {
08              "type": "npm",
09              "script": "test",
10              "label": "test_ts"
11          }, {
12              "type": "npm",
13              "script": "webpack_src",
14              "label": "webpack_src"
15          }, {
16              "label": "ts_test_build",
17              "dependsOn": ["test_ts", "webpack_src", "build_ts"]
18          }
19      ]
20  }
21  }
```

在代码 6-19 中，16 行用 label 定义了一个名为 ts_test_build 的复合任务，用 dependsOn 关键字指明了要调用的任务列表。17 行表示要执行 test_ts、webpack_src 和 build_ts 任务。

6.5.3　构建本地服务器

想不想让我们的浏览器监听你的代码修改，并自动刷新显示修改后的结果？这样可以更好地进行代码调试和预览。另外，很多前后台交互的应用必须在 Web 服务器上跑起来才可以发送 ajax 请求等。

有一个 lite-server 工具，可以快速搭建本地 Web 服务器。它的优势在于：

- 搭建迅速，只需要安装 npm 包即可。
- 可自动刷新，使用 BrowserSync 监测文件变化。
- 可配置多种选项，比如默认端口及默认文件夹等。

在 Visual Studio Code 的终端命令行下通过命令 npm install --save-dev lite-server 对 lite-server 工具进行安装。

安装完成后，在项目根目录下新建一个 bs-config.json 的文件，用来配置 lite-server 的启动项。bs-config.json 代码如代码 6-20 所示。

【代码 6-20】 bs-config.json 配置代码：bs-config.json

```
01    {
02      "port": 8000,
03      "files": ["./dist/**/*.{html,htm,css,js}"],
04      "server": { "baseDir": "./dist" }
05    }
```

为了简化 lite-server 的调用，我们在 package.json 中配置一个脚本 liteserver，其值为 lite-server，如图 6.46 所示。

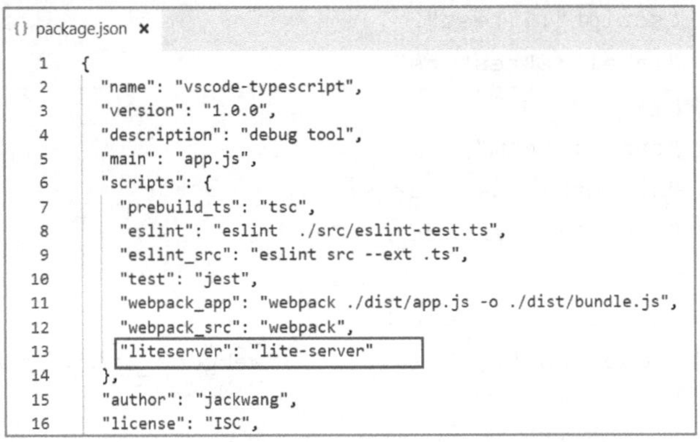

```
{} package.json ×
1   {
2     "name": "vscode-typescript",
3     "version": "1.0.0",
4     "description": "debug tool",
5     "main": "app.js",
6     "scripts": {
7       "prebuild_ts": "tsc",
8       "eslint": "eslint  ./src/eslint-test.ts",
9       "eslint_src": "eslint src --ext .ts",
10      "test": "jest",
11      "webpack_app": "webpack ./dist/app.js -o ./dist/bundle.js",
12      "webpack_src": "webpack",
13      "liteserver": "lite-server"
14    },
15    "author": "jackwang",
16    "license": "ISC",
```

图 6.46 package.json 中 lite-server 脚本配置界面

至此，我们就可以在 Visual Studio Code 终端命令行中用命令 npm run liteserver 来启动本地服务器了。启动服务器界面如图 6.47 所示。

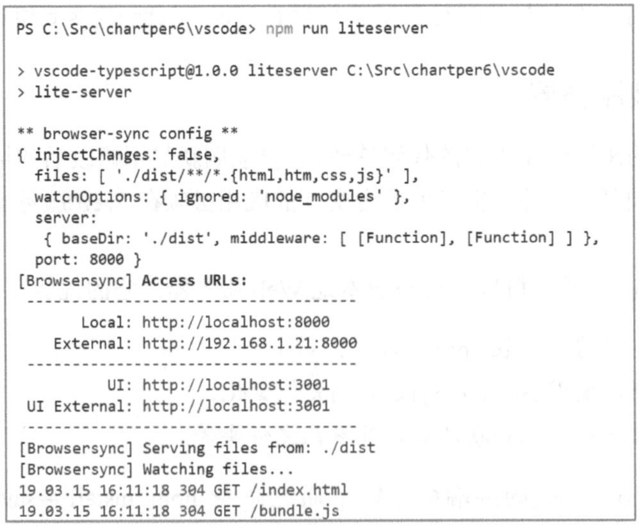

```
PS C:\Src\chartper6\vscode> npm run liteserver

> vscode-typescript@1.0.0 liteserver C:\Src\chartper6\vscode
> lite-server

** browser-sync config **
{ injectChanges: false,
  files: [ './dist/**/*.{html,htm,css,js}' ],
  watchOptions: { ignored: 'node_modules' },
  server:
   { baseDir: './dist', middleware: [ [Function], [Function] ] },
  port: 8000 }
[Browsersync] Access URLs:
 ------------------------------------
       Local: http://localhost:8000
    External: http://192.168.1.21:8000
 ------------------------------------
          UI: http://localhost:3001
 UI External: http://localhost:3001
 ------------------------------------
[Browsersync] Serving files from: ./dist
[Browsersync] Watching files...
19.03.15 16:11:18 304 GET /index.html
19.03.15 16:11:18 304 GET /bundle.js
```

图 6.47 lite-server 启动界面

此时我们就可以在浏览器中输入 localhost:8000 来预览 index.html 了，如图 6.48 所示。

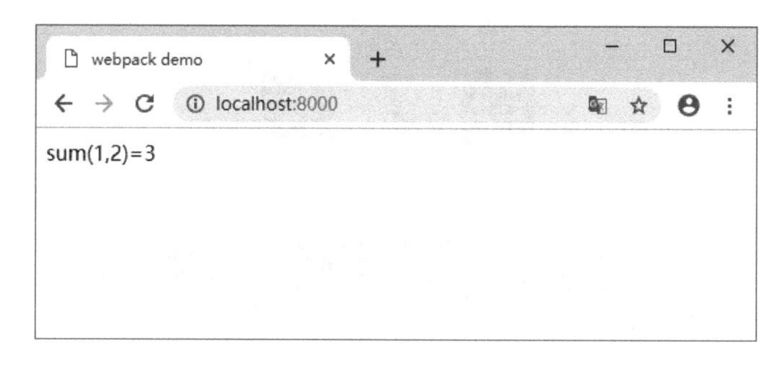

图 6.48　lite-server 预览 index.html 界面

6.6 小结

本章对 TypeScript 开发和调试的相关工具进行了介绍，这些工具都能非常好地和 Visual Studio Code 集成起来。Visual Studio Code 作为一个很重要且功能很强大的编辑器，非常好用，最重要的是开源免费。Visual Studio Code 可以说是开发 TypeScript 非常好用的一款编辑器，本身是用 TypeScript 编写的。

TypeScript 是静态类型语言，本身的编译器就可以发现很多语法错误，再结合 ESLint 和 TSLint 工具，可以在编程的规范和最佳实践规则上进一步提升我们编写代码的规范度和健壮性。

Jest 工具可以大大提高我们对 TypeScript 代码进行测试的效率。webpack 可以一站式也将我们的代码进行压缩和转化，方便、快捷。

第 7 章

◀ 面向对象编程 ▶

面向对象编程（Object Oriented Programming）是目前非常重要的一种编程方式，当前主流的强类型语言如 C#和 Java 都提供了面向对象的语法特征。相对于面向过程来说，面向对象有封装、继承和多态性等特性，因此面向对象编程可以设计出高内聚、低耦合的系统，从而使系统更加灵活、更加易于维护。

面对软件规模的日趋扩大、架构的日趋复杂和需求变化的日趋加快，将计算机解决问题的基本方法统一到人类解决问题的习惯方法之上，这是提出面向对象的首要原因。

可重用性代表着软件产品的可复用能力，是衡量一个软件产品成功与否的重要标志。当今的软件开发行业，人们越来越追求开发更通用的可重用构件，从而使软件开发过程彻底改善，即从过去的语句级编码发展到现在的构件组装，最终实现提高软件开发的效率，降低软件维护成本的目的。

面向对象编程的本质是以建立模型来抽象表达现实事物。模型是用来反映现实世界中事物特征的一种抽象载体。一般情况下，任何一个模型都不可能完全反映客观事物的一切具体特征，但是可以根据需求抓住待解决问题的主要矛盾，即主要的特征和行为。合理的建模既可以对现实事物中的主要特征和行为进行描述，又可以简化问题。

面向对象是把待解决问题分解成各个对象，而建立对象的目的不是为了完成某一个步骤，而是为了描述某个事物在整个解决问题的步骤中的特征和行为。面向对象是以功能来划分问题，而不是步骤。

曾经在网上看到过一篇文章，用一个比较具象的例子来说明面向对象和面向过程的不同。面向对象写出来的程序相当于盖饭，而面向过程写出来的程序相当于炒饭。用面向对象的思想来分析盖饭，那么可以抽象出来盖饭主要是由白米饭和菜（盖在米饭上）构成的，因此可以将盖饭分解成白米饭和菜。

盖饭有很多种，其中主要的区别就是通过菜来决定的。如果盖在饭上的是青椒肉丝，那么就是青椒肉丝盖饭；如果盖在饭上的是番茄鸡蛋，那么就是番茄鸡蛋盖饭。由此可以看出，我们为了提高服务的速度和后续可扩展性，可以将米饭的制作通过电饭煲完成，然后将番茄鸡蛋和青椒肉丝分别做好，这样就可以通过不同的组合来生成不同的盖饭了。此时如果有新客户说要一份鱼香肉丝盖饭，那么我们只需要单独炒一份鱼香肉丝即可，饭不用重新做，从而提高了扩展性。面向对象就是高内聚、低耦合，相当于一种积木的方式，可以组合成不同的系统。

如果是炒饭，炒饭的精髓在于入味和融合。炒饭是将饭和菜（例如鸡蛋）充分进行翻炒，达到饭中有菜、菜中有饭的境界。炒饭虽然好吃，但是饭和菜一旦混合，二者分离起来非常难，如果客户说我要青椒肉丝炒饭，那么之前的蛋炒饭就无法利用了，只能重新将饭和菜准备好，之前的饭无法重用。

盖饭的好处就是将菜和饭分离，从而提高了制作盖饭的灵活性。饭不满意就换饭，菜不满意就换菜。从软件工程领域来说，盖饭就是可维护性和扩展性比较好，饭和菜的耦合度比较低。

炒饭将菜和饭搅和在一起，想换炒饭中的菜和饭都很困难，饭和菜的耦合度很高，以至于可维护性比较差。

软件工程追求的目标之一就是可维护性。可维护性主要表现在 3 个方面：可理解性、可测试性和可修改性。面向对象的好处之一就是显著地改善了软件系统的可维护性。

面向对象是一种对现实世界理解和抽象的方法，是计算机编程技术发展到一定阶段后的产物。抽象、封装、继承和多态是面向对象的基础，是面向对象的四大基础特性。下面将详细介绍这四大基本特性：

- 抽象

提取现实世界中某事物的关键特性，为该事物构建模型的过程。对同一事物在不同的需求下，需要提取的特性可能不一样。得到的抽象模型中一般包含属性（数据）和操作（行为）。这个抽象模型称为类。对类进行实例化可得到对象。

- 封装

封装可以使类具有独立性和隔离性，保证类的高内聚。只暴露给类外部或者子类必需的属性和操作。类封装的实现依赖类的修饰符（public、protected 和 private 等）。

- 继承

对现有类的一种复用机制。一个类如果继承现有的类，那么这个类将拥有被继承类的所有非私有特性（属性和操作）。这里指的继承包含类的继承和接口的实现。子类可以对父类的行为和属性进行扩展和覆盖。

- 多态

多态是在继承的基础上实现的。多态有 3 个要素：继承、重写和父类引用指向子类对象。父类引用指向不同的子类对象时，调用相同的方法，呈现出不同的行为，这就是类的多态特性。多态可以分成编译时多态和运行时多态。

在面向对象四大基础特性之上，我们在做面向对象编程设计时还需要遵循一些基本的设计原则：

- 单一职责原则

不要存在多于一个导致类变更的原因。通俗地说，就是一个类只负责一项职责。如果一个类拥有多个职责，那么这些职责就会耦合到一起，也就会有多个原因来导致这个类的变化。对于某一职责的更改可能会损害类满足其他耦合职责的能力。这样职责的耦合会导致设计的脆弱，以至于当职责发生更改时产生无法预期的破坏。

- 里氏替换原则

所有引用基类的地方必须能透明地使用其子类的对象，也就是说子类可以扩展父类的功能，但不能改变父类原有的功能。

- 依赖倒置原则

高层模块不应该依赖低层模块，二者都应该依赖其抽象；抽象不应该依赖细节；细节应该依赖抽象。简单地说就是尽量面向接口编程。

- 接口隔离原则

客户端不应该依赖它不需要的接口。一个类对另一个类的依赖应该建立在最小的接口上。接口功能应该最小化，过于臃肿的接口应该拆分为多个接口。

- 迪米特原则

一个对象应该对其他对象保持最少的了解，简单的理解就是高内聚、低耦合。一个类尽量减少对其他对象的依赖，并且这个类的方法和属性能用私有的就尽量私有化。

- 开闭原则

一个软件实体如类、模块和函数应该对扩展开放，对修改关闭。当软件需求变化时，尽量通过扩展软件实体的行为来实现变化，而不是通过修改已有的代码来实现变化。

如果一味地遵守这些设计原则，将导致代码分层和类变多，项目变得非常庞大。所以对这些原则要根据实际情况做出取舍。一般分层不要过多，否则会导致代码变得难以维护和跟踪。

传统的 JavaScript 程序使用函数和基于原型的继承来创建可重用的组件，但对于习惯使用面向对象编程方式的程序员来说就有些棘手了，因为面向对象编程用的是基于类的继承且对象是由类创建出来的。从 ES6 开始，JavaScript 程序员将能够使用基于类的面向对象的方式，但目前 ES6 还没有得到所有主流浏览器的支持。

如果我们现在就想在 Web 应用上使用 ES6 的面向对象来编程，那么 TypeScript 是一个很好的选择。TypeScript 允许开发者使用面向对象的特性来编写代码，并且编译后的 JavaScript（可以配置编译目标版本为 ES5）可以在所有主流浏览器和平台上运行。通过本章的学习可以让读者掌握面向对象的编程的基本概念，并掌握 TypeScript 语言中类、接口、模块以及命名空间的基本用法。

本章主要涉及的知识点有：

- 面向对象的基本概念：学会如何把数据有机地组合起来。
- 对象的创建。

- 类的基本概念和类的用法。
- 接口的概念以及用法。
- 命名空间以及其用法。
- 外部模块的概念和用法。
- 模块解析过程。
- 声明合并。

7.1 对象

在面向对象编程中，首先要明白对象（object）的基本概念，理解对象概念是学习面向对象编程的基础。对象指的是具体的某个事物，具有唯一性标识、状态和行为这三大特性。

- 唯一性标识

每个对象都有自身唯一的标识，通过这种标识可找到相应的对象。在对象的整个生命期中，它的标识都不会改变。不同的对象不能有相同的标识。以现实中的汽车为例，汽车的唯一性可以通过车架号来区分，这个车架号就是唯一性标识。

- 状态

状态也可以称为属性，可以描述一个对象的特征。这个特征可以是永久的，也可以被外界改变。举例来说，某一车架号的汽车，颜色为白色，如果重新喷漆，换了一种颜色，那么它此时的状态（颜色）就会改变。

- 行为

行为也可以称为方法，是一个对象主动或被动去执行某种操作。举例来说，某个车架号的汽车具有驾驶、加油的行为。行为本质上是函数，可以被自己或者外部调用。

7.1.1 创建简单对象

现实世界中的具体事物（实体）可以映射到计算机世界的对象上。在 TypeScript 语言中，对象是包含一组键值对的实例，对象的值可以是标量、函数、数组或其他对象等。

对象具体包含哪些属性和方法，需要结合具体的问题来分析。现实中的客观事物内部可能非常复杂，但是我们用面向对象的思想来解决问题时需要抓住事物的主要矛盾。主要矛盾中涉及的具体属性和方法一般就是某对象的属性和方法。在 TypeScript 中，可以用对象字面量的方式来创建简单的对象。基本语法为：

```
01    var 或 let 对象名 = {
02        属性 1: "value1",
03        属性 2: "value2",
```

```
04        方法1: function() {
05            // 函数
06        }
07    }
```

对象可以用 var 或者 let 来创建，当然也可以用 const 来创建，对象名必须符合标识符的命名规则。对象中的属性可以是不同类型，支持标量（字符、布尔、数值等）、函数、数组或元组等。对象字面量中的成员之间用逗号分隔。

对象中的方法一般是匿名函数，如果方法需要递归调用，就需要用命名函数来声明。

假设我们现在需要设计一个学生管理信息系统，首先要通过实际调研来听取客户的需求，掌握此系统立项的目的以及具体要求（主要矛盾）。在现实世界中，学生管理系统中最重要的对象就是学生，学生对象本身具有很多属性，例如学号、姓名、班级、性别、身高、体重和入学年份等。另外，学生对象也具有很多的行为（对象的方法），例如选课、上课、走路和吃饭。

在 TypeScript 中，可以用代码 7-1 来创建一个学生对象。

【代码 7-1】 用对象字面量创建学生对象示例：student.ts

```
01    let student = {
02        code: "09064248",
03        name: "Jack",
04        age: 19,
05        clazz: "高三一班",
06        inYear: 2009,
07        getScore: function () {
08            return {
09                "数学": 99,
10                "语文": 96,
11                "外语": 96,
12            };
13        }
14    }
```

在代码 7-1 中，用对象字面量创建了一个名为 student 的学生对象。该学生对象的属性有 code（学号）、name（姓名）、age（年龄）、clazz（班级）和 inYear（入门年份）。07 行定义了一个获取分数的方法 getScore，返回各课程对应的考试分数，实际上返回的考试分数也是一个对象。

05 行班级用 clazz 而没有用 class，虽然 class 从语法上可以作为属性，但是其为内置关键字，建议还是尽量不要使用。

其中，student 是识别学号为 09064248 学生的唯一标识符。通过 student 标识，可找到相应的学生对象。在对象的整个生命期中，它的标识都不能改变。在同一个作用域中，student 不能重复声明。

一旦定义了 student 对象，就可以用对象来访问属性和方法。代码 7-2 给出如何通过对象名来访问属性和方法的示例。

【代码 7-2】 通过对象名来访问属性和方法示例：student2.ts

```
01    let a = student.age;                    //19
02    let b = student.name;               //"Jack"
03    let c = student.getScore();             //{数学: 99, 语文: 96, 外语: 96}
04    let d = student["name"];                //"Jack"
05    let f = student["getScore"]();      //{数学: 99, 语文: 96, 外语: 96}
```

在代码 7-2 中，可以用对象名.属性名来访问属性。另外，也可以用对象名["属性名"]来访问属性。在 TypeScript 中，访问某个对象的属性和方法时，编辑器可以智能地给出提示，如图 7.1 所示。

```
1  let student = {
2      code: "09064248",
3      name: "Jack",
4      age: 19,
5      clazz: "高三一班",
6      inYear: 2009,
7      getScore: function () {
8          return {
9              "数学": 99,
10             "语文": 96,
11             "外语": 96,
12         };
13     }
14 }
15
16 student.
           age
           clazz                (property) clazz: string
           code
           getScore
           inYear
           name
```

图 7.1　访问 student 对象属性或方法时的智能提示界面

通过图 7.1 可以看出，当输入对象名后的.符号后，编辑器会罗列出所有的对象属性和方法，同时给出对象属性的类型。

对象是按值引用传递的。

7.1.2　给对象添加函数

函数是定义对象行为的载体，是让对象可以对外或对内提供服务的方法。对象中的方法与普通函数相比，需要通过对象来调用，而不能直接调用。

在 JavaScript 中，可以给一个已经存在的对象直接添加方法，如代码 7-3 所示。

【代码 7-3】 JavaScript 中直接给 student 对象添加函数示例：student3.js

```
01    //JavaScript
02    let  student =  {
03       code: "09064248",
04       name: "Jack",
05       age: 19,
06       clazz: "高三一班",
07       inYear: 2009,
08       getScore: function () {
09          return {
10             "数学": 99,
11             "语文": 96,
12             "外语": 96,
13          };
14       }
15    }
16    student.walk = function () {
17       console.log("walk");
18    }
19    student.walk();
```

在代码 7-3 中，19 行通过 student.walk()来调用 16 行给对象添加的方法 walk，控制台输出"walk"信息。

在 TypeScript 中，这种方式给对象 student 动态添加方法 walk 则行不通，编译器会提示错误，如图 7.2 所示。

从图 7.2 可以看出，TypeScript 中不允许直接在对象 student 上添加方法 walk，如 15 行所示，walk 下面有红色波浪线，表示语法错误。这是因为在 TypeScript 中，具体对象应该有一个类型模板。TypeScript 中的对象必须是特定类型的实例。

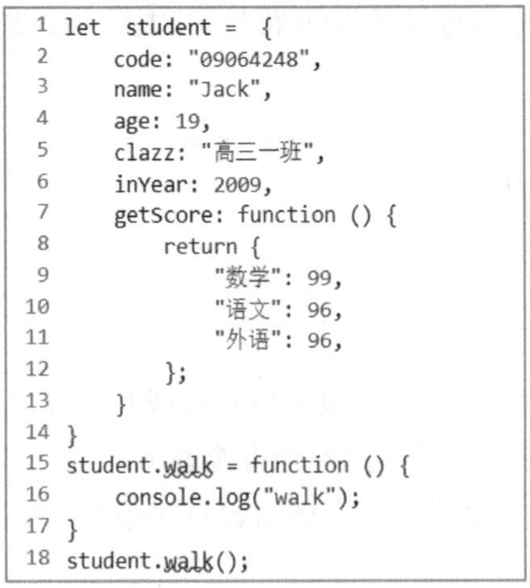

```
 1 let  student =  {
 2     code: "09064248",
 3     name: "Jack",
 4     age: 19,
 5     clazz: "高三一班",
 6     inYear: 2009,
 7     getScore: function () {
 8         return {
 9             "数学": 99,
10             "语文": 96,
11             "外语": 96,
12         };
13     }
14 }
15 student.walk = function () {
16     console.log("walk");
17 }
18 student.walk();
```

图 7.2　给对象 student 动态添加方法报错界面

那么如何在 TypeScript 中给对象添加函数呢？可以通过在声明中使用方法模板来解决此问题。代码 7-4 给出在 TypeScript 中通过类型模板的方式给 student 对象添加函数的示例。

【代码 7-4】 通过类型模板方式给 student 对象添加函数的示例：student4.ts

```
01    let  student =  {
02        code: "09064248",
03        name: "Jack",
04        age: 19,
05        clazz: "高三一班",
06        inYear: 2009,
07        getScore: function () {
08            return {
09                "数学": 99,
10                "语文": 96,
11                "外语": 96,
12            };
13        },
14        walk:function() { } //类型模板
15    }
16    //外部可以添加
17    student.walk = function () {
18        console.log("walk");
19    }
20    student.walk();
```

在代码 7-4 中，14 行定义了一个类型模板，用来定义一个空的 walk 函数，函数体中什么语句也没有指定。此时在 17 行重新给出对象 student 方法 walk 的具体实现逻辑。看到这里，有的读者可能会问，何必这么麻烦，直接在对象 student 中定义函数 walk 并实现不就可以了吗？这里需要指出的是，代码 7-4 只是给出了一种添加方法的方式，让我们多一种选择而已。

在代码 7-4 中，14 行也可以给出默认的方法实现，在 17 行重新定义同名的方法，对默认的方法逻辑进行重写覆盖即可。

那么如何给对象动态添加属性呢？可以通过定义与对象同名的接口来实现对象属性的扩展。接口在后续章节再详细介绍。代码 7-5 给出定义与对象同名的接口来实现对象属性扩展的示例。

【代码 7-5】 定义与对象同名的接口来实现对象属性扩展示例：student5.ts

```
01    let  student =  {
02        code: "09064248",
03        name: "Jack",
04        age: 19,
```

```
05        clazz: "高三一班",
06        inYear: 2009,
07        getScore: function () {
08            return {
09                "数学": 99,
10                "语文": 96,
11                "外语": 96,
12            };
13        },
14        walk:function() { } //类型模板
15    }
16    //动态添加属性
17    interface student {
18        [key: string]: any
19    }
20    //添加属性
21    student["height"] = 180;        //不能用 student.height
22    student["weight"] = 120;
23    //外部可以添加
24    student.walk = function () {
25        console.log(this.name+"walk"+this.height);
26    }
27    student.walk();
```

在代码 7-5 中，17 行定义了一个与对象 student 同名的接口（interface）。在接口中，18 行给出了一个匹配任意键值对的属性定义，其中属性名是字符串，且必须用[]进行属性定义。21 行和 22 行给 student 动态添加了 height 和 weight 属性。25 行通过 this.height 访问刚定义的属性 height。

我们既可以通过定义与对象同名的接口来扩展属性，也可以通过这种方式来扩展方法。

这里需要注意的是，如果一个对象用 const 关键字来定义，那么和基本数据类型不同，const 定义的对象中的属性是可以修改的。代码 7-6 给出 const 定义的对象属性可修改的示例。

【代码 7-6】 const 定义的对象属性可修改示例代码：const_obj.ts

```
01    const student = {
02        code: "09064248",
03        name: "Jack"
04    }
05    student.name = "JackWang";
06    console.log(student.name);     //"JackWang"
07    //const cname = "Smith";
08    //cname = "Smith2";          //const 只读，不能修改
```

在代码 7-6 中，虽然 01 行用 const 定义了一个 student 对象，但是 05 行是可以修改属性 name 值的。对于基本数据类型来说，却不可以修改值。07 行用 const 定义了一个 string 类型的变量 cname，08 行尝试去修改变量 cname 的值，所以编译器会报错。

7.1.3 duck-typing

鸭子类型（duck- typing）是动态类型的一种风格。在这种风格中，一个对象有效的语义不是由继承自特定的类或实现特定的接口决定，而是由“当前方法和属性的集合”决定。说起鸭子类型，可以从网上的一个故事说起：在很久以前，有一个 TS 国王，他认为世界上最美妙的声音就是鸭子的嘎嘎叫声，于是他召集大臣，要组建一个由 100 只鸭子组成的合唱团，为他天天表演。大臣找遍了全国，只找到 99 只鸭子，差一只，最后大臣发现有一只非常特别的鹅，它的叫声跟鸭子一模一样，于是这只鹅就成为合唱团的一员。

鸭子类型形象的解释就是“当看到一只鹅走起来像鸭子、叫起来像鸭子时，这只鹅就可以被称为鸭子”。

在鸭子类型中，关注点在于对象的行为，即能做什么，而不是关注对象所属的类型。例如，在不使用鸭子类型的语言中，可以编写一个函数，它接受一个类型为“鸭子”的对象，并调用它的“走”和“叫”方法。在使用鸭子类型的语言中，这样的一个函数可以接受任意类型的对象，并调用它的“走”和“叫”方法。如果这些被调用的方法不存在，那么将引发一个运行时错误。代码 7-7 给出 duck-typing 的示例。

【代码 7-7】 duck-typing 示例代码：duck-typing.ts

```
01    //鸭子
02    let duck = function () {
03        this.singing = function(){
04            return "嘎嘎嘎...";
05        }
06    }
07    //鹅
08    let geese = function(){
09        this.singing = function(){
10            return "嘎嘎嘎...";
11        }
12    }
13    //合唱团
14    let choir = [];
15    //加入合唱团方法
16    var joinChoir = function(animal){
17        if(animal && animal.singing() === "嘎嘎嘎..."){
18            choir.push(animal);
19        }
20        else {
```

```
21            console.log("不像鸭子，不能加入合唱团");     //100
22         }
23     }
24      //加入 99 只鸭子
25     for(var i =0;i<99;i++){
26         joinChoir(new duck());
27     }
28      //加入 1 只鹅当作鸭子
29     joinChoir(new geese());
30     console.log(choir.length);     //100
```

在代码 7-7 中，02~06 行创建一个名为 duck 的函数，函数里面定义了一个返回"嘎嘎嘎..."声音的 singing 方法。08~12 行定义了一个 geese 的函数，函数里面也定义了一个返回"嘎嘎嘎..."声音的 singing 方法。16 行定义了一个加入合唱团的函数 joinChoir，该函数接受一个参数，且参数必须验证是否有 singing 方法且返回的是否为"嘎嘎嘎..."，如果是就可以认为是“鸭子”，即可加入合唱团。29 行通过构造函数创建了一个 geese 对象，并且加入到合唱团中。

7.2 类

类（class）和对象（object）一样，也是面向对象编程中的一个基本概念。对象是对客观事物的抽象，而类是对对象的抽象。类是一种抽象的数据类型。对象是类的实例，类是对象的模板。类可以作为对象模具，生产出很多不同的对象。

对象是具有类类型的变量。类是抽象的，不占用内存；而对象是具体的，占用存储空间。类是用于创建对象的模板，它的定义中包括方法和属性。

7.2.1 创建一个类

TypeScript 是面向对象的 JavaScript，其中的类描述了所创建对象共同的属性和方法，声明方式如下：

```
01     class 类名 {
02         // 字段
03         属性 1: string;
04         属性 2: number;
05         // 构造函数
06         constructor(参数 1:string) {
07             this.字段 1 = 参数 1;
08         }
09         //方法
10         方法 1():string {
```

```
11            return this.字段1;
12        }
13    }
```

定义类的关键字为 class，后面紧跟类名。类名首字母一般大写，另外类名的命名必须满足标识符的命名规则。类一般包含以下部分：

- 属性：属性是类里面声明的变量。属性表示对象的相关数据，表示一种状态。
- 构造函数：类实例化时被自动调用，可以为类的对象分配内存空间。
- 方法：方法是对象要执行的操作，一般是用函数来定义的。

在类定义中，各成员之间用分号（；）进行分隔。一般来说，类的属性后面用分号，方法之间既可以用分号也可以省略分号。

类的构造函数 constructor 只支持一个，不能定义多个，否则会报错。默认情况下，会自动生成一个与类名一致且无参数的构造函数，如果用户自定义了一个构造函数，就覆盖默认的构造函数。

假设要定义一个汽车类，汽车类有一个文本类型的引擎属性，同时有一个接受一个文本类型的参数的构造函数，可以为引擎属性初始化值，最后有一个获取引擎属性的方法。代码 7-8 给出汽车类的示例。

【代码 7-8】 汽车类示例代码：car.ts

```
01    class Car {
02        // 属性
03        engine:string ="V8 发动机";
04        // 构造函数
05        constructor(engine:string) {
06            this.engine = engine;
07        }
08        // 方法
09        getEngine():string {
10            return this.engine;
11        }
12    }
```

在代码 7-8 中，声明了一个 Car 类。这个 Car 类有 3 个成员：一个 engine 属性，一个 constructor 构造函数和一个 getEngine 方法。

类内部用 this 表示类本身，用来访问类的属性和方法。

7.2.2　创建实例对象

定义的类是一种抽象的对象类型，只有将类实例化才会在计算机中分配空间。类在实例化时会调用类中的构造函数来初始化一些属性值。在 TypeScript 中，使用 new 关键字来实例化类的对象，语法格式如下：

```
var或let 对象名 = new 类名(参数...)
```

可以看出，TypeScript 中用 new 关键字来实例化类的对象和 C#非常类似。代码 7-9 给出汽车类实例化对象的示例。

【代码 7-9】 创建实例对象示例代码：car2.ts

```
01    class Car {
02        // 属性
03        engine:string ="V8 发动机";
04        // 构造函数
05        constructor(engine:string) {
06            this.engine = engine;
07        }
08        // 方法
09        getEngine():string {
10            return this.engine;
11        }
12    }
13    let aodiCar = new Car("奥迪 V8");
14    let bmwCar = new Car("宝马 V8");
```

在代码 7-9 中，01~12 行声明了一个 Car 类，其中 05 行定义了一个包含一个文本类型参数的构造函数。13~14 行用 new Car 分别创建了 Car 的实例对象。在实例化的时候，由于构造函数接受的是一个文本类型的参数，因此我们在实例化时必须传入一个文本类型的实参。

类实例化时，构造函数中实参的个数和类型必须和形参的个数和类型匹配，否则会报错。

在创建对象实例的时候，虽然对象名前用 const 关键字来定义，但是对象中的属性也是可以修改的。

7.2.3　访问类的属性和函数

一般情况下，当类实例化后，就可以对类的实例对象进行属性和方法访问了。类的属性和方法必须通过类的实例对象来访问。一般来说，可以在实例对象上用符号.来访问属性和方法。代码 7-10 给出访问汽车类实例对象的示例。

【代码 7-10】 访问汽车类实例对象示例代码：car3.ts

```
01    class Car {
02        // 属性
03        engine:string ="V8 发动机";
04        // 构造函数
05        constructor(engine:string) {
06            this.engine = engine;
07        }
08        // 方法
09        getEngine():string {
10            return this.engine;
11        }
12    }
13    let aodiCar = new Car("奥迪 V8");
14    console.log(aodiCar.engine);
15    console.log(aodiCar.getEngine());
```

在代码 7-10 中，13 行用 new 关键字创建了一个 Car 类实例对象 aodiCar ，通过传入构造函数的值使实例对象 aodiCar 中的 engine 值为"奥迪 V8"。14 行和 15 行用实例对象 aodiCar 访问类的属性和方法，如 aodiCar.engine 返回实例对象 aodiCar 的 engine 属性，即"奥迪 V8"。

访问类的实例对象的属性和方法除了用符号.以外，还可以用[]，如 aodiCar["engine"]和 aodiCar["getEngine"]()。

7.2.4　类的继承

TypeScript 语言支持面向对象编程中的继承特征。换句话说，我们可以在创建类的时候继承一个已存在的类，这个已存在的类称为父类，继承它的类称为子类。

类继承使用关键字 extends，子类除了不能继承父类的私有成员（方法和属性）和构造函数，其他的都可以继承。TypeScript 中一次只能继承一个类，不支持一次继承多个类，但 TypeScript 支持多重继承，如 A 类继承 B 类，而 B 类又可以继承 C 类。

类的继承语法格式如下：

```
01    class 类名 extends 父类名 {
02           //类数据成员
03    }
```

假设首先定义一个 People 类，具有两个属性，分别是 name 和 age；再定义一个构造函数，用来初始化属性（name 和 age）和方法（分别是 walk 和 eat）。另外，还需要定义一个 Student 类。本质上 Student 也是 People，只是多了一些属性和方法而已，因此可以通过类继承来快速实现 Student 类的定义。代码 7-11 给出类继承的示例。

【代码 7-11】 类继承示例代码：extends1.ts

```
01  class People{
02    name: string;
03    age: number;
04    //不允许多个构造函数
05    constructor(name:string,age:number) {
06      this.name = name;
07      this.age = age;
08    }
09    walk() {
10      console.log(this.name +" walk");
11    }
12    eat() {
13      console.log(this.name +" eating");
14    }
15  }
16  class Student extends People{
17    clazz: string;
18    constructor(name: string, age: number, clazz: string) {
19      //必须包含父类构造函数
20      super(name,age);
21      this.clazz = clazz;
22    }
23    learn() {
24      console.log(this.name +" learning");
25    }
26    display() {
27      console.log(JSON.stringify(this));
28    }
29  }
30  let studentA = new Student("jack", 17, "高三一班");
31  studentA.walk();
32  studentA.learn();
33  studentA.display();
```

在代码 7-11 中，16 行用 Student extends People 实现了 Student 类继承 People 类。Student 类可以直接使用父类 People 中的属性和方法。Student 类自身定义了一个 clazz 属性、learn 和 display 方法以及一个构造函数。31 行在 Student 类实例对象上直接调用 walk 方法，即继承自父类 People 中定义的方法。

在类的继承中，子类的构造函数必须包含父类的构造函数，调用父类构造函数用 super。而且，在构造函数里访问 this 的属性之前一定要调用 super()，否则编译器也会提示错误。这个是 TypeScript 强制执行的一条重要规则。

TypeScript 中的类只能继承一个父类，不支持继承多个类，但支持多重继承。例如，Student 类可以继承 People 类，而 HighSchoolStudent 类又可以继承 Student 类。代码 7-12 给出类的多重继承示例。

【代码 7-12】 类的多重继承示例代码：extends2.ts

```
01  class People {
02      name: string;
03      age: number;
04      constructor(name: string, age: number) {
05          this.name = name;
06          this.age = age;
07      }
08      walk() {
09          console.log(this.name + " walk");
10      }
11      eat() {
12          console.log(this.name + " eating");
13      }
14  }
15  class Student extends People {
16      clazz: string;
17      constructor(name: string, age: number, clazz: string) {
18          super(name, age);
19          this.clazz = clazz;
20      };
21      learn() {
22          console.log(this.name + " learning");
23      };
24      display() {
25          console.log(JSON.stringify(this));
26      };
27  }
28  class HighSchoolStudent extends Student {
29      clazz: string
30      constructor(name: string, age: number, clazz: string) {
31          super(name, age, clazz);
32          this.clazz = clazz;
```

```
33        };
34        //高考
35        goNCEE() {
36            console.log(this.name + " take NCEE");
37        };
38    }
39    let studentA = new HighSchoolStudent("jack", 17, "高三一班");
40    studentA.walk();
41    studentA.learn();
42    studentA.goNCEE();
43    studentA.display();
```

在代码 7-12 中，Student 类继承 People 类，而 HighSchoolStudent 类继承 Student 类，因此 HighSchoolStudent 就具备了 Student 类和 People 类的所有公有属性和方法。虽然在定义 HighSchoolStudent 类的时候只定义了 clazz 属性和 goNCEE 方法，但是在 39 行创建类实例对象后，也可以调用属于 People 类中定义的 walk 方法，也可以调用 Student 类中的 learn 方法。

在代码 7-12 中，可以对实例对象进行类型断言，让子类转成父类的类型。代码 7-13 给出类实例对象进行类型断言的示例。

【代码 7-13】 类实例对象进行类型断言示例代码：clazz3.ts

```
01    let studentB = studentA as Student;
02    studentB.display();
03    let people = studentA as People;
04    people.walk();
```

由于 studentA 是 HighSchoolStudent 类的实例对象，而 HighSchoolStudent 是 Student 的子类，Student 类又是 People 类的子类，因此 studentA 对象可以断言成 Student 类型或者 People 类型。通过类型断言后，只能访问断言后类型的相关属性和方法。例如，在代码 7-13 中，01 行将 studentA 断言成 Student 类型后，就只能访问 Student 类的属性和方法，而不能访问 HighSchoolStudent 类的方法或属性了。

类的类型断言除了用 as 外，还可以用<>。

7.2.5 方法重载

在 TypeScript 中，类可以继承其他类，从而获得父类的属性和方法，如果子类也定义一个父类的同名方法，那么会怎么样呢？

通过继承，子类可以对父类的方法进行重新定义，这个过程称为方法的重载（overload），最常用的地方就是构造器的重载。其中，super 关键字是对父类的直接引用，该关键字可以引用父类的属性和方法。

这里需要区分一下重载（overload）和重写（override）的概念。重载是在一个类里面方法名字相同但参数不同，返回类型可以相同也可以不同。每个重载的方法（或者构造函数）都必须有一个独一无二的参数类型列表。

重写是子类对父类允许访问的方法的实现过程进行重新编写，返回值和形参都不能改变，即方法签名不变，方法体重写。重写的好处在于子类可以根据需要定义特定于自己的行为，从而覆盖父类的方法。代码 7-14 给出类继承中的方法重写示例。

【代码 7-14】 类继承中的方法重写示例代码：clazzoverride.ts

```
01  class People {
02      name: string;
03      age: number;
04      constructor(name: string, age: number) {
05          this.name = name;
06          this.age = age;
07      }
08      walk() {
09          console.log(this.name + " walk");
10      }
11      eat() {
12          console.log(this.name + " eating");
13      }
14  }
15  class Student extends People {
16      clazz: string;
17      //name: number;     //不能重新定义不兼容的属性类型
18      constructor(name: string, age: number, clazz: string) {
19          super(name, age);
20          this.clazz = clazz;
21      }
22      //方法重载
23      walk() {
24          super.eat();
25          console.log("walk after eating");
26      }
27  }
28  let studentA = new Student("jack", 17, "高三一班");
29  studentA.walk();
```

在代码 7-14 中，Student 类继承自 People 类，其中 23 行定义了一个与父类同名的方法 walk，在该方法体中，用 super.eat()先调用 People 类中的 eat 方法，然后调用 console.log("walk after eating")语句。此方法对父类中的 walk 进行了重写。当 28 行创建一个 Student 类对象实例 studentA 后，在 29 行调用 studentA.walk 方法时，实际上就是调用的 Student 类中定义的 walk 方法，而不是父类 People 类中的 walk 方法。

注意上面注释掉的 17 行代码，在子类中如果定义了一个与父类同名的属性，那么属性的类型必须兼容。换句话说，People 类中的 name 属性是字符类型的，那么 Student 类中的 name 就不能定义为数值类型的，但是可以是 any 类型的。

在类的继承中，子类对父类方法进行重写，必须签名一致。如果在子类中定义一个与父类同名的方法，参数不一致，就会报错（重载除外）。

前面提到，类中的构造函数只能有一个，那么如何实现不同的构造函数呢？我们能不能实现一个类的构造函数，既可以传入一个参数，也可以传入多个参数呢？答案是肯定的。可以在构造函数中使用可选参数实现对构造函数的重载。代码 7-15 给出通过可选参数的方式对类构造函数进行重载的示例。

【代码 7-15】 类构造函数重载示例代码：clazzoverload.ts

```
01  class People {
02    name: string;
03    age: number;
04    constructor(name: string, age?: number) {
05      this.name = name;
06      this.age = age;
07    }
08    walk(mile?: string) {
09      if (mile === undefined) {
10        console.log(this.name + " walk");
11      }
12      else {
13        console.log(this.name + " walk " + mile);
14      }
15    }
16    eat(food?: string) {
17      if (food === undefined) {
18        console.log(this.name + " eating");
19      }
20      else {
21        console.log(this.name + " eating " + food);
22      }
23    }
24  }
25  let p = new People("Jack", 31);
26  p.eat("food");
27  p.walk("15km");
28  let p2 = new People("Jack");
29  p.eat();
```

```
30    p.walk();
```

在代码 7-15 中，通过可选参数的方式对 People 类中的构造函数以及 walk 和 eat 方法进行了方法重载。25 行和 28 行分别创建了一个 People 类对象实例 p 和 p2，但是传入构造函数的参数个数不同，从而说明构造函数是实现重载的。26 行和 29 行同样调用对象上的 eat 方法，一个传入参数，一个不需要传入参数，都可以正确运行。

在类方法重载中，方法的返回值也可以不同，例如可以结合可选参数的传入情况分别返回不同的值。本质上，如果一个分支返回 string 类型的值，一个返回 number 类型的值，那么此方法的返回类型为 string | number 类型。

7.2.6 装饰器

Spring Boot 里面会有很多类似@Autowired 的注解，用@符号作为前缀，可以在类、方法和字段上进行标注。Spring Boot 的注解可以极大地简化代码复杂度，提高代码的可读性。

Spring Boot 框架在运行时会自动解析这些注解，从而按照内置规则进行自动化的配置，比 Spring 中需要大量的 XML 配置方便了很多。

在 TypeScript 中，在一些场景下，如果需要类似 Spring Boot 中的注解功能对类及其成员进行标注，就需要用到装饰器（decorators）。装饰器为我们在类的声明及成员上通过元编程语法添加标注提供了一种方式。

虽然 ES6 类中的装饰器目前还处在建议征集的第二阶段，但是 TypeScript 中已经作为一项实验性特性给予支持。从 https://github.com/tc39/proposal-decorators 中可以查看 ES6 类中的装饰器最新阶段。

装饰器是一项实验性特性，在未来的版本中可能会发生改变。

若要启用实验性的装饰器特性，则必须开启 experimentalDecorators 编译器选项。在 tsconfig.json 文件里启用装饰器特征的代码如下：

```
01    {
02        "compilerOptions": {
03            "target": "ES5",
04            "experimentalDecorators": true
05        }
06    }
```

装饰器是一种特殊类型的声明，能够被附加到类声明、类方法和属性或方法参数上。 装饰器使用 @expression 这种形式来表示。expression 求值后必须为一个函数，它会在运行时被调用，被装饰的声明信息作为参数传入。如果有一个装饰器@table，就需要定义一个 table 函数，同时这个函数接受一个参数 target 作为被装饰的声明信息。

装饰器分为类装饰器、方法装饰器、访问器装饰器、属性装饰器和参数装饰器。这里只简单介绍一下类装饰器、方法装饰器和属性装饰器。若对其他装饰器感兴趣，则可到 TypeScript 官网上进行学习。

类装饰器在类声明之前进行声明，一般来说是在类名上添加装饰器。当然，也可以将同一行放于 class 关键字之前，类装饰器和 class 之间用空格分隔。类装饰器应用于类构造函数，可以用来监视、修改或替换类定义。根据官网的说法，类装饰器不能用在声明文件中(.d.ts)，也不能用在任何外部上下文中（比如 declare 的类）。

类装饰器表达式会在运行时当作函数被调用，类的构造函数作为回调函数中唯一的参数进行传入。如果类装饰器返回一个构造函数，那么它会使用返回的构造函数来替换类声明中的构造函数。代码 7-16 给出一个简单的类装饰器的示例。

【代码 7-16】 类装饰器示例代码：decoratordemo.ts

```
01    @log
02    class Hello {
03        greeting: string;
04        constructor(message: string) {
05            this.greeting = message;
06        }
07        greet() {
08            return "Hello, " + this.greeting;
09        }
10    }
11    function log(constructor: Function) {
12        console.log("=========start=========");
13        console.log("call constructor :"+
constructor.prototype.constructor.name);
14        console.log("=========end===========");
15    }
16    let hello = new Hello("TypeScript!");
17    hello.greet();
```

在代码 7-16 中，类装饰器@log 要在类 Hello 之前进行声明，一般放于类名上一行，当然也可以放于同一行，如@log class Hello。类装饰器是一个函数，函数名为类装饰器去掉@符号。在 11 行中声明了一个函数 log，它接受唯一一个参数，这个参数传入的是类的构造函数。12~14 行只是简单地记录调用构造函数的开始和结束，以及中间输出构造函数的名字，即类名。

为了运行上述代码，建议到 Visual Studio Code 中进行操作。首先，装饰器特征必须开启编译器选项 experimentalDecorators，否则编辑器会提示错误。当在 tsconfig.json 中开启装饰器特征后，我们就可以用 tsc 命令来将代码 7-16 中的 decoratordemo.ts 代码生成对应的 decoratordemo.js 文件了。这里为了方便测试，新建一个 index.html 文件，其中将生成的 decoratordemo.js 文件进行引入，这样就可以在浏览器控制台中看出代码 7-16 最终运行的结果了。代码 7-17 给出 index.html 的示例。

【代码 7-17】 index.html 示例代码：index.html

```
01    <!DOCTYPE html>
02    <html lang="en">
03    <head>
04       <meta charset="UTF-8">
05       <meta name="viewport" content="width=device-width, initial-scale=1.0">
06       <meta http-equiv="X-UA-Compatible" content="ie=edge">
07       <title>test</title>
08    </head>
09    <body>
10       <script src="decoratordemo.js"></script>
11    </body>
12    </html>
```

方法装饰器声明在一个方法的声明之前（在方法名上添加装饰器）。它会被应用到方法的属性描述符上，可以用来监视、修改或者替换方法定义。方法装饰器表达式会在运行时当作函数被调用，传入下列 3 个参数：

- 对于静态成员来说是类的构造函数，对于实例成员来说是类的原型对象。
- 成员的名字。
- 成员的属性描述符。

代码 7-18 给出一个方法装饰器的示例。由于当前声明的类都是在全局环境下，因此为了防止命名冲突，这里将类名改成 Hello2。

【代码 7-18】 方法装饰器示例代码：decoratordemo2.ts

```
01    class Hello2 {
02       greeting: string;
03       constructor(message: string) {
04          this.greeting = message;
05       }
06       @writable(false)
07       greet() {
08          return "Hello, " + this.greeting;
09       }
10    }
11    function writable(value: boolean) {
12       return function (target: any, propertyKey: string, descriptor:
      PropertyDescriptor) {
13          console.log("=========start=========");
14          console.log(propertyKey);        //greet
```

```
15          console.log(target);        //原型
16          descriptor.writable = value;        //false
17          console.log("========end=========");
18      };
19  }
20  let hello2 = new Hello2("TypeScript!");
21  hello2.greet();
```

在代码 7-18 中，06 行在方法 greet()定义之上声明了一个@writable(false)的方法装饰器，当调用此方法的时候，会自动调用@writable 方法装饰器所定义的函数 writable。在 11 行定义了函数 writable。它的函数体内返回一个函数，返回的函数有 3 个参数。第一个是 target 参数，对于静态成员来说是类的构造函数，对于实例成员来说是类的原型对象。这里是实例成员，因此 target 参数传入的是类的原型对象。第二个参数 propertyKey 表示的是成员的名字，也就是方法名。第三个参数为成员的属性描述符 PropertyDescriptor，它有内置的一些属性，这里可以将方法装饰器传入的参数 value 对其 PropertyDescriptor 中的 writable 属性进行赋值。

如果在 tsconfig.json 中将项目代码输出目标版本 target 属性设置为小于 ES5，那么属性描述符将会是 undefined。因此，在利用装饰器特征的情况下，至少将代码输出目标版本 target 属性设置为 ES5。

同样的，这里为了方便测试，新建一个 index2.html 文件，其中将生成的 decoratordemo2.js 文件进行引入，这样就可以在浏览器控制台中看出代码 7-18 最终运行的结果了。代码 7-19 给出 index2.html 的示例。

【代码 7-19】 index2.html 示例代码：index2.html

```
01  <!DOCTYPE html>
02  <html lang="en">
03  <head>
04      <meta charset="UTF-8">
05      <meta name="viewport" content="width=device-width, initial-scale=1.0">
06      <meta http-equiv="X-UA-Compatible" content="ie=edge">
07      <title>test</title>
08  </head>
09  <body>
10      <script src="decoratordemo2.js"></script>
11  </body>
12  </html>
```

最后介绍一下属性装饰器。属性装饰器在类中属性声明之前进行声明。属性装饰器不能用在声明文件（.d.ts）或者任何外部上下文（比如 declare 的类）里。属性装饰器表达式会在运行时当作函数被调用，可传入下列 2 个参数：

- 对于静态成员来说是类的构造函数，对于实例成员来说是类的原型对象。
- 成员的名字。

属性描述符不会作为参数传入属性装饰器，与 TypeScript 如何初始化属性装饰器有关。因此，属性描述符只能用来监视类中是否声明了某个名字的属性。

在比较高级的装饰器应用场景中，需要用到反射进行元数据编程。要想在 TypeScript 中获取类的相关元数据信息，需要安装一个 reflect-metadata 库，可以用 npm 命令进行安装。

```
npm install reflect-metadata
```

安装成功后，首先用 import 导入这个库，然后就可以在 ts 文件中使用 Reflect 对象来获取相关元数据信息了。代码 7-20 给出属性装饰器的示例。

【代码 7-20】 属性装饰器示例代码：decoratordemo3.ts

```
01    import  "reflect-metadata";
02    class Hello3 {
03        @logType
04        greeting: string;
05        constructor(message: string) {
06            this.greeting = message;
07        }
08        greet() {
09            return "Hello, " + this.greeting;
10        }
11    }
12    function logType(target : any, key : string) {
13        var t = Reflect.getMetadata("design:type", target, key);
14        console.log(`${key} type: ${t.name}`);
15      }
16    let hello3 = new Hello3("TypeScript!");
17    hello3.greet();
```

关于 reflect-metadata 库的详细说明可在 https://www.npmjs.com/package/reflect-metadata 网站上进行查看，这里不再赘述。在代码 7-20 中，在属性 greeting 上声明了一个@logType 属性装饰器。这个装饰器对应一个函数 logType，它接受 2 个参数。第一个参数是 target，对于静态成员来说是类的构造函数，对于实例成员来说是类的原型对象，这里是原型对象。第二个参数 key 对应的是成员的名称，也就是属性的名称 greeting。13 行 Reflect.getMetadata 方法将获取对象或属性原型链上元数据键的元数据值。其中"design:type"是元数据键 metadataKey，元数据键还有"design:paramtypes"和"design:properties"等。"design:type"返回属性 greeting 设计时的类型，也就是 string。

这里在 decoratordemo3.ts 文件中使用了 import 语法，在生成对应的 decoratordemo3.js 文件

时会有 require("reflect-metadata")等相关语句，可以手动将 reflect-metadata 库中对应的 Reflect.js 文件进行导入。因此，将生成的 decoratordemo3.js 文件中的 require("reflect-metadata") 注释掉，如图 7.3 所示。

```
15  Object.defineProperty(exports, "__esModule", { value: true });
16  //require("reflect-metadata");
17  var Hello3 = /** @class */ (function() {
18      function Hello3(message) {
19          this.greeting = message;
20      }
21      Hello3.prototype.greet = function() {
22          return "Hello, " + this.greeting;
23      };
24      __decorate([
25          logType,
26          __metadata("design:type", String)
27      ], Hello3.prototype, "greeting", void 0);
28      return Hello3;
29  }());
```

图 7.3　注释 require("reflect-metadata")截图界面

另外，还需要一个 exports 对象，这个可以简单地通过 var exports = {}语句创建一个 exports 对象。这里为了方便测试，新建一个 index3.html 文件，其中将生成的 decoratordemo3.js 文件和 Reflect.js 文件进行引入，这样就可以在浏览器控制台中看出代码 7-20 最终运行的结果了。代码 7-21 给出 index3.html 的示例。

【代码 7-21】 index3.html 示例代码：index3.html

```
01  <!DOCTYPE html>
02  <html lang="en">
03  <head>
04      <meta charset="UTF-8">
05      <meta name="viewport" content="width=device-width, initial-scale=1.0">
06      <meta http-equiv="X-UA-Compatible" content="ie=edge">
07      <title>test</title>
08  </head>
09  <body>
10      <script>
11          var exports = {};
12      </script>
13      <script src="node_modules/reflect-metadata/Reflect.js"></script>
14      <script src="decoratordemo3.js"></script>
15  </body>
16  </html>
```

引入 js 文件要注意顺序，由于 decoratordemo3.js 文件是依赖 Reflect.js 库的，因此必须将 Reflect.js 置于 decoratordemo3.js 文件之上，否则会报错。这也是将 var exports = {};语句放于 decoratordemo3.js 之上的原因。

7.2.7　static 静态关键字

前面提到，类中的属性和方法一般都需要通过类的实例化对象才能访问。但是如果将类中的属性和方法定义成静态，就可以在没有实例化对象的情况下直接通过类名来调用静态属性和静态方法了。

static 关键字用于定义类的数据成员（属性和方法）为静态的。静态变量存储在内存中静态存储区，只要类被加载，即可分配空间。代码 7-22 给出一个类的静态成员的示例。

【代码 7-22】 类的静态成员示例代码：staticdemo.ts

```
01    class LogUtil{
02      static version = "1";
03      author: "jack";
04      static log(msg:string) {
05        console.log(msg);
06      }
07    }
08    console.log(LogUtil.version);         //"1"
09    //console.log(LogUtil.author);        //无法访问
10    LogUtil.log("静态方法调用");
```

在代码 7-22 中，声明了一个 LogUtil 类，其中有一个静态属性 version 和一个静态方法 log 。08 行和 10 行直接通过类名调用了类 LogUtil 中的静态属性 version 和静态方法 log，都可以正常运行，但是如果用 09 行的类访问非静态属性 author 就会报错。

static 不能在 class 前进行修饰，也不能在构造函数上进行修饰。

7.2.8　instanceof 运算符

在 TypeScript 中，判断一个变量的类型经常会用 typeof 运算符。在使用 typeof 运算符时，对于基本数据类型（如数值类型和字符类型等）都能按照预期执行；但是对于判断一个引用类型的变量，则会出现一个问题，就是无论引用的是什么类型的对象，它都返回"object"值。

在 TypeScript 中，运算符 instanceof 可以解决这个问题。instanceof 运算符与 typeof 运算符相似，用于识别对象的类型。与 typeof 方法不同的是，instanceof 方法要求开发者明确指定对象为某特定类型。instanceof 运算符用于判断对象是否是指定的类型，如果是就返回 true，否则返回 false。代码 7-23 给出一个 instanceof 运算符判断的示例。

【代码 7-23】 instanceof 运算符示例代码：instanceofdemo.ts

```
01    class People{
02      static static_ID = "12345";
03      name: string;
04      age: number;
05      constructor(name:string,age:number) {
06        this.name = name;
07        this.age = age;
08      }
09      walk() {
10        console.log(this.name +" walk");
11      }
12      eat() {
13        console.log(this.name +" eating");
14      }
15    }
16    let people = new People("Jack", 18);
17    let isInstance = people instanceof People;
18    console.log(isInstance);        //true
```

在代码 7-23 中，16 行用类 People 的构造函数声明实例化了一个对象 people，17 行用 people instanceof People 来判断这个对象是否为 People 类型的，返回的结果是 true。

7.2.9 类成员的可见性

前面在定义类的成员时并未对成员的可访问性进行定义，在默认情况下，TypeScript 中的类成员都是 public，当然也可以明确地将成员标记成 public，代表公共的属性和方法，可以直接被外界进行访问。

在 TypeScript 中，可以使用访问控制符来保护对类中属性和方法的访问。访问控制符的类型有：

- public（默认）：公有，可以在任何地方被访问。
- protected：受保护，可以被其自身以及其子类访问。
- private：私有，只能被其定义所在的类访问。

代码 7-24 给出一个类成员的可见性的示例。

【代码 7-24】 类成员的可见性示例代码：clazzaccess.ts

```
01    class People {
02      name: string;
```

```
03    private age: number;
04    constructor(name: string, age: number) {
05      this.name = name;
06      this.age = age;
07    }
08    protected walk() {
09      console.log(this.name + " walk");
10    }
11    private eat() {
12      console.log(this.name + " eating");
13    }
14    public getAge() {
15      return this.age;
16    }
17  }
18  class Student extends People {
19    private clazz: string;
20    constructor(name: string, age: number, clazz: string) {
21      super(name, age);
22      this.clazz = clazz;
23      //this.age = 2;     //private 子类无法访问
24    }
25    public learn() {
26      //super.eat();      //private 子类无法访问
27      super.walk();       //protected 子类可以访问
28      console.log(this.name + " learning");
29    }
30    protected display() {
31      console.log(JSON.stringify(this));
32    }
33  }
34  let studentA = new Student("jack", 17, "高三一班");
35  //studentA.walk();      //protected 无法访问
36  studentA.getAge();      //public 可以访问
37  studentA.learn();       //public 可以访问
38  //studentA.display();   //protected 无法访问
```

在代码 7-24 中，People 类中定义了一个 private 修饰的属性 age，可以在 People 类内部使用，不能在其他地方进行访问，私有的属性 age 在子类 Student 中也无法访问，如 23 行所示。08 行在 People 类中定义了一个 protected 修饰的 walk 方法。walk 方法可以在自身或者子类中进行访问，但是 protected 和 private 一样，无法在 People 类的实例化对象上进行访问。

在类中的属性和方法上加上访问修饰符，可以更好地对数据成员进行封装。一般情况下，我们尽量少暴露公有的属性和方法，只公开必须对外提供服务的方法或属性。这样当我们修改私有变量或方法时，对于外部使用公有方法的用户而言是没有什么感觉的。就像汽车一样，我们只接触到少数几个人车交互的操作，比如油门和方向盘等，而无须明白汽车发动机内部是如何工作的。

最后，如果在构造函数里面的参数用 public 等访问修饰，那么可以省略在类中显式地声明一个同名的属性。代码 7-25 给出构造函数中参数用 public 修饰符的示例。

【代码 7-25】 构造函数中参数用 public 修饰符的示例代码：clazzconstructor.ts

```
01    class MyEle {
02      constructor(public height: number, private width: number) {
03        this.height = height;
04        this.width = width;
05      }
06      tostring() {
07        return JSON.stringify(this);
08      }
09    }
10    let e = new MyEle(200, 300);
11    console.log(e.height);
12    //console.log(e.width);          //私有无法访问
```

在代码 7-25 中，02 行用 public 和 private 分别修饰了 height 和 width 两个形参。此时会自动创建同名的属性，属性名和类型以及可访问符和构造函数中的参数一致。因此，11 行可以调用 MyEle 实例化对象 e 的属性 height（公有属性），而不能访问私有属性 width。

7.3 接口

接口是一系列抽象属性或方法的声明，接口只给出属性或方法的约定，并不给出具体实现。具体的实现逻辑可以交由接口的实现类来完成。借助接口，我们无须关心实现类的内部实现细节就可以用接口中定义的属性或方法对某个实现类进行属性或方法调用。

7.3.1 声明接口

TypeScript 的核心原则之一是对值所具有的结构进行类型检查。接口的作用就是为这些类型命名或定义契约。TypeScript 中接口定义的基本语法如下：

```
01    interface 接口名 {
02       //属性或方法定义
03    }
```

接口用关键字 interface 声明，接口名必须满足标识符命名规则。接口中只能包含抽象的方法或属性，不能有具体的实现细节。代码 7-26 给出一个接口的示例。

【代码 7-26】 接口示例代码：IPeople.ts

```
01    interface IPeople{
02      name: string;
03      age: number;
04      walk();
05      eat(a: string);
06    }
```

在代码 7-26 中，声明了一个接口 IPeople，里面定义了两个属性 name 和 age，同时定义两个方法。这两个方法只包含方法签名，不包含方法实现。

接口中的属性也不能有初始化值。同时也不允许加 public 等访问修饰符。

接口中的属性或方法可以定义为可选的，如果将该接口中的属性和方法用可选符号?限定为可选的情况下，接口的实现中可选属性或者方法就可以不实现。代码 7-27 给出了接口可选属性和方法的示例。

【代码 7-27】 接口可选属性和方法示例代码：IConfigs.ts

```
01    interface IConfigs {
02      name: string;
03      height?: number,
04      width?: number;
05      learn?();      //可选方法
06    }
07    function load(config: IConfigs) {
08      console.log(config.name);
09    }
10    load({ name: "div", height: 180 });
11    load({ name: "svg", height: 180, width: 200 });
12    load({
13      name: "html",
14      height: 180,
15      width: 200,
16      learn: () => { console.log("learning") }
17    });
```

在代码 7-27 中，声明了一个接口 IConfigs，其中除了属性 name 外，其他的属性和方法都用？声明成可选的，注意 03 行的行末尾，用逗号（,）分隔，也就是说接口中的属性和方法既可以用分号（;）分隔，也可以用逗号（,）分隔。在换行的情况下，行末也可以不加分隔符号。07~09 行声明了一个函数 load，它的参数类型为 IConfigs。

10 行和 11 行分别调用函数，传入一个对象实参，可以发现 width 属性为可选的，且 learn 方法也是可选的。因此实参中是否有 width 值都是合法的。

接口还可以继承自类，代码 7-28 给出接口继承类的示例。

【代码 7-28】 接口继承类示例代码：IConfigs2.ts

```
01    class Rect {
02      height: number = 100;
03      width: number = 200;
04      learn?() {
05        console.log("learning");
06      }
07    }
08    interface IConfigs extends Rect {
09      name: string;
10    }
11    function load(config: IConfigs) {
12      console.log(config.name);
13      //console.log(config.learn());        //config.learn is not a function
14    }
15    //load({ name: "div", height: 180 });        //错误缺少 width
16    load({ name: "svg", height: 180, width: 200 });
```

在代码 7-28 中，先定义了一个类 Rect，在 06 行声明的接口 IConfigs 继承了 Rect 类。因此，IConfigs 也就拥有了类 Rect 的属性 width 和 height。15 行调用函数 load 的时候，并未传入 height 属性，报错。

另外需要注意的是，类 Rect 中定义了一个方法 learn，是可选的。这样虽然在编译阶段可以调用 config.learn()方法，但是在运行时会报错，说 config.learn 不是一个函数，如 13 行所示。

TypeScript 中不允许一次继承多个类，但可以实现多个接口。类实现接口用关键字 implements 来表示。代码 7-29 给出了类实现多个接口的示例。

【代码 7-29】 类实现多个接口示例代码：IConfigs3.ts

```
01    interface IConfigs {
02      height: number;
03      width: number;
04    }
05    interface IBase {
06      id: string;
07      name: string;
08      tostring(): string;
09    }
10    class MyElement implements IConfigs, IBase {
11      height: number = 200;
```

```
12    width: number = 300;
13    id: string = "";
14    name: string = "myele";
15    tostring() {
16      return JSON.stringify(this);
17    }
18  }
19  let e = new MyElement();
20  console.log(e.tostring());
    //{"height":200,"width":300,"id":"","name":"myele"}
```

在代码 7-29 中，首先定义了两个接口 IConfigs 和 IBase。10 行声明的类 MyElement 实现了 IConfigs 和 IBase 接口。因此在类 MyElement 中必须显式给出接口中定义的属性和方法。

接口中还可以限定一个属性为只读的，只读属性用关键字 readonly 来指定。代码 7-30 给出接口中只读属性 readonly 的示例。

【代码 7-30】 接口中只读属性 readonly 示例代码：IReadonly.ts

```
01  interface IBase {
02    name: string;
03    readonly author:string;       //const 不能用
04    tostring(): string;
05  }
06  class MyElement implements IBase {
07    //只读
08    readonly author:string = "Jackwang";
09    name: string = "myele";
10    constructor(author:string,name:string) {
11      this.author = author;       //可以赋值
12      this.name = name;
13    }
14    tostring() {
15      return JSON.stringify(this);
16    }
17  }
18  let e = new MyElement("jack", "div");
19  //e.author = "smith";       //只读属性，但生成的 js 文件可以修改
```

在代码 7-30 中，03 行用关键字 readonly 在属性 author 之前进行限定，说明其为只读属性。06 行 MyElement 类实现了 IBase 接口，可以用 readonly author:string = "Jackwang";对只读属性进行实现。需要注意的是，这个 readonly 不能省略，否则类 MyElement 中的属性 author 将不是只读的。

类中只读属性除了在构造函数中可以进行赋值外，其他方法不允许修改只读属性的值。

TypeScript 具有 ReadonlyArray<T>类型，它与 Array<T>相似，只是把所有可变方法进行了移除，因此可以确保数组创建后不能被修改。另外，只读属性不能用 const，而只能用 readonly。最简单判断该用 readonly 还是 const 的方法是，需要限定的是变量还是属性。如果要限定一个变量则用 const，若要限定属性则使用 readonly。

接口描述了类的公共部分，而不是公共和私有两部分。接口不会帮我们检查类是否具有某些私有成员。我们要知道类是具有两个类型的：静态部分的类型和实例的类型。当用构造器签名去定义一个接口并试图定义一个类去实现这个接口时会得到一个错误。这是因为当一个类实现一个接口时，只对其实例部分进行类型检查。构造器函数 constructor 存在于类的静态部分，所以不在检查的范围内。

7.3.2 Union Type 和接口

接口中的属性可以是简单的数据类型，如数值类型或字符类型，也可以使用复杂的数据类型，如联合类型（Union Type）。

例如，我们经常在设置 CSS 属性的高度和宽度的时候，希望既可以输入类似“200px”这种带单位的文本，又可以输入数值 200。那么此时这个参数可以用联合类型 string | number 来声明类型。代码 7-31 给出接口中联合类型的示例。

【代码 7-31】 接口中联合类型示例代码：IUnionType.ts

```
01  interface IBase {
02    name: string;
03    width: string | number;
04    height: string | number;
05  }
06  class MyElement implements IBase {
07    width:string | number = "200px";
08    height: string | number= "300px";
09    name: string = "myele";
10    constructor(name:string,width:string | number,height:string | number) {
11      this.name = name;
12      this.width = width;
13      this.height = height;
14    }
15  }
16  let e = new MyElement("div",200,"300px");
```

接口能够描述各种各样的对象类型。除了描述带有属性的普通对象外，接口还可以描述函数类型。为了使用接口表示函数类型，我们需要给接口定义一个调用签名。它就像是一个只有参数列表和返回值类型的函数定义。参数列表里的每个参数都需要名字和类型。代码 7-32 给出接口表示函数类型的示例。

【代码 7-32】 接口表示函数类型示例代码：IFunction.ts

```
01  interface IFunc {
02    (width: string | number, height: string | number): boolean;
03  }
04  class MyElement {
05    width: string | number = "200px";
06    height: string | number = "300px";
07    name: string = "myele";
08    constructor(name:string, width: string| number, height: string| number) {
09      this.name = name;
10      this.width = width;
11      this.height = height;
12    }
13    setLocation(func: IFunc): boolean {
14      return func(this.width, this.height);
15    }
16  }
17  let e = new MyElement("div", 200, "300px");
18  e.setLocation(function (w, h) {
19    console.log(w);
20    console.log(h);
21    return true;
22  });
```

在代码 7-32 中，接口 IFunc 中声明了一个函数的签名，接受两个参数，其类型都是联合类型 string | number，且返回布尔类型。MyElement 类中有一个方法 setLocation，其参数类型为 IFunc，这就表示其参数是一个函数。因此可以将一个函数实现作为参数传入到方法 setLocation 中，如 18~22 行所示。

7.3.3 接口和数组

在日常编程中，除了会涉及基本的数据类型如数值和字符类型外，还会经常涉及数组。数组在接口中也是支持的。代码 7-33 给出接口中使用数组的示例。

【代码 7-33】 接口中使用数组示例代码：IArray.ts

```
01  interface IMath {
02    data: number[];
03    sum(data: number[]): number
04  }
05  class MyMath implements IMath {
06    data: number[] = [];
07    constructor(data: number[]) {
08      this.data = data;
```

```
09        }
10        sum(_data?: number[]): number {
11          let ret = 0;
12          if (_data === undefined) {
13            for (let i of this.data) {
14              ret += i;
15            }
16          }
17          else {
18            for (let i of _data) {
19              ret += i;
20            }
21          }
22          return ret;
23        }
24      }
25      let e = new MyMath([1, 2, 3]);
26      console.log(e.sum());           //6
27      console.log(e.sum([2,3,4]));       //9
```

在代码 7-33 中，定义了一个接口 IMath，其中有一个数值类型的数组 data 和一个接受数值数组类型参数的方法 sum。05 行定义了一个实现接口 IMath 的 MyMath 类。06 行将 data 属性赋值了空数组。07~09 行，通过构造函数将形参_data 值进行传入并赋值给 data 属性。10 行实现了接口 IMath 中的 sum 方法。注意，这里的参数是可选的参数：若 sum 方法实参不传入，则用内置的 data 数组求和；若实参传入了数组，则对传入的数组进行求和。

7.3.4 接口的继承

接口继承就是说接口可以通过其他接口来扩展自己。和类一样，接口也可以相互继承。 这让能够从一个接口里复制成员到另一个接口里，可以更灵活地将接口分割到可重用的模块里。TypeScript 中允许接口继承多个接口。继承的各个接口使用逗号（,）分隔。代码 7-34 给出接口的继承示例。

【代码 7-34】 接口的继承示例代码：IExtends.ts

```
01    interface IBase{
02      color: string;
03      name: string;
04    }
05    interface IShape {
06      x: number;
07      y: number;
08    }
09    interface ICircle extends IShape,IBase {
```

```
10        radius: number;
11    }
12    let circle = <ICircle>{};
13    circle.color = "blue";
14    circle.radius = 10;
15    circle.x = 0;
```

在代码 7-34 中，09 行 ICircle 接口继承了接口 IShape 和 IBase，因此接口 ICircle 中将自动创建接口 IShape 和 IBase 中所有的属性和方法定义。

如果接口继承自多个接口，且多个接口中有同名的属性，但是属性的数据类型不同，就无法同时继承。还以代码 7-34 为例，如果 IShape 中也有一个 name 属性但是类型为 number 类型，这与 IBase 接口中的 string 类型的 name 冲突，则不能同时继承 IShape 和 IBase。

接口除了可以继承接口外，还可以继承自类。当接口继承了一个类时，它会继承类的成员但不包括其实现。接口同样会继承到类的 private 和 protected 成员。这意味着当我们创建一个接口并继承一个拥有私有或受保护的成员类时，这个接口只能被该类或其子类所实现。

接口的属性和方法不能限定访问控制符，但是通过继承类可以限定接口中属性的访问权限。代码 7-35 给出接口的继承类的示例。

【代码 7-35】 接口的继承类示例代码：IExtendsClass.ts

```
01    class Control {
02      private state: string;
03      protected innerValue: string;
04      public name: string;
05    }
06    interface IClickableControl extends Control {
07      click(): void;
08      //state: string;      //错误
09    }
10    class Button extends Control implements IClickableControl {
11      click() {
12        this.name = "Button";
13        this.innerValue = "@001";
14        //this.state = "0";
15      }
16    }
17    //错误：Image 类型缺少 state 私有属性
18    class MyImage implements IClickableControl {
19      click() {
20        //this.name = "MyImage";
21        //this.innerValue = "@002";
```

```
22        }
23    }
```

在代码 7-35 中，首先定义了一个类 Control，其中有一个 private 的私有属性 state；一个 protected 受保护属性 innerValue 和一个 public 公有属性 name。06 行声明了一个接口 IClickableControl，继承自类 Control。10 行中定义一个类 Button，它首先继承了类 Control 且实现了接口 IClickableControl。因此，Button 类中的 click 方法实现可以访问 Control 类中的公有属性和受保护属性，但却不能访问私有属性 state。18 行由于 MyImage 只是实现了接口 IClickableControl，但不是 Control 的子类，则会报错。

IClickableControl 继承了 Control 类的所有成员，包括私有成员 state。因为 state 是私有属性，只有 Control 的子类才能够拥有一个声明于 Control 的私有成员 state，这对私有成员的兼容性是必需的，所以只能是 Control 的子类才能实现 IClickableControl 接口。

类可以同时继承类和实现接口，但是要注意继承必须置于实现接口之前，即 extends 要在 implements 之前，否则报错。

7.3.5 类也可以实现接口

抽象类是一种特殊的类，可以被其他类继承。 抽象类一般不会直接被实例化。不同于接口，抽象类可以包含成员的实现细节。 abstract 关键字用于定义抽象类和在抽象类内部定义抽象方法。因此可以用抽象类来实现接口的功能。

抽象类中的抽象方法不包含具体实现并且必须在子类中实现。抽象方法的语法与接口方法相似。两者都是定义方法签名但不包含方法体。抽象方法必须包含 abstract 关键字并且可以包含访问修饰符。代码 7-36 给出抽象类实现接口功能的示例。

【代码 7-36】 抽象类实现接口功能的示例代码：AbstractClass.ts

```
01    abstract class ShapeAbstract {
02       protected abstract x: number;
03       protected abstract y: number;
04       public abstract tostring(): string;
05    }
06    abstract class NodeAbstract extends ShapeAbstract {
07       //私有的不能定义为abstract
08       //private abstract name: string;
09       public abstract x: number;
10       public abstract width: number;
11       public abstract height: number;
12       //protected 错误,
13       public tostring(): string {
14          return JSON.stringify(this);
15       };
16    }
17    class Circle extends NodeAbstract {
```

```
18      public x: number = 0;
19      protected y: number = 0;
20      public width: number = 20;
21      public height: number = 20;
22      public radius: number = 10;
23      constructor(x:number,y:number,width:number,height:number,raduis:number){
24          super();        //不可少
25          this.x = x;
26          this.y = y;
27          this.width = width;
28          this.height = height;
29          this.radius = raduis;
30      }
31      public tostring(): string {
32          return JSON.stringify(this);
33      };
34  }
35  let circle = new Circle(0, 0, 30, 30, 15);
36  console.log(circle.tostring());
   //{"x":0,"y":0,"width":30,"height":30,"radius":15}
```

在代码 7-36 中，首先定义了一个抽象类 ShapeAbstract，abstract 关键字必须置于 class 之前。抽象类 ShapeAbstract 中的抽象属性和方法也必须用 abstract 来声明，与接口不同的是，抽象类中的属性或方法可以用访问修饰符来限定。

抽象类中的抽象属性和方法必须在非抽象子类中实现，否则会报错。06 行声明了一个抽象类 NodeAbstract，它继承自抽象类 ShapeAbstract。由于 NodeAbstract 也是抽象类，因此可以不实现抽象类 ShapeAbstract 的属性和方法，如 ShapeAbstract 类中的属性 y。这里有一点需要注意，就是子类如果实现父类同名的属性或方法，那么子类属性或方法的可访问性只能跟父类的一样或者更高，而不能比父类的可访问性低。例如，ShapeAbstract 类中的方法 tostring 是 public（公有的），那么子类 NodeAbstract 只能用 public 来限定 tostring 方法，而不能用 protected。

抽象类中的抽象属性和方法不能用 private 进行限定。

除了抽象类实现接口功能外，还可以直接对类进行 implements 来实现模拟接口功能，如代码 7-37 给出对类进行 implements 的示例。

【代码 7-37】 对类进行 implements 示例代码：ClassImplements.ts

```
01  class Disposable {
02      isDisposed: boolean;
03      dispose() {
04          this.isDisposed = true;
05      }
06  }
07  class Selectable {
08      isActive: boolean;
09      activate() {
```

```
10            this.isActive = true;
11        }
12    }
13    class SmartObject implements Disposable, Selectable {
14        //实现 Disposable
15        isDisposed: boolean = false;
16        dispose: () => void;
17        //实现 Selectable
18        isActive: boolean = false;
19        activate: () => void;
20    }
21    let obj = new SmartObject();
22    obj.activate();
```

在代码 7-37 中，首先应该注意的是，SmartObject 类没有使用 extends 继承，而是使用 implements 对类 Disposable 和 Selectable 进行实现。把类当成了接口，仅使用 Disposable 和 Selectable 的类型而非其实现。这意味着需要在 SmartObject 类里面实现 Disposable 和 Selectable 提供的接口。

7.4 命名空间

命名空间（namespace）是用来组织和重用代码的。如果你学过 C#语言，应该对命名空间并不陌生。Java 语言中一般叫 package，即包名。命名空间的作用就是防止重名的情况。

根据官网的说法，TypeScript 在 1.5 版本里相关概念已经发生了变化。“内部模块”现在称作“命名空间”。而“外部模块”现在则简称为“模块”，这是为了与 ECMAScript 2015 里的概念保持一致。

7.4.1 定义命名空间

命名空间的目的就是为了解决命名冲突的问题。现实生活中，有时候一个学校里面也会出现同名同姓的同学。如果同名的同学分布在不同的班级里面，就可以用班级名+姓名来区分。其实命名空间与班级名的作用一样，可以防止同名的函数或变量相互影响。

为了能够区分同名同姓的两个同学，一般都会用一个前缀来区分，如大张三和小张三。或者不同班级的同名学生，可以用一班张三和二班张三来区分。命名空间定义了变量或函数等对象的可见范围，一个标识符可在多个命名空间中定义，它在不同命名空间中的含义是互不影响的。

TypeScript 中命名空间使用 namespace 关键字来定义，基本语法格式如下：

```
01    namespace 命名空间名 {
02        //内部类和成员
03    }
```

命名空间名要符合一般标识符的命名规则。命名空间可以用.分隔的几个单词构成，例如 com.wyd.modules。这种分层的命名空间可以尽可能降低命名冲突的概率。代码 7-38 给出定义命名空间的示例。

【代码 7-38】 定义命名空间示例代码：namespacedemo.ts

```
01    namespace com.wyd.demo {
02        interface IPeople {
03            id: string;
04            name: string;
05            learn();
06        }
07        export class Man implements IPeople{
08            public id: string ="";
09            public name: string = "";
10            constructor(id:string,name:string) {
11                this.id = id;
12                this.name = name;
13            }
14            learn() {
15                console.log(this.name + " learning");
16            }
17        }
18    }
19    let man = new com.wyd.demo.Man("001", "jack");
20    man.learn();
```

在代码 7-38 中，01~18 行将接口 IPeople 和 Man 类声明在命名空间 com.wyd.demo 中，如果需要在命名空间外部调用 Man 类或 IPeople 接口，则需要在 Man 类或 IPeople 接口前添加 export 关键字。

同 Java 中的包名和 C#的命名空间一样，TypeScript 中的命名空间也可以将代码包裹起来，只对外暴露需要被外部访问的对象。命名空间内的对象通过 export 关键字对外暴露。要在一个命名空间中去调用另一个命名空间中的类时，则需要用“命名空间.类”的方式来访问，也就是要用类的全路径。如 19 行要在命名空间 com.wyd.demo 外访问其内部的 Man 类，则需要用全路径 com.wyd.demo.Man 进行访问。

在构建比较复杂的应用时，往往需要将代码分离到不同的文件中，以便进行维护。同一个命名空间可以在不同的文件中出现。尽管是不同的文件，但是它们仍然是同一个命名空间，并且在使用的时候就如同它们在一个文件中定义的一样。

换句话说，就是物理上是分离的，但是逻辑上是一个整体。由于不同文件之间存在依赖关系，因此需要加入引用标签来告诉编译器文件之间的关联。引用标签用/// <reference path="xxx.ts" />来表示。代码 7-39 给出定义命名空间引入标签示例。

【代码 7-39】 命名空间引入标签示例代码：namespacedemo2.ts

```
01    /// <reference path="namespacedemo.ts" />
02    namespace com.wyd.demo {
```

```
03      export function callNS(){
04          let man = new Man("001", "jack");
05          man.learn();
06      }
07  }
08  com.wyd.demo.callNS();
```

在代码 7-39 中，注意第一行，/// <reference path="namespacedemo.ts" />表示此文件依赖于 namespacedemo.ts 文件。由于此命名空间和 namespacedemo.ts 中定义的命名空间一致，因此 04 行访问 Man 类的时候不需要通过命名空间进行访问。

当涉及多文件命名空间的时候，必须确保所有编译后的代码都能被按顺序正确加载。我们可以用 tsc 命名来将分散的多文件编译到一个文件中去。命令如下：

```
tsc --outFile all.js .\namespacedemo2.ts
```

调用此命令后，将根目录下的 namespacedemo2.ts 编译到 all.js 文件中。当编译器解析出/// <reference path="namespacedemo.ts" />语句时，就会自动将 namespacedemo.ts 进行编译，然后编译 namespacedemo2.ts 文件中的内容。all.js 文件结果如图 7.4 所示。

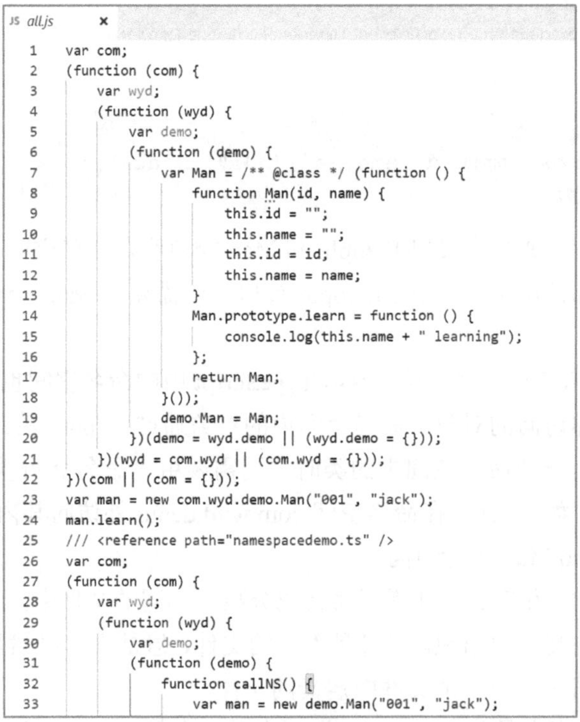

```
JS all.js  ×
1   var com;
2   (function (com) {
3       var wyd;
4       (function (wyd) {
5           var demo;
6           (function (demo) {
7               var Man = /** @class */ (function () {
8                   function Man(id, name) {
9                       this.id = "";
10                      this.name = "";
11                      this.id = id;
12                      this.name = name;
13                  }
14                  Man.prototype.learn = function () {
15                      console.log(this.name + " learning");
16                  };
17                  return Man;
18              }());
19              demo.Man = Man;
20          })(demo = wyd.demo || (wyd.demo = {}));
21      })(wyd = com.wyd || (com.wyd = {}));
22  })(com || (com = {}));
23  var man = new com.wyd.demo.Man("001", "jack");
24  man.learn();
25  /// <reference path="namespacedemo.ts" />
26  var com;
27  (function (com) {
28      var wyd;
29      (function (wyd) {
30          var demo;
31          (function (demo) {
32              function callNS() {
33                  var man = new demo.Man("001", "jack");
```

图 7.4 all.js 部分截图界面

7.4.2 嵌套命名空间

命名空间支持嵌套，即我们可以将命名空间定义在另外一个命名空间里头。代码 7-40 给出命名空间嵌套的示例。

【代码 7-40】 命名空间嵌套示例代码：namespacedemo3.ts

```
01    namespace com.wyd {
02        //嵌套时，export 不可少
03        export namespace nested {
04            export function callNS() {
05                //com.wyd.demo.Man
06                let man = new demo.Man("001", "jack");
07                man.learn();
08            }
09        }
10    }
11    //命名空间别名
12    import myNS = com.wyd.nested;
13    com.wyd.nested.callNS();
14    myNS.callNS();
```

在代码 7-40 中，将命名空间 nested 嵌套在命名空间 com.wyd 里。这里需要注意的是，06 行用 demo.Man 对 com.wyd.demo.Man 进行访问，之所以可以不用全路径是由于 com.wyd 是一致的，这样就可以省略。

在嵌套命名空间中，里层的 namespace 必须用 export，否则无法访问。

命名空间一般都比较长，书写起来比较麻烦，我们其实可以给命名空间起一个别名，用这个别名就可以代替命名空间。如 12 行的“import myNS = com.wyd.nested;”就给命名空间 com.wyd.nested 起了一个别名 myNS，这样就可以通过 myNS.callNS 来调用 com.wyd.nested.callNS 方法。

命名空间别名使用的语法是“import ns = x.y.z”，但是要注意与加载模块的“import m = require('module')”语法的区别。

7.5 外部模块

前面已经说到，TypeScript 在 1.5 版本后将“外部模块”简称为“模块”。从 ECMAScript 2015 开始，JavaScript 引入了模块的概念。TypeScript 也沿用这个概念。

模块在其自身的作用域里执行，而不是在全局作用域里。这意味着定义在一个模块里的变量、函数、类和接口等在模块外部是不可见的，除非你明确地使用 export 进行导出。如果想使用其他模块导出的变量、函数、类和接口等对象，就必须手动使用 import 进行导入。

模块是自声明的，两个模块之间的关系可以通过在 TypeScript 文件代码顶部使用 imports 和 exports 确定。

TypeScript 与 ECMAScript 2015 一样，任何包含顶级 import 或者 export 的文件都被当成一个模块。相反，如果一个文件不带有顶级的 import 或者 export 声明，那么它的内容被视为全局可见的。

前端模块化开发适应当前前端开发日渐复杂的大背景，模块化开发可以复用别人的代码，同时按需加载的功能可以提高网络加载的速度。

7.5.1 模块加载器

模块使用模块加载器去导入其他的模块。在运行时，模块加载器的作用是在执行此模块代码前去查找并执行这个模块的所有依赖。读者最熟知的 JavaScript 模块加载器是服务于 Node.js 的 CommonJS 和服务于 Web 应用的 Require.js。

TypeScript 中的模块机制与 ES6 的模块机制基本类似，也提供了转换为 amd、es6、umd、commonjs 和 system 的功能。

模块加载器一方面实现 js 文件的异步加载，避免网页失去响应；另一方面负责管理模块之间的依赖关系，便于代码的编写和维护。常用模块加载器分类如图 7.5 所示。

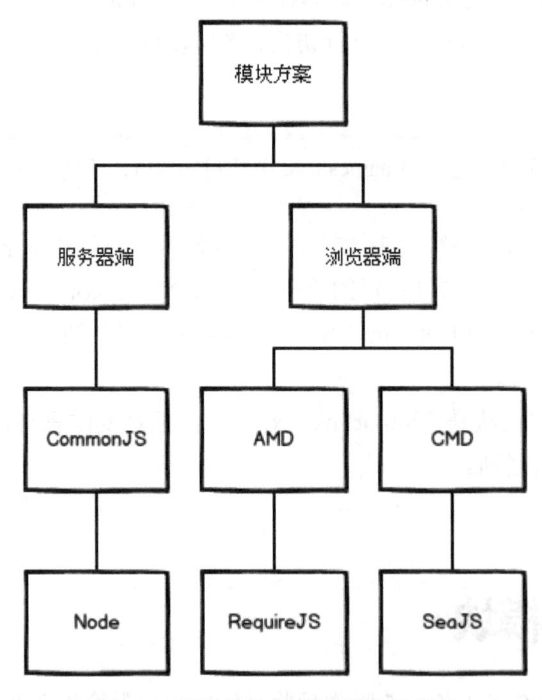

图 7.5　常用模块加载器分类示意图

模块加载器一般分为可以供浏览器端使用的 AMD 规范和 CMD 规范、供服务器端使用的 CommonJS 规范以及跨浏览器端和服务器端的 UMD 规范。

1. AMD 规范

AMD（Asynchronous Module Definition，异步模块加载机制）规范的描述比较简单，完整描述了模块的定义、依赖关系、引用关系以及异步加载机制。requireJS 库采用 AMD 规范进行模块加载。AMD 规范特别适用于浏览器环境。

下面用一个简单的例子来说明 AMD 规范是如何加载模块的。AMD 规范用一个全局函数 define 来定义模块。

第一步，新建一个 moduleA.js 文件，按照约定，其模块名为文件名 moduleA。函数 define 中用一个匿名函数返回了一个对象。代码 7-41 给出 moduleA.js 的代码示例。

【代码 7-41】 AMD 规范中 moduleA.js 示例代码：moduleA.js

```
01    define(
02        function() {
03            return {
04                name: 'Jack',
05                age: 31
06            }
07        }
08    );
```

第二步，新建一个 moduleB.js 文件，按照约定，其模块名为文件名 moduleB。模块 moduleB 依赖模块 moduleA。当 define 函数有两个参数时，第一个参数需要用一个数组来描述依赖项；第二个参数是一个匿名的工厂函数，返回一个对象，其中匿名函数的参数列表和依赖项是一一对应的关系。代码 7-42 给出 moduleB.js 的代码示例。

【代码 7-42】 AMD 规范中 moduleB.js 示例代码：moduleB.js

```
01    define(['moduleA'], function(moduleA) {
02        return {
03            showName: function() {
04                console.log(moduleA.name);
05            },
06            getAge: function() {
07                return moduleA.age;
08            }
09        }
10    });
```

第三步，新建一个入口文件 man.js。在这个文件中，首先用 require.config 方法来加载 jquery 库，然后用 require 函数来调用 moduleB 和 jquery 库中的方法。require 函数有两个参数时，第一个参数是一个数组，可以用来描述需要引入的依赖项，也就是要加载的模块；第二个是一个匿名的工厂函数，其中匿名函数的参数列表和引入的依赖项是一一对应的关系。代码 7-43 给出 man.js 的代码示例。

【代码 7-43】 AMD 规范中 man.js 示例代码：man.js

```
01    require.config({
02        paths: {
```

```
03         jquery: "http://code.jquery.com/jquery-1.11.1.min"
04     }
05 });
06 require(["jquery", "moduleB"], function($, moduleB) {
07     moduleB.showName();
08     $("#mydiv").html("age=" + moduleB.getAge());
09 });
```

在代码 7-43 中，用 require.config 配置了对 jquery 库的路径信息，require 配置依赖模块的时候，只是声明了模块的名称，却不知道模块的具体位置。在没有特殊声明的情况下，requireJS 认为模块名和文件名相同，因此，只要两者一致，requireJS 就可以正确找到脚本文件。如果不同，就需要通过 require.config 中的 path 进行配置，模块依赖是指模块之间的相互依赖关系，脚本运行时，只有当依赖的模块全部加载完成之后，当前脚本才会执行，这就是依赖关系的作用。

第四步，新建一个 index.html 文件，用来将 main.js 文件引入到 HTML 页面中运行。require.js 可以在引入自身 JS 文件时根据 script 脚本中的 data-main 属性的配置来加载入口文件。代码 7-44 给出 man.js 的代码示例。

【代码 7-44】 AMD 规范中 index.html 示例代码：index.html

```
01 <!DOCTYPE html>
02 <html lang="en">
03 <head>
04     <meta charset="UTF-8">
05     <meta name="viewport" content="width=device-width, initial-scale=1.0">
06     <meta http-equiv="X-UA-Compatible" content="ie=edge">
07     <title>AMD</title>
08 </head>
09 <body>
10     <div id="mydiv">body</div>
11     <script type="text/javascript" src="require.js" data-main="main.js">
   </script>
12 </body>
13 </html>
```

运行此 index.html，则结果如图 7.6 所示。如果 index.html 运行页面中出现 age=31 的信息，那么在代码 7-43 中 08 行的语句正确运行。

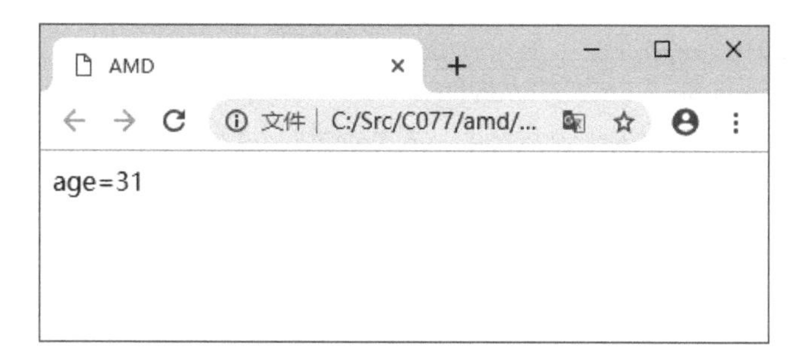

图 7.6　AMD 模块 index.html 示例运行结果图

2. CMD 规范

CMD（Common Module Definition，通用模块定义）规范是国内发展出来的。在 AMD 规范中有一个浏览器的实现库 requireJS，CMD 规范也有一个浏览器的实现库 SeaJS。SeaJS 功能和 requireJS 基本相同，只不过在模块定义方式和模块加载时机上有所不同。

在 CMD 规范中，一个模块就是一个 js 文件。代码的书写格式如下：

```
define(id?,d?,factory)
```

因为 CMD 推崇一个文件就是一个模块，所以经常用文件名作为模块 id。CMD 推崇依赖就近，所以一般不在 define 函数的参数中写依赖。define 函数的第三个参数 factory 是一个工厂函数，格式为 function(require,exports,module)。其中有三个参数：require 是一个方法，用来获取其他模块提供的接口；exports 是一个对象，用来向外提供模块接口；module 是一个对象，上面存储了与当前模块相关联的一些属性和方法。

第一步，新建一个 moduleA.js 文件，按照约定，其模块名为文件名 moduleA。函数 define 中用一个匿名函数返回一个对象。代码 7-45 给出 moduleA.js 的代码示例。

【代码 7-45】　CMD 规范中 moduleA.js 示例代码：moduleA.js

```
01   define(function(require, exports, module) {
02       module.exports = {
03           name: 'Jack',
04           age: 31
05       }
06   });
```

第二步，新建一个 moduleB.js 文件。按照约定，其模块名为文件名 moduleB 。模块 moduleB 依赖模块 moduleA。define 函数前两个参数是可选参数，可以省略。一般都直接用第三个参数 factory 来构建模块信息，factory 工厂函数中可以通过 require 函数加载模块 moduleA，并通过 module.exports 对外导出模块。代码 7-46 给出 moduleB.js 的代码示例。

【代码 7-46】　CMD 规范中 moduleB.js 示例代码：moduleB.js

```
01   define(function(require, exports, module) {
02       var moduleA = require("moduleA");
```

```
03      module.exports = {
04          showName: function() {
05              console.log(moduleA.name);
06          },
07          getAge: function() {
08              return moduleA.age;
09          }
10      }
11  });
```

exports 仅仅是 module.exports 的一个引用。在 factory 工厂函数内部 exports 重新赋值时并不会改变 module.exports 的值。因此给 exports 赋值是无效的，不能用来更改模块接口。

第三步，新建一个入口文件 man.js。这个文件中仍然用 define 函数来定义一个模块 main。模块 main 中用 require('moduleB')语句引入模块 moduleB，并赋值给内部变量 moduleB，这样就可以利用 moduleB 来访问模块 moduleB 中的 showName 方法。代码 7-47 给出 man.js 的代码示例。

【代码 7-47】 CMD 规范中 man.js 示例代码：man.js

```
01  define(function(require, exports, module) {
02      var moduleB = require('moduleB');
03      console.log(moduleB)
04      moduleB.showName();
05      $("#mydiv").html("age=" + moduleB.getAge());
06  });
```

第四步， 新建一个 index.html 文件来加载 main.js 文件，由于浏览器中并不能直接运行 CMD 模块代码，这里用 sea.js 库来加载 CMD 模块 main.js。代码 7-48 给出 index.html 的代码示例。

【代码 7-48】 CMD 规范中 index.html 示例代码：index.html

```
01  <!DOCTYPE html>
02  <html lang="en">
03  <head>
04      <meta charset="UTF-8">
05      <meta name="viewport" content="width=device-width, initial-scale=
    1.0">
06      <meta http-equiv="X-UA-Compatible" content="ie=edge">
07      <title>CMD</title>
08  </head>
09  <body>
10      <div id="mydiv">body</div>
```

```
11        <script type="text/javascript" src="http://code.jquery.com/jquery-
      1.11.1.min.js" />
12        <script type="text/javascript" src="sea.js"></script>
13        <script>
14            seajs.use(['main.js'], function(main) {
15            });
16        </script>
17    </body>
18    </html>
```

在代码 7-48 中，由于模块 main.js 依赖 jquery 库，因此首先需要在 HTML 中引入 jquery.js 文件，然后要引入 sea.js 库，这样才能调用 seajs.use 来加载模块信息。运行此 index.html，则结果如图 7.7 所示。如果 index.html 运行页面中出现 age=31 的信息，那么在代码 7-47 中 05 行的语句则正确运行。

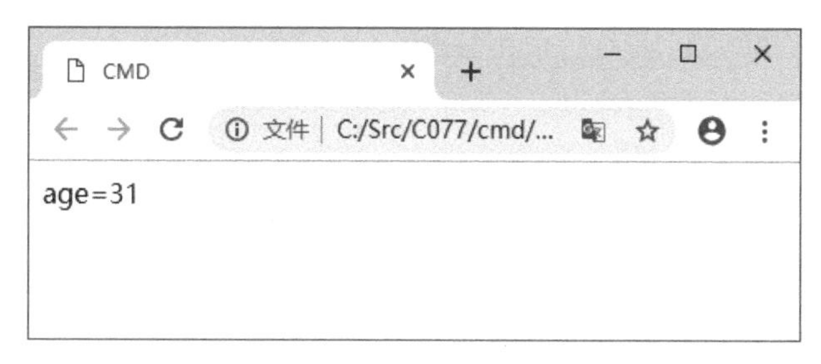

图 7.7　CMD 模块 index.html 示例运行结果图

3. CommonJS 规范

CommonJS 规范规定，每一个文件就是一个模块，拥有自己独立的作用域，每个模块内部的 module 变量代表当前模块。module 变量是一个对象，它的 exports 属性（module.exports）是对外的接口。当需要用 require 方法加载某个模块时，本质上是加载该模块的 module.exports 属性。

CommonJS API 定义很多普通应用程序（主要是指非浏览器的应用）使用的 API。这样的话，开发者可以使用 CommonJS API 编写各种类型的应用程序，且这些应用可以运行在不同的 JavaScript 解释器和不同的主机环境中。CommonJS 的核心思想就是通过 require 方法来同步加载依赖的模块，通过 exports 或者 module.exports 来导出需要暴露的接口。

NodeJS 是 CommonJS 规范的实现，而 webpack 打包工具也是原生支持 CommonJS 规范的。在兼容 CommonJS 的系统中，我们不但可以开发服务器端 JavaScript 应用程序，而且可以开发图形界面应用程序等。

由于 CommonJS 是同步加载模块的，对于浏览器而言，需要将文件从服务器端同步请求过来加载就不太适用了，同步等待会出现浏览器“假死”的情况，因此 CommonJS 是不适用于浏览器端的。

虽然 CommonJS 编写的模块不适用于浏览器端，但是可以借助工具进行格式转换，从而适用浏览器端。

浏览器不兼容 CommonJS 的根本原因在于缺少四个 Node.js 环境的变量：module，exports，require 和 global。换句话说，只要在浏览器环境当中提供这四个变量，那么浏览器就能加载 CommonJS 模块。Browserify 是目前常用的 CommonJS 格式转换工具。

在模块加载中，会涉及文件路径的问题，首先必须掌握几种常见的文件路径写法：以 / 开头，表示从根目录开始解析；以 ./ 开头，表示从当前目录开始解析；以 ../ 开头，表示从上级目录开始解析。

第一步，新建一个 moduleA.js 文件，在 moduleA.js 文件中定义一个 obj 对象，并通过 module.exports = obj 导出模块信息。代码 7-49 给出 moduleA.js 的代码示例。

【代码 7-49】 CommonJS 规范中 moduleA.js 示例代码：moduleA.js

```
01    var obj ={
02        name: 'Jack',
03        age: 31
04    }
05    module.exports = obj;
```

第二步，新建一个 moduleB.js 文件，首先用 require("./moduleA.js")来表示当前模块依赖于模块文件 moduleA.js，然后声明一个 func 的对象，里面包含 showName 和 getAge 方法，这两个方法都可以使用导入的 moduleA.js 文件中导出的对象 obj。最后，用 module.exports =func 导出模块信息。代码 7-50 给出 moduleB.js 的代码示例。

【代码 7-50】 CommonJS 规范中 moduleB.js 示例代码：moduleB.js

```
01    var moduleA = require("./moduleA.js");
02    var func = {
03        showName: function () {
04            console.log(moduleA.name);
05        },
06        getAge: function () {
07            return moduleA.age;
08        }
09    };
10    module.exports =func;
```

第三步，新建一个入口文件 man.js。这个文件中首先用 require('./moduleB.js')方法来加载 moduleB.js 库并将模块导出信息赋值给变量 moduleB。然后可以通过变量 moduleB 来调用 moduleB.js 中的方法。代码 7-51 给出 man.js 的代码示例。

【代码 7-51】 CommonJS 规范中 man.js 示例代码：man.js

```
01    var moduleB = require('./moduleB.js');
02    //console.log(moduleB)
03    moduleB.showName();
```

第四步，在 Visual Studio Code 中配置启动项 launch.json。CommonJS 规范可以在 NodeJS 中运行，这里配置一个类型为 node、启动文件为 commonjs 文件夹下的 main.js。代码 7-52 给出 launch.json 的代码示例。

【代码 7-52】 CommonJS 规范中 launch.json 示例代码：launch.json

```
01    {
02        "version": "0.2.0",
03        "configurations": [
04            {
05                "type": "node",
06                "request": "launch",
07                "name": "debug commonjs",
08                "program": "${workspaceFolder}/commonjs\\main.js"
09            }
10        ]
11    }
```

在 Visual Studio Code 中直接调试运行，可以输出如图 7.8 所示的结果。如果在调试控制台中打印出 Jack 文本信息就表示代码 7-52 运行正确。

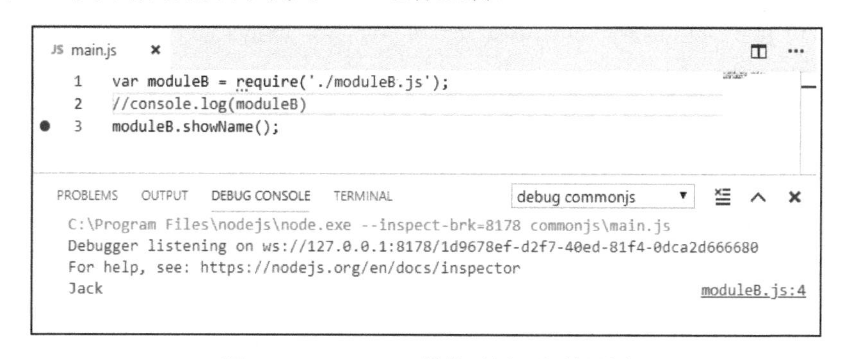

图 7.8　CommonJS 模块示例运行结果图

4. UMD 规范

UMD（Universal Module Definition，通用模块规范）是由社区想出来的一种整合了 CommonJS 和 AMD 两个模块定义规范的方法。UMD 用一个工厂函数来统一不同的模块定义规范。

UMD 有两个基本原则：所有定义模块的方法需要单独传入依赖；所有定义模块的方法都需要返回一个对象，供其他模块使用。UMD 实现思路比较简单，先判断当前环境是否支持 commonjs 模块机制（判断 module 和 module.exports 是否为 object 类型），如果存在就使用 commonjs 规范进行模块加载；如果不存在就判断是否支持 AMD（判断 define 和 define.cmd 是否存在），若存在则使用 AMD 规范加载模块；若前两个都不存在，则将模块暴露到全局变量 window 或 global 中。

第一步，新建一个 moduleA.js 文件。按照 UMD 规范，首先判断当前环境是否支持 commonjs

模块机制，如果不支持就判断一下是否支持 amd 模块机制。moduleA.js 中定义的是一个立即执行函数传入模块定义的工厂函数 factory。在工厂函数 factory 中通过 exports.obj = obj 对外暴露接口。代码 7-53 给出 moduleA.js 的代码示例。

【代码 7-53】 UMD 规范中 moduleA.js 示例代码：moduleA.js

```
01    (function (factory) {
02        if(typeof module==="object"&& typeof module.exports === "object") {
03            var v = factory(require, exports);
04            if (v !== undefined) module.exports = v;
05        }
06        else if (typeof define === "function" && define.amd) {
07            define(["require", "exports"], factory);
08        }
09    })(function (require, exports) {
10        "use strict";
11        exports.__esModule = true;
12        var obj = {
13            name: 'Jack',
14            age: 31
15        };
16        exports.obj = obj;
17    });
```

第二步，新建一个 moduleB.js 文件。按照 UMD 规范，首先判断当前环境是否支持 commonjs 模块机制，如果不支持就判断一下是否支持 amd 模块机制。moduleB.js 中定义的是一个立即执行函数传入模块定义的工厂函数 factory。在工厂函数 factory 中通过 exports.func = func 对外暴露接口。代码 7-54 给出 moduleB.js 的代码示例。

【代码 7-54】 UMD 规范中 moduleB.js 示例代码：moduleB.js

```
01    (function (factory) {
02        if(typeof module==="object"&& typeof module.exports === "object") {
03            var v = factory(require, exports);
04            if (v !== undefined) module.exports = v;
05        }
06        else if (typeof define === "function" && define.amd) {
07            define(["require", "exports", "./moduleA"], factory);
08        }
09    })(function (require, exports) {
10        "use strict";
11        exports.__esModule = true;
12        var moduleA_1 = require("./moduleA");
13        var func = {
14            showName: function () {
```

```
15              console.log(moduleA_1.obj.name);
16          },
17          getAge: function () {
18              return moduleA_1.obj.age;
19          }
20      };
21      exports.func = func;
22  });
```

第三步，新建一个入口文件 man.js，该文件用 define(["require", "exports", "./moduleB"], factory)和 require("./moduleB")定义了在两种模块机制下该模块对 moduleB 的依赖关系。代码 7-55 给出 man.js 的代码示例。

【代码 7-55】 UMD 规范中 man.js 示例代码：man.js

```
01  (function (factory) {
02      if (typeof module === "object" && typeof module.exports === "object") {
03          var v = factory(require, exports);
04          if (v !== undefined) module.exports = v;
05      }
06      else if (typeof define === "function" && define.amd) {
07          define(["require", "exports", "./moduleB"], factory);
08      }
09  })(function (require, exports) {
10      "use strict";
11      exports.__esModule = true;
12      console.log(require);
13      var moduleB_1 = require("./moduleB");
14      console.log(moduleB_1.func);
15      moduleB_1.func.showName();
16      $("#mydiv").html("age=" +  moduleB_1.func.getAge());
17  });
```

第四步，新建一个 index.html 页面，用 AMD 方式来加载 main.js 文件。代码 7-56 给出 index.html 的代码示例。

【代码 7-56】 UMD 规范中 index.html 示例代码：index.html

```
01  <!DOCTYPE html>
02  <html lang="en">
03  <head>
04      <meta charset="UTF-8">
05      <meta name="viewport" content="width=device-width, initial-scale=1.0">
06      <meta http-equiv="X-UA-Compatible" content="ie=edge">
07      <title>UMD</title>
08  </head>
```

```
09    <body>
10        <div id="mydiv">body</div>
11        <script type="text/javascript" src="jquery.js"></script>
12        <script type="text/javascript" src="require.js" data-main="main.js">
      </script>
13    </body>
14    </html>
```

运行 index.html，可以输出如图 7.9 所示的结果。如果 index.html 运行页面中出现 age=31 的信息，那么在代码 7-55 中 16 行的语句则正确运行。

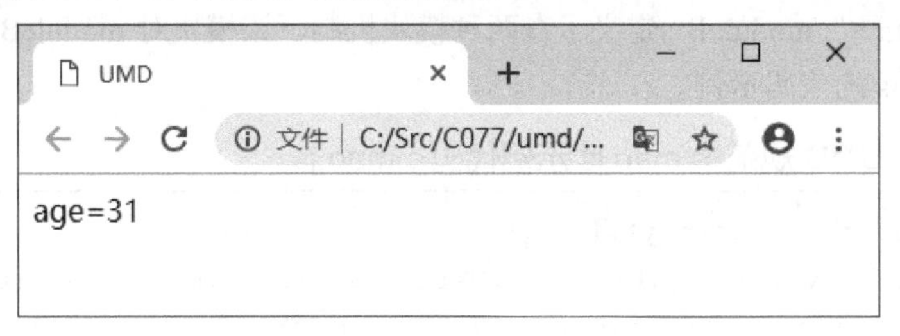

图 7.9　UMD 模块示例运行结果图

5. SystemJS 规范

SystemJS 是一个通用的模块加载器，能在浏览器或者 NodeJS 上动态加载模块，并且支持 CommonJS、AMD、全局模块对象和 ES6 模块。通过使用插件，它不仅可以加载 JavaScript，还可以加载 TypeScript。SystemJS 建立在 ES6 模块加载器之上，所以它的语法和 API 在将来很可能是语言的一部分，让我们的代码更不会过时。

SystemJS 规范用 System.register 函数来创建模块，第一个参数为数组，可以用来表示依赖项，第二个参数是一个工厂函数，可以用来定义模块信息。

第一步，新建一个 moduleA.js 文件。代码 7-57 给出 moduleA.js 的代码示例。该模块无依赖，因此第一个参数为[]，在第二个工厂函数中返回一个对象，其中在对象的 execute 方法中创建了一个对象 obj，并用 exports_1("obj", obj)返回。

【代码 7-57】 SystemJS 规范中 moduleA.js 示例代码：moduleA.js

```
01    System.register([], function (exports_1, context_1) {
02        "use strict";
03        var obj;
04        var __moduleName = context_1 && context_1.id;
05        return {
06            setters: [],
07            execute: function () {
08                obj = {
09                    name: 'Jack',
10                    age: 31
```

```
11                };
12                exports_1("obj", obj);
13            }
14        };
15    });
```

第二步，新建一个 moduleB.js 文件，用函数“System.register(["./moduleA.js"], function (exports_1, context_1)”创建一个对 moduleA.js 依赖的模块。代码 7-58 给出 moduleB.js 的代码示例。

【代码 7-58】 SystemJS 规范中 moduleB.js 示例代码：moduleB.js

```
01    System.register(["./moduleA.js"], function (exports_1, context_1) {
02        "use strict";
03        var moduleA_1, func;
04        var __moduleName = context_1 && context_1.id;
05        return {
06            setters: [
07                function (moduleA_1_1) {
08                    moduleA_1 = moduleA_1_1;
09                }
10            ],
11            execute: function () {
12                func = {
13                    showName: function () {
14                        console.log(moduleA_1.obj.name);
15                    },
16                    getAge: function () {
17                        return moduleA_1.obj.age;
18                    }
19                };
20                exports_1("func", func);
21            }
22        };
23    });
```

第三步，新建一个入口文件 man.js，用函数“System.register(["./moduleB.js"], function (exports_1, context_1)”创建一个对 moduleB.js 依赖的模块。代码 7-59 给出 moduleB.js 的代码示例。

【代码 7-59】 SystemJS 规范中 man.js 示例代码：man.js

```
01    System.register(["./moduleB.js"], function (exports_1, context_1) {
02        "use strict";
03        var moduleB_1;
```

```
04      var __moduleName = context_1 && context_1.id;
05      return {
06          setters: [
07              function (moduleB_1_1) {
08                  moduleB_1 = moduleB_1_1;
09              }
10          ],
11          execute: function () {
12              console.log(moduleB_1.func);
13              moduleB_1.func.showName();
14              $("#mydiv").html("age=" +  moduleB_1.func.getAge());
15          }
16      };
17  });
```

第四步，新建一个 index.html，用来加载 main.js 文件。由于浏览器并不能直接运行 SystemJS 规范的模块文件，因此引入 system.js 库文件。代码 7-60 给出 index.html 的代码示例。

【代码 7-60】 SystemJS 规范中 index.html 示例代码：index.html

```
01  <!DOCTYPE html>
02  <html lang="en">
03  <head>
04      <meta charset="UTF-8">
05      <meta name="viewport" content="width=device-width, initial-scale=1.0">
06      <meta http-equiv="X-UA-Compatible" content="ie=edge">
07      <title>SystemJS</title>
08  </head>
09  <body>
10      <div id="mydiv">body</div>
11      <script type="text/javascript" src="jquery.js"></script>
12      <script type="text/javascript" src="system.js"></script>
13      <script>
14          System.import('./main.js')
15              .then(function (m) {
16                  console.log(m);
17              });
18      </script>
19  </body>
20  </html>
```

如果想在本地服务器上运行 index.html 页面，那么可以在 Visual Studio Code 中安装本地服务器 lite-server。在根目录下新建 bs-config.json，配置内容如代码 7-61 所示。

【代码 7-61】 bs-config.json 示例代码：bs-config.json

```
01    {
02        "port": 8000,
03        "files": ["./systemjs/**/*.{html,htm,css,js}"],
04         "server": { "baseDir": "./systemjs" }
05    }
```

为了能通过本地服务器运行 index.html，需要在 package.json 文件脚本中配置 "systemjs": "lite-server"，这样就可以在命令行中用 npm run systemjs 来启动本地服务器了。成功启动后，可以输出如下结果，如图 7.10 所示。

图 7.10　SystemJS 模块示例运行结果图

6. ES6 规范

现在 ES6 规范支持模块化，根据规范可以直接用 import 和 export 在浏览器中导入和导出模块。一个 js 文件代表一个 js 模块。目前浏览器对 ES6 模块支持程度不同，一般都要借助工具进行转换，如使用 babelJS 把 ES6 代码转化为兼容 ES5 版本的代码。

ES6 模块的基本特点：每一个模块只加载一次；每一个模块内声明的变量都是局部变量，不会污染全局作用域；模块内部的变量或者函数可以通过 export 导出；一个模块可以用 import 导入其他模块。

第一步，新建一个 moduleA.js 文件。首先定义一个 obj 对象，并用 export 导出 obj。代码 7-62 给出 ES6 模块 moduleA.js 示例代码。

【代码 7-62】 ES6 模块 moduleA.js 示例代码：moduleA.js

```
01    var obj ={
02        name: 'Jack',
03        age: 31
04    }
05    export {obj};
```

第二步，新建一个 moduleB.js 文件。首先用 import {obj} from "./moduleA"导入模块中的 obj 对象，然后就可以在 moduleB.js 中直接进行调用了，最后用 export {func}导出本模块定义的对象 func。代码 7-63 给出 ES6 模块 moduleB.js 示例代码。

【代码 7-63】 ES6 模块 moduleB.js 示例代码：moduleB.js

```
01    import {obj} from "./moduleA";
02    var func = {
03        showName: function () {
04            console.log(obj.name);
05        },
06        getAge: function () {
07            return obj.age;
08        }
09    };
10    export {func};
```

第三步，新建一个入口文件 man.js。使用 import {func} from "./moduleB"导入模块中的 func 对象，这样就可以调用 func.showName 方法了。代码 7-64 给出 ES6 模块 man.js 示例代码。

【代码 7-64】 ES6 模块 man.js 示例代码：man.js

```
01    import {func} from "./moduleB";
02    console.log(func)
03    func.showName();
```

第四步，目前浏览器对 ES6 模块支持还不太好，不能直接在浏览器中运行，可利用 babel-node 工具来运行。babel-node 提供了在命令行直接运行 ES6 模块文件的便捷方式。在 Visual Studio Code 中配置启动项 package.json，如代码 7-65 所示。

【代码 7-65】 package.json 示例代码：package.json

```
01    {
02      "name": "oop",
03      "version": "1.0.0",
04      "description": "",
05      "scripts": {
06        "es6": "babel-node es6/main.js --plugins @babel/plugin-transform-
      modules-commonjs"
07      },
08      "devDependencies": {
09        "@babel/core": "^7.1.2",
10        "@babel/node": "^7.2.0",
11        "@babel/plugin-transform-modules-commonjs": "^7.2.0"
12      },
13      "author": "jackwang",
14      "license": "ISC"
15    }
```

由此可见，ES6 模块机制的语法还是非常简单明了的，希望各主流浏览器都能早日支持

ES6 模块规范。调试运行，可以输出如图 7.11 所示的结果。

```
PS C:\Src\chartper7> npm run es6

> oop@1.0.0 es6 C:\Src\chartper7
> babel-node es6/main.js --plugins @babel/plugin-transform-modules-commonjs

{ showName: [Function: showName], getAge: [Function: getAge] }
Jack
PS C:\Src\chartper7>
```

图 7.11　ES6 模块示例运行结果图

模块加载的最佳实践为:

- 尽可能地在顶层导出。
- 模块里避免使用命名空间。
- 仅导出单个 class 或 function，可使用 export default。
- 要导出多个对象时，可把它们放在顶层里导出。
- 导入时明确地列出导入的名字。
- 导入大量模块时使用命名空间。

TypeScript 会根据编译时指定的模块目标参数生成相应的供 CommonJS、AMD、UMD、SystemJS 或 ES6 模块加载系统使用的代码。tsconfig.json 中 compilerOptions 对象有一个 module 属性，可以用来指定模块目标，支持的值有 'none'、'commonjs'、'amd'、'system'、'umd'、'es2015' 和'esnext'。因此，可以用如下命令生成 commonjs 的模块系统：

```
tsc --module commonjs.\ts\main.ts
```

自动生成的模块文件可能还需要手动进行调整才能跑起来。

7.5.2　定义外部模块

TypeScript 与 ECMAScript 2015 一样，任何包含顶级 import 或者 export 的文件都被当成一个模块。相反，如果一个文件不带有顶级的 import 或者 export 声明，那么它的内容被视为全局可见的（因此对模块也是可见的）。

任何声明（比如变量、函数、类、类型别名或接口）都能够通过添加 export 关键字来导出。在一个文件（模块）中使用其他模块的功能时就需要用 import 关键字来导入。

模块导出使用关键字 export。下面新建一个 IPerson.ts 文件，在其中声明一个接口 IPerson，并用 export interface IPerson 定义外部模块。代码 7-66 给出 IPerson 接口外部模块示例代码。

【代码 7-66】 IPerson 接口外部模块示例代码：IPerson.ts

```
01    // IPerson.ts
02    export interface IPerson{
```

```
03        id: string;
04        name: string;
05        age: number;
06        walk();
07        eat();
08    }
```

新建一个文件 Person.ts。在 Visual Studio Code 中编辑 class Person implements IPerson 的时候，编辑器可能会自动用 import { IPerson } from "./IPerson"帮我们导入模块。最后，可以用 ES6 的语法 export { Person }导出模块。代码 7-67 给出 Person 类外部模块示例代码。

【代码 7-67】 Person 类外部模块示例代码：Person.ts

```
01    //Person.ts
02    import { IPerson } from "./IPerson";
03    class Person implements IPerson{
04        walk() {
05            console.log(this.name + " walk");
06        }
07        eat() {
08            console.log(this.name + " eating");
09        }
10        constructor(name:string){
11            this.name = name;
12        }
13        id: string;
14        name: string;
15        age: number;
16    }
17    export { Person };     //导出模块
```

17 行 export { Person }的{}不能省略，否则会出现错误。

为了测试 Person 类是否可以正常运行，可以新建一个 PersonTest.ts 文件。首先利用 import { Person } from "./Person"导入类 Person，然后用 new Person("jack")创建类的实例并调用实例上的 walk 方法。代码 7-68 给出 PersonTest 示例代码。

【代码 7-68】 PersonTest 示例代码：PersonTest.ts

```
01    //PersonTest.ts
02    import { Person } from "./Person";
03    let person = new Person("jack");
04    console.log(person.walk());
```

由于是多个 ES6 模块文件，目前还不能直接运行，因此我们需要用 tsc 编译器将 ES6 文件编译成 commonjs 规范的文件后再运行。命令如下：

```
tsc --module commonjs .\PersonTest
```

若在 Visual Studio Code 中直接运行 JS 文件，则可用扩展 Code Runner 工具包。用快捷键 Ctrl+Alt+N 运行，用 Ctrl+Alt+M 结束运行。安装完成扩展 Code Runner 工具包后，打开 PersonTest.js 文件，然后用快捷键 Ctrl+Alt+N 运行，结果如图 7.12 所示。

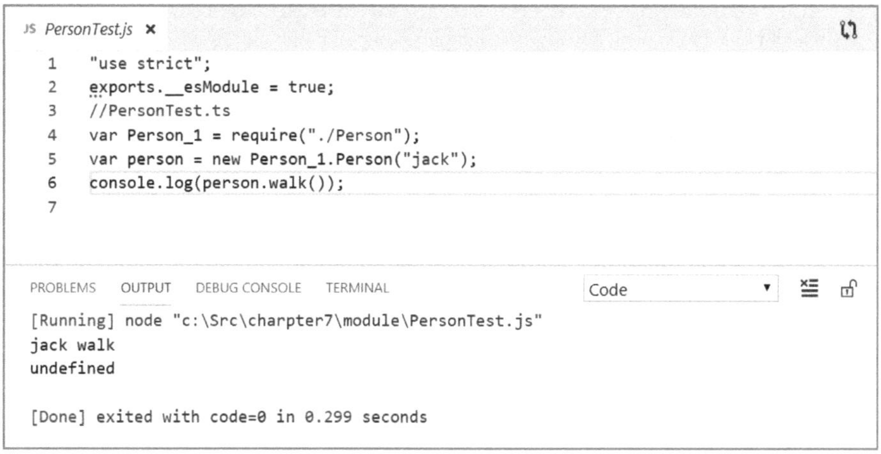

```
JS PersonTest.js ×
1   "use strict";
2   exports.__esModule = true;
3   //PersonTest.ts
4   var Person_1 = require("./Person");
5   var person = new Person_1.Person("jack");
6   console.log(person.walk());
7

PROBLEMS   OUTPUT   DEBUG CONSOLE   TERMINAL        Code
[Running] node "c:\Src\charpter7\module\PersonTest.js"
jack walk
undefined

[Done] exited with code=0 in 0.299 seconds
```

图 7.12　Code Runner 运行 JS 结果图

使用 TypeScript 的一个好处就是，可以将代码编译为各种规范的 JS 文件，因此也可以用如下命令将 ES6 的代码编译为 amd 规范的 JS 文件：

```
tsc --module amd .\PersonTest.ts
```

我们有时希望在导入和导出模块的时候对导入或者导出的对象名进行重命名。模块导入和导出时默认使用内部对象的名称。TypeScript 也支持在导出前和导入后进行重命名。导入和导出模块时，用 as 关键字对模块进行重命名。例如，将代码 7-66 中的 IPerson.ts 进行改造，内容如代码 7-69 所示。

【代码 7-69】 IPerson 导出重命名示例代码：IPerson2.ts

```
01    interface IPerson{
02        id: string;
03        name: string;
04        age: number;
05        walk();
06        eat();
07    }
08    //导出重命名
09    export { IPerson as IMan };
```

在代码 7-69 中，09 行用 export { IPerson as IMan }将接口名称 IPerson 重命名为 IMan，这样导出的时候只能导入 IMan 而不是 IPerson。

用 import 导入模块的时候，可以对模块中的对象名进行重命名。这里新建一个 Person2.ts 文件，其内容如代码 7-70 所示。

【代码 7-70】 Person 导入模块重命名示例代码：Person2.ts

```
01    //Person2.ts
02    import { IMan as IPerson } from "./IPerson2";
03    class Person implements IPerson{
04       walk() {
05          console.log(this.name + " walk");
06       }
07       eat() {
08          console.log(this.name + " eating");
09       }
10       constructor(name:string){
11          this.name = name;
12       }
13       id: string;
14       name: string;
15       age: number;
16    }
17    //导出重命名
18    export { Person as Man};
```

代码 7-70 中 02 行的 import { IMan as IPerson } from "./IPerson2"将导入的 IMan 对象重名为 IPerson，同时 18 行用 export { Person as Man}将类名 Person 重名为 Man。这里新建一个 PersonTest2.ts 文件，其内容如代码 7-71 所示。

【代码 7-71】 PersonTest2 导入模块重命名示例代码：PersonTest2.ts

```
01    //PersonTest2.ts
02    import { Man as Person } from "./Person2";
03    let person = new Person("jack");
04    console.log(person.walk());
```

当导出的模块重命名后，导入时重命名前的模块名要与导出重命名后的模块名保持一致，否则编译器将提示错误信息。

如果在导入模块的时候，不知道导入模块文件中有什么名称，那么可以用*代替。代码 7-72 给出用*导入模块的示例。

【代码 7-72】 用*导入模块示例代码：PersonTest3.ts

```
01    //PersonTest3.ts
02    import * as PersonNS from "./Person";
```

```
03    let person = new PersonNS.Man("jack");
04    console.log(person.walk());
```

用*导入模块时必须用 as 重命名。

模块不但可以导出和导入一个对象，还可以同时导入和导出多个对象。通常情况下，模块里会定义多个对象，然后一起导出供外部调用。导入的模块也可以根据实际需要，一次导入多个模块对象。下面新建一个 IConstract.ts 文件，然后在其中定义两个对象，一个接口 IPerson，一个枚举 Sex，并通过 export { IPerson as IMan,Sex }导出多个对象。代码 7-73 给出 IConstract.ts 的示例代码。

【代码 7-73】 IConstract 导出多个对象的示例代码：IConstract.ts

```
01    //IConstract.ts
02    interface IPerson{
03       id: string;
04       name: string;
05       age: number;
06       walk();
07       eat();
08    }
09    enum Sex{
10       Man,
11       Female
12    }
13    //导出多个
14    export { IPerson as IMan,Sex };
```

在代码 7-73 中，14 行用 export { IPerson as IMan,Sex }将多个对象进行导出，并将第一个对象 IPerson 重命名为 IMan。

新建一个 Constract.ts，用 import { IMan as IPerson, Sex } from "./IConstract"来导入模块 IConstract 文件中的多个对象，其中还可以用 as 对导入的对象进行重命名。代码 7-74 给出 Constract.ts 的示例代码。

【代码 7-74】 Constract 导入多个对象的示例代码：Constract.ts

```
01    //Constract.ts
02    //导入多个
03    import { IMan as IPerson, Sex } from "./IConstract";
04    class Person implements IPerson{
05       walk() {
06          console.log(this.name + " walk");
07       }
08       eat() {
```

```
09          console.log(this.name + " eating");
10      }
11      constructor(name:string,sex:Sex = Sex.Man){
12          this.name = name;
13          this.sex = sex;
14      }
15      id: string;
16      name: string;
17      age: number;
18      sex:Sex ;
19  }
20  //导出
21  export { Person};
```

TypeScript 支持模块的默认导出，一个模块的默认导出只能有一个。默认导出对象使用 default 关键字。与一般模块导入导出不同的是，导出默认的对象不能用大括号{}将对象名包含起来；导入默认导出的模块对象时，可以直接指定导入的模块名称，不能用大括号{}括起来。

新建一个 IConstract2.ts 文件。代码 7-75 给出 IConstract2.ts 的示例代码。

【代码 7-75】 导出默认对象的示例代码：IConstract2.ts

```
01  //IConstract2.ts
02  interface IPerson{
03      id: string;
04      name: string;
05      age: number;
06      walk();
07      eat();
08  }
09  enum Sex{
10      Man,
11      Female
12  }
13  //默认不能重命名
14  //export default IPerson as IMan;
15  export default IPerson;
16  export {Sex};
```

在代码 7-75 中，用 export default IPerson 将对象 IPerson 默认导出，同时还可以用 export {Sex} 导出对象 Sex。

默认导出的模块对象不能重命名。

下面新建一个 Constract2.ts 文件，首先用 import IPerson, { Sex } from "./IConstract2"将模块

对象导入。注意，导入默认导出的对象 IPerson 是不能用{}的。代码 7-76 给出 Constract2.ts 的示例代码。

【代码 7-76】 导入默认对象的示例代码：Constract2.ts

```
01    //Constract2.ts
02    //导入默认，不能用{}
03    import IPerson, { Sex } from "./IConstract2";
04    class Person implements IPerson{
05        walk() {
06            console.log(this.name + " walk");
07        }
08        eat() {
09            console.log(this.name + " eating");
10        }
11        constructor(name:string,sex:Sex = Sex.Man){
12            this.name = name;
13            this.sex = sex;
14        }
15        id: string;
16        name: string;
17        age: number;
18        sex:Sex ;
19    }
20    //导出默认
21    export default Person;
```

7.6 TypeScript 如何解析模块

模块解析是指编译器在查找导入模块内容时所遵循的流程。假设有一个导入语句“import { m } from "moduleA";”，为了检查导入的 m 模块是如何使用的，编译器需要准确地知道它表示什么，并且需要检查它的定义 moduleA。

7.6.1 模块导入路径解析

模块导入时的路径分为相对路径和非相对路径，不同类型的路径会以不同的方式进行解析。相对路径导入模式是以“/”“./”或“../”开头的。例如：

```
01    import models from "/components/models";
02    import { config } from "./config";
03    import "../database/db";
```

其中，“./”表示当前文件的目录，“../”表示当前目录的上一级目录，“/”是指当前文件所在的盘符根目录，如 C:\\。所有其他形式的导入被当作是非相对的，例如：

```
01    import * as $ from "jQuery";
02    import { Component } from "@angular/core";
```

相对导入在解析时是相对于导入它的文件而言的，并且不能解析为一个外部模块声明。我们自己写的模块使用相对导入，这样能确保它们在运行时的相对位置。

非相对模块的导入可以相对于 baseUrl 或通过路径映射来进行解析，使用非相对路径来导入你的外部依赖。

7.6.2 模块解析策略

共有两种可用的模块解析策略：Node 和 Classic。可以使用 --moduleResolution 标记来指定使用哪种模块解析策略。若未指定，则在使用了--module AMD | System | ES2015 时的默认值为 Classic，其他情况时则为 Node。

Classic 这种策略在以前是 TypeScript 默认的解析策略。现在，它存在的理由主要是为了向后兼容。相对导入的模块是相对于导入它的文件进行解析的。因此，/root/src/moduleA.ts 文件里的 import { b } from "./moduleB"导入语句会使用下面的查找顺序：

```
/root/src/moduleB.ts
/root/src/moduleB.d.ts
```

对于非相对模块的导入，编译器会从包含导入文件的目录开始依次向上级目录遍历，尝试定位匹配的声明文件。假设在/root/src/moduleA.ts 文件里有一个对 moduleB 模块的非相对导入，那么 import { b } from "moduleB"语句会以如下顺序来查找 moduleB：

```
/root/src/moduleB.ts
/root/src/moduleB.d.ts
/root/moduleB.ts
/root/moduleB.d.ts
/moduleB.ts
/moduleB.d.ts
```

Node 这个解析策略在运行时按照 Node.js 模块的解析机制来解析模块。通常，在 Node.js 里导入是通过 require 函数调用进行的。Node.js 会根据 require 的是相对路径还是非相对路径做出不同的行为：

```
(1) 如果 X 是内置模块（如 require('http')）
    a. 返回该模块。
    b. 不再继续执行。
(2) 如果 X 以 "./" "/" 或者 "../" 开头
    a. 根据 X 所在的父模块，确定 X 的绝对路径。
    b. 将 X 当成文件，依次查找下面的文件，只要其中有一个存在，就返回该文件，不再继续执行。
```

```
        X
        X.js
        X.json
        X.node
    c. 将 X 当成目录，依次查找下面的文件，只要其中有一个存在，就返回该文件，不再继续执行。
        X/package.json（main 字段）
        X/index.js
        X/index.json
        X/index.node
  (3) 如果 X 不带路径
    a. 根据 X 所在的父模块，确定 X 可能的安装目录。
    b. 依次在每个目录中，将 X 当成文件名或目录名加载。
  (4)  抛出 "not found"
```

假设是相对路径，为/root/src/moduleA.js，包含一个导入 require("./moduleB")语句，那么 Node.js 以下面的顺序解析这个模块 moduleB：

首先检查/root/src/moduleB.js 文件是否存在，存在则导入；不存在则检查/root/src/moduleB 目录中是否包含一个 package.json 文件，如果包含 package.json 且 package.json 文件指定了一个 "main" 模块（假设为 "main": "libs/moduleB.js"），那么 Node.js 会引用 /root/src/moduleB/libs/moduleB.js。

如果没有 package.json 文件，就检查/root/src/moduleB 目录是否包含一个 index.js 文件。如果没有找到就报错。

如果是非相对模块名的解析，Node.js 会在文件夹 node_module 里查找模块。node_modules 可能与当前文件在同一级目录或者在上层目录里。Node.js 会向上级目录遍历，查找每个 node_modules 直到它找到要加载的模块。

TypeScript 模仿 Node.js 运行时的解析策略在编译阶段定位模块定义文件。但是 TypeScript 在 Node.js 解析逻辑基础上增加了 TypeScript 源文件的扩展名（.ts，.tsx 和.d.ts）。同时，TypeScript 在 package.json 里使用字段"types"属性来表示类似"main"的意义。编译器会使用它来找到要使用的"main"定义文件。

假如在/root/src/moduleA.ts 里有一个模块导入语句 import { b } from "./moduleB"，则会以如下顺序来寻找"./moduleB"：

```
/root/src/moduleB.ts
/root/src/moduleB.tsx
/root/src/moduleB.d.ts
/root/src/moduleB/package.json (如果指定了"types"属性)
/root/src/moduleB/index.ts
/root/src/moduleB/index.tsx
/root/src/moduleB/index.d.ts
```

类似的，非相对的导入会遵循 Node.js 的解析逻辑，首先查找文件，然后是合适的文件夹。因此 /root/src/moduleA.ts 文件里的 import { b } from "moduleB"会以如下顺序查找"moduleB"：

```
/root/src/node_modules/moduleB.ts
/root/src/node_modules/moduleB.tsx
/root/src/node_modules/moduleB.d.ts
/root/src/node_modules/moduleB/package.json (如果指定了"types"属性)
/root/src/node_modules/moduleB/index.ts
/root/src/node_modules/moduleB/index.tsx
/root/src/node_modules/moduleB/index.d.ts
/root/node_modules/moduleB.ts
/root/node_modules/moduleB.tsx
/root/node_modules/moduleB.d.ts
/root/node_modules/moduleB/package.json (如果指定了"types"属性)
/root/node_modules/moduleB/index.ts
/root/node_modules/moduleB/index.tsx
/root/node_modules/moduleB/index.d.ts
/node_modules/moduleB.ts
/node_modules/moduleB.tsx
/node_modules/moduleB.d.ts
/node_modules/moduleB/package.json (如果指定了"types"属性)
/node_modules/moduleB/index.ts
/node_modules/moduleB/index.tsx
/node_modules/moduleB/index.d.ts
```

有时工程源码结构与输出结构不同，通常要经过一系统的构建步骤，最后生成输出，包括将.ts 编译成.js、将不同位置的依赖复制到一个输出位置。最终结果就是运行时的模块名与包含它们声明的源文件里的模块名不同。或者最终输出文件里的模块路径与编译时的源文件路径不同。

TypeScript 编译器有一些额外的标记，用来通知编译器在源码编译成最终输出的过程中都发生了哪些转换。有一点要特别注意的，就是编译器不会进行这些转换操作，只是利用这些信息来指导模块的导入。

7.6.3 baseUrl

在利用 AMD 模块加载器的应用里使用 baseUrl 是常见做法，要求在运行时模块都被放到一个文件夹里。这些模块的源码可以在不同的目录下，但是构建脚本会将它们集中到一起。设置 baseUrl 来告诉编译器到哪里去查找模块。所有非相对模块导入都会被当作相对于 baseUrl。TypeScript 编译器通过 tsconfig.json 中的 baseUrl 来设置。

相对模块的导入不会被设置的 baseUrl 所影响，因为它们总是相对于导入它们的文件。

7.6.4 路径映射

有时模块不是直接放在 baseUrl 下面。比如 "jquery"模块的导入，在运行时可能被解释为"node_modules/jquery/dist/jquery.slim.min.js"。加载器使用映射配置来将模块名映射到运行时的文件。TypeScript 编译器通过使用 tsconfig.json 文件里的"paths"来支持这样的声明映射。 下面是一个如何指定 jquery 的"paths"的示例：

```
01    {
02      "compilerOptions": {
03        "baseUrl": ".", // paths 提供的话，必须提供该属性
04        "paths": {
05          "jquery": ["node_modules/jquery/dist/jquery"] // 此处映射是相对于
      "baseUrl"的
06        }
07      }
08    }
```

"paths"是相对于"baseUrl"进行解析的。

如果 baseUrl 属性被设置成除"."外的其他值，比如在 tsconfig.json 中将 baseUrl 设置为"./src"，那么 jquery 应该映射到"../node_modules/jquery/dist/jquery"。

通过 paths 属性，还可以指定复杂的映射，包括指定多个位置。假设在一个项目中有一些模块位于目录 A 中，而其他的模块位于目录 B 中。在项目构建过程中，可以用工具将模块集中到一处。例如，某个项目目录结构如下：

```
root
├── folder1
│   ├── file1.ts (imports 'folder1/file2' and 'folder2/file3')
│   └── file2.ts
├── generated
│   ├── folder1
│   └── folder2
│           └── file3.ts
└── tsconfig.json
```

那么相应的 tsconfig.json 文件如下：

```
01    {
02      "compilerOptions": {
03        "baseUrl": ".",
04        "paths": {
05          "*": [
06              "*",
07              "generated/*"
```

```
08            ]
09        }
10      }
11    }
```

这个 tsconfig.json 告诉编译器所有匹配"*"模式的模块导入会在以下两个位置查找：

- "*" 表示模块名字不变，映射为<模块名>的路径将转换成<baseUrl>/<模块名>。
- "generated/*"表示模块名前添加路径 generated 作为前缀，映射为<模块名>的路径将转换成<baseUrl>/generated/<模块名>。

在对 file1.ts 中的导入模块语句 imports 'folder1/file2' 进行解析时，首先匹配"*"模式且通配符捕获到整个文件名。folder1/file2 为非相对路径，需要结合 baseUrl 属性值来进行合并，也就是 root/folder1/file2.ts。由于此文件存在，因此导入完成。

在对 file1.ts 中的导入模块语句 imports 'folder2/file3'进行解析时，首先匹配"*"模式且通配符捕获到整个文件名。folder2/file3 为非相对路径，需要结合 baseUrl 属性值来进行合并，也就是 root/folder2/file3.ts。由于此文件不存在，因此用第二个"generated/*"进行匹配。可以匹配到 generated/folder2/file3。此路径为非相对路径，需要与 baseUrl 进行合并，也就是 root/generated/folder2/file3.ts，此文件存在，导入完成。

另外，可以利用 rootDirs 指定虚拟目录。有时多个目录下的项目源文件在编译时会进行合并，放在某一个输出目录中。这个输出目录可以看作是一些源目录的一个虚拟目录。利用 rootDirs 属性，可以告诉编译器生成这个虚拟目录，此时编译器就可以在虚拟目录中解析相对模块导入，就好像不同的目录被合并到一个输出目录中一样。例如，有一个项目的目录结构如下：

```
root
├── src
│    └── views
│         └── view1.ts (imports './template1')
│          └── view2.ts
├── generated
│     └── templates
│           └── views
│         └── template1.ts (imports './view2')
└── tsconfig.json
```

其中，root 为项目根目录，src/views 里的文件是视图文件代码，这些视图文件需要导入视图模板模块。generated/templates 是视图模板，在构建过程中可以通过工具将 /src/views 和 /generated/templates/views 两个目录中的文件复制到同一个目录下。在运行时，src/views 中的视图文件可以假设 generated/templates 模板与它同在一个目录虚拟目录下，因此可以使用相对路径导入"./templatel"。

rootDirs 属性是一个数组，可以指定一个 roots 虚拟目录数组列表，列表里的内容会在运行时合并。这个 tsconfig.json 内容如下：

```
01  {
02    "compilerOptions": {
03      "rootDirs": [
04        "src/views",
05        "generated/templates/views"
06      ]
07    }
08  }
```

每当编译器在 rootDirs 的子目录下发现了相对模块导入，就会尝试从每一个 rootDirs 中导入。rootDirs 的灵活性不仅仅在于其指定了要在逻辑上合并的物理目录列表，还体现在它提供的数组可以包含任意数量的任何名字的目录，不论它们是否存在。

这允许编译器以类型安全的方式处理复杂捆绑（bundles）和运行时的特性，比如条件引入和工程特定的加载器插件。

设想这样一个国际化的场景，构建工具自动插入特定的路径记号来生成针对不同区域的捆绑，比如将#{locale}作为相对模块路径./#{locale}/messages 的一部分。在这个假定的设置下，工具会枚举支持的区域，将抽象的路径映射成./zh/messages、./de/messages 等。

利用 rootDirs 可以让编译器了解这个映射关系，从而允许编译器安全地解析./#{locale}/messages，即使这个目录不存在。此时的 tsconfig.json 内容如下：

```
01  {
02    "compilerOptions": {
03      "rootDirs": [
04        "src/zh",
05        "src/en",
06        "src/#{locale}"
07      ]
08    }
09  }
```

编译器现在可以将 import messages from './#{locale}/messages'解析为 import messages from './zh/messages'和 import messages from './en/messages'。

虽然编辑器进行模块解析时有一定的规则可循，但是编译器在解析模块时可能访问当前文件夹之外的文件。这会导致很难诊断模块为什么没有被解析。为了了解模块解析的具体步骤，可以通过开启编译器选项--traceResolution 来启用模块解析跟踪。

假设有一个 TypeScript 项目，其项目目录如下：

```
root
├─ node_modules
|    └─────typescript
|       └─────lib
|             └─────typescript.d.ts
└─────src
```

```
|       └──────app.ts
└──────tsconfig.json
```

假设在这个项目中的 app.ts 里有 import * as ts from "typescript"导入语句，那么在用 tsc 编译时可以开启 --traceResolution 选项来跟踪模块解析。如果这里只建立一个项目目录和文件，并执行如下命令：

```
tsc --traceResolution
```

输出结果如图 7.13 所示。

```
PS C:\Src\C07\root> tsc --traceResolution
======== Resolving module 'typescript' from 'C:/Src/C07/root/src/app.ts'. ========
Module resolution kind is not specified, using 'NodeJs'.
Loading module 'typescript' from 'node_modules' folder, target file type 'TypeScript'.
Directory 'C:/Src/C07/root/src/node_modules' does not exist, skipping all lookups in it.
File 'C:/Src/C07/root/node_modules/typescript/package.json' does not exist.
File 'C:/Src/C07/root/node_modules/typescript.ts' does not exist.
File 'C:/Src/C07/root/node_modules/typescript.tsx' does not exist.
File 'C:/Src/C07/root/node_modules/typescript.d.ts' does not exist.
File 'C:/Src/C07/root/node_modules/typescript/index.ts' does not exist.
File 'C:/Src/C07/root/node_modules/typescript/index.tsx' does not exist.
File 'C:/Src/C07/root/node_modules/typescript/index.d.ts' does not exist.
Directory 'C:/Src/C07/root/node_modules/@types' does not exist, skipping all lookups in it.
Directory 'C:/Src/C07/node_modules' does not exist, skipping all lookups in it.
Directory 'C:/Src/node_modules' does not exist, skipping all lookups in it.
Directory 'C:/node_modules' does not exist, skipping all lookups in it.
Loading module 'typescript' from 'node_modules' folder, target file type 'JavaScript'.
Directory 'C:/Src/C07/root/src/node_modules' does not exist, skipping all lookups in it.
File 'C:/Src/C07/root/node_modules/typescript/package.json' does not exist.
File 'C:/Src/C07/root/node_modules/typescript.js' does not exist.
File 'C:/Src/C07/root/node_modules/typescript.jsx' does not exist.
File 'C:/Src/C07/root/node_modules/typescript/index.js' does not exist.
File 'C:/Src/C07/root/node_modules/typescript/index.jsx' does not exist.
Directory 'C:/Src/C07/node_modules' does not exist, skipping all lookups in it.
Directory 'C:/Src/node_modules' does not exist, skipping all lookups in it.
Directory 'C:/node_modules' does not exist, skipping all lookups in it.
======== Module name 'typescript' was not resolved. ========
src/app.ts:1:21 - error TS2307: Cannot find module 'typescript'.

1 import * as ts from "typescript";
                      ~~~~~~~~~~~~
```

图 7.13　开启 traceResolution 解析跟踪的结果图

从图 7.13 可以看出，模块导入的名字及位置为 Resolving module 'typescript' from 'C:/Src/C07/root/src/app.ts'。编译器使用的策略是 using 'NodeJs'。开启解析跟踪后，会打印出模块解析的过程，这有助于我们排除相关错误。

从图 7.13 可以看出，解析过程中并未解析目录 lib 下的 typescript.d.ts，但是它解析了 \root\node_modules\typescript 中的 index.ts。因此，可以新建一个 index.ts 文件，放于 \root\node_modules\typescript 目录中。index.ds 内容如下：

```
export namespace typescript{  }
```

再次调用命令 tsc --traceResolution，输出结果如图 7.14 所示。

```
PS C:\Src\C07\root> tsc --traceResolution
======== Resolving module 'typescript' from 'C:/Src/C07/root/src/app.ts'. ========
Module resolution kind is not specified, using 'NodeJs'.
Loading module 'typescript' from 'node_modules' folder, target file type 'TypeScript'.
Directory 'C:/Src/C07/root/src/node_modules' does not exist, skipping all lookups in it.
File 'C:/Src/C07/root/node_modules/typescript/package.json' does not exist.
File 'C:/Src/C07/root/node_modules/typescript.ts' does not exist.
File 'C:/Src/C07/root/node_modules/typescript.tsx' does not exist.
File 'C:/Src/C07/root/node_modules/typescript.d.ts' does not exist.
File 'C:/Src/C07/root/node_modules/typescript/index.ts' exist - use it as a name resolution result.
Resolving real path for 'C:/Src/C07/root/node_modules/typescript/index.ts', result 'C:/Src/C07/root/node_modules/typescript/index.ts'.
======== Module name 'typescript' was successfully resolved to 'C:/Src/C07/root/node_modules/typescript/index.ts'. ========
```

图 7.14　开启 traceResolution 正确解析跟踪的结果图

正常来讲，编译器会在开始编译之前解析模块导入。每当它成功地解析了一个文件 import 语句时，这个文件就会被加到一个文件列表里，以供编译器稍后处理。--noResolve 编译选项告诉编译器不要添加任何不是在命令行上传入的文件到编译列表。编译器仍然会尝试解析模块，但是只要没有指定这个文件，那么它就不会被包含在内。

```
//tsc .\src\app.ts .\src\moduleA.ts --noResolve
import * as A from "./moduleA" // 正确， moduleA 在tsc命令行传入
import * as B from "./moduleB" // 错误
```

使用--noResolve 编译 app.ts 文件时，可以正确地找到 moduleA，因为它在 tsc 命令行上指定了 moduleA.ts；但是找不到 moduleB，因为没有在命令行上传递 moduleB 相关信息。

7.7 声明合并

在 TypeScript 中，声明合并是指编译器将针对同一个名字的两个独立声明合并为单一声明。 合并后的声明同时拥有原先两个声明的特性。任何数量的声明都可被合并。

TypeScript 中的声明合并支持命名空间、接口和类。下面对接口、命名空间和类的声明合并进行说明。

7.7.1 合并接口

最简单也最常见的声明合并类型是接口合并。从根本上说，合并的机制是把双方的成员放到一个同名的接口里。接口的非函数成员应该是唯一的。如果它们不是唯一的，那么它们必须是相同的类型。如果两个接口中同时声明了同名的非函数成员且它们的类型不同，则编译器会报错。

对于函数成员，每个同名函数声明都会被当成这个函数的一个重载。同时需要注意，当接口 A 与后来的接口 A 合并时，后面的接口具有更高的优先级。代码 7-77 给出两个接口 IShape 合并的示例。

【代码 7-77】　两个接口 IShape 合并的示例代码：IShape.ts

```
01   interface IShape {
```

```
02        height: number;
03        width: number;
04     }
05     interface IShape {
06        scale: number;
07     }
08     let rect: IShape = {height: 5, width: 6, scale: 10};
```

代码 7-77 中声明了两个同名的接口 IShape，但是其内部定义的属性不同，接口进行合并后就等同于如下代码：

```
01     interface IShape {
02        scale: number;
03        height: number;
04        width: number;
05     }
06     let rect: IShape = { height: 5, width: 6, scale: 10 };
```

每组接口里的声明顺序保持不变，但各组接口之间的顺序是后来的接口重载出现在靠前位置。

7.7.2 合并命名空间

与接口相似，同名的命名空间也会合并其成员。对于命名空间的合并，模块导出的同名接口进行合并，构成单一命名空间包含合并后的接口。代码 7-78 给出两个命令空间 com.wyd.merges 合并的示例。

【代码 7-78】 两个命名空间合并的示例代码：merges.ts

```
01     namespace com.wyd.merges {
02        export class DataAccess { }
03     }
04     namespace com.wyd.merges {
05        export interface IData {
06           Data: string;
07        }
08        export class Utils { }
09     }
```

代码 7-78 等同于如下代码：

```
01     namespace com.wyd.merges {
02        export class DataAccess { }
03        export interface IData {
04           Data: string;
```

```
05        }
06        export class Utils { }
07    }
```

除了这些导出成员进行合并外，我们还需要了解非导出成员是如何合并的。非导出成员仅在其原有的命名空间内可见。也就是说，合并之后，从其他命名空间合并进来的成员无法访问非导出成员。

7.7.3　合并命名空间和类

命名空间可以与其他类型的声明进行合并，只要命名空间的定义符合将要与之合并类型的定义。合并结果包含两者的声明类型。在TypeScript中，可以使用这个功能去实现一些JavaScript里的设计模式。命名空间和类合并的示例如代码 7-79 所示。

【代码 7-79】　命名空间和类合并的示例代码：namespae_class_merges.ts

```
01    class MyAlbum {
02        label: MyAlbum.show;
03    }
04    namespace MyAlbum {
05        export class show { }
06    }
```

在代码 7-79 中，代码将 MyAlbum 类和 MyAlbum 命名空间进行合并。其中，MyAlbum 既是命名空间也是类。02 行和 05 行必须匹配，否则会报错。

类和命名空间合并的时候，必须将类定义放在命名空间之前，否则会报错。

在 JavaScript 里，创建一个函数，稍后扩展它，增加一些属性是很常见的。TypeScript 语言中使用声明合并可以达到这个目的，并且保证类型的安全。函数和命名空间合并的示例如代码 7-80 所示。

【代码 7-80】　函数和命名空间合并的示例代码：namespae_function_merges.ts

```
01    function buildString(name: string): string {
02        return buildString.prefix + name + buildString.suffix;
03    }
04    namespace buildString {
05        export let suffix = "!";
06        export let prefix = "Hello, ";
07    }
08    console.log(buildString("TypeScript"));
```

TypeScript 并不支持任何类型的合并。例如，类不能与其他类或变量合并，但是 TypeScript 可以用 mixins 技术来模拟类的合并。

7.7.4 全局扩展

我们知道，JavaScript 可以随时对全局变量 window 进行属性和方法的扩展。这些扩展属性和方法可以在作用域范围内任何地方直接进行访问。那么 TypeScript 中如何实现全局扩展呢？代码 7-81 给出全局扩展示例。

【代码 7-81】 全局扩展示例代码：globalExt.ts

```
01    declare global {
02        interface Window {
03            jYd: any;
04        }
05        interface String {
06            myExtMethod: () => void
07        }
08        //全局变量
09        const globalVar = 1;
10    }
11    //global 需要
12    export { }
13    window.jYd;                    //扩展属性
14    "hello".myExtMethod();         //字符串扩展方法
15    globalVar;                     //全局变量
```

在代码 7-81 中，用 declare global 来声明全局扩展的属性和方法。02~04 行通过 interface Window 接口来声明一个 window.jYd 属性。05~07 行通过 interface String 接口来声明一个字符型对象的扩展方法 myExtMethod。09 行用 const globalVar = 1 声明一个全局变量 globalVar，这个全局变量可以在其他文件中直接使用。

另外，在 TypeScript 中的已有模块也可以进行扩展。假设有一个模块文件 moduleA.ts，其内容如代码 7-82 所示。

【代码 7-82】 类 MyObject 示例代码：myObject.ts

```
01    export class MyObject<T> {
02        name:string = "";
03    }
```

可以在另外一个文件中用 import { MyObject } from "./moduleA"导入该模块，然后用 declare module "./moduleA" 并结合 interface 对其模块中的具体对象进行扩展。具体模块扩展的示例如代码 7-83 所示。

【代码 7-83】 已有模块的扩展示例代码：myObjectExt.ts

```
01    import { MyObject } from "./moduleA";
02    declare module "./moduleA" {
03        interface MyObject<T> {
04            getName():string;
05        }
06    }
07    MyObject.prototype.getName = function () {
08       return this.name;
09    }
10    let myobj = new MyObject();
11    myobj.getName();
```

模块名的解析和用 import 和 export 解析模块标识符的方式是一致的。当这些声明在扩展中合并时，就好像在原始位置被声明一样。但是，不能在扩展中声明新的顶级声明，只可以是扩展模块中已经存在的声明。

也可以在模块内部添加声明到全局作用域中。

7.8 小结

本章是全书的一个重点。面向对象编程是目前非常重要的一种编程方式。相对于面向过程而言，面向对象具有封装、继承、多态等特性，因此可以设计出高内聚低耦合的系统，使系统更加灵活、更加易于维护。

本章从面向对象的基本概念出发，逐步用示例演示对象的声明、类的声明、接口的声明和命名空间的声明。同时给出模块定义的方法，介绍了模块解析的基本流程，对于理解编译器如何加载模块是非常重要的。最后介绍了声明的合并，其中包含接口的合并、命名空间的合并以及命名空间和类等的合并。另外还介绍了全局扩展的基本方法。

第 8 章

泛　型

泛型是 TypeScript 语言中的一种特性。TypeScript 是一种静态类型语言，函数或方法中的参数往往都是有类型限定的。我们在编写程序时，经常会遇到两个方法的功能非常相似、参数个数也一样，只是处理的参数类型不同。例如，一个是处理 number 类型的数据，另一个是处理 string 类型的数据。如果不借助泛型，那么一般需要写多个方法，分别用来处理不同的数据类型。

有没有一种办法，在方法中传入通用的数据类型，使多个方法合并成一个呢？泛型就是专门解决这个问题的，可将类型参数化，以达到代码复用、提高代码通用性的目的。通过本章的学习，可以让读者了解泛型的基本概念以及泛型变量、泛型函数和泛型类的基本用法。

本章主要涉及的知识点有：

- 泛型的基本概念和优势
- 泛型变量
- 泛型函数
- 泛型类
- 泛型约束

8.1 泛型的定义

泛型（generic type 或者 generics）是程序设计语言的一种特性。泛型是一种参数化类型。定义函数或方法时的参数是形参，调用此函数或方法时传递的参数值是实参。那么参数化类型怎么理解呢？

顾名思义，就是将类型由原来具体的类型变成一种类型参数，然后在调用时才传入具体的类型作为参数，调用时传入的类型称为类型实参。

在使用过程中，泛型操作的数据类型会根据传入的类型实参来确定。泛型可以用在类、接口和方法中，分别被称为泛型类、泛型接口和泛型方法。泛型类和泛型方法同时具备通用性、类型安全和性能，是非泛型类和非泛型方法无法具备的。

泛型为 TypeScript 语言编写面向对象程序带来了极大的便利和灵活性。泛型不会强行对值类型进行装箱和拆箱，或对引用类型进行强制类型转换，所以性能得到提高。泛型为开发者提供了一种高性能的编程方式，能够提高代码的重用性，并允许开发者编写非常优雅的代码。

至此，读者也许会有这样的疑问：在第 2 章基本语法中提到 TypeScript 有一个 any 类型，也可以让编译器不检测其类型，传入各种类型参数，那么 any 类型和泛型到底有什么区别呢？假设现在需要编写一个 echo 函数，该函数将我们传入的数据进行返回，并且能将任何类型的数据进行输出。下面用 any 类型作为参数并返回 any 类型。代码 8-1 给出 echo 函数的示例代码。

【代码 8-1】 echo 函数的代码： ts001.ts

```
01  function echo(msg:any):any{
02      console.log(msg);
03      return msg;
04  }
```

虽然使用 any 类型的时候可以接收任何类型的参数，但是实际上已经失去函数返回值类型的信息。假如传入一个字符串类型的实参，编译器只知道函数 echo 返回的是 any 类型的值，但是编译器不能推断出其实参实际的类型是字符类型。换句话说，编译器不能在此函数返回值上调用实参类型本身所内置的方法和属性。

因此，我们需要泛型技术来捕捉实参的类型，并可以用泛型来表示返回值的类型。泛型使用的是类型参数（变量），它是一种特殊的变量，代表的是类型而不是值。

泛型可以在函数、接口和类中使用，那么泛型函数、泛型类和泛型接口该如何定义呢？

8.1.1　泛型函数的定义

泛型函数必须使用< >括起泛型类型参数 T，跟在函数名后面，后续就可以用 T 来表示此类型了。泛型函数的基本语法为：

```
function 函数名<T>(参数 1:T,...,参数 n:类型) : 返回类型 {
   //函数体
}
```

其中，泛型函数中必须在函数名后用类型参数<T>来定义，参数既可以没有也可以是多个。一般情况下，泛型函数参数中都有一个用 T 定义的形参。泛型函数返回类型既可以用 T 来定义，也可以是其他类型。

8.1.2　泛型类的定义

泛型类必须使用< >括起参数 T，跟在类名后面，后续就可以用 T 来表示此类型。泛型类的基本语法为：

```
class 类名<T> {
   //属性和方法签名
}
```

其中，类中的属性或方法都需要用类型参数 T 来约定类型，否则声明一个泛型类也就失去了实际意义。这里有个新的名词——方法签名，是由方法名和形参列表共同组成的方法头。

泛型类中只能包含属性和方法的签名，不包含具体的逻辑实现。

8.1.3 泛型接口的定义

泛型接口可以使用< >括起泛型类型参数 T，跟在接口名后面，后续就可以用 T 来表示此类型。泛型接口的基本语法为：

```
Interface 接口名<T> {
   //属性和方法签名
}
```

无法创建泛型枚举和泛型命名空间。

8.2 详解泛型变量

泛型变量（generic type variables）一般用大写字母 T 表示，如果有多个不同的泛型变量，可以同时用 T、U 和 K 表示。泛型变量 T 必须放于< >符号中才能告诉编译器是一个泛型变量，而不是一个普通的字母。

泛型变量 T 一般不能单独出现，会出现在函数、接口和类中。在函数体内，由于编译器并不知道泛型变量 T 定义的参数的具体数据类型，因此只能认为其为任意值（any）类型。换句话说，我们不能在函数体内调用泛型变量 T 可能存在的属性和方法。

前面已经介绍过泛型函数、泛型接口和泛型类的基本定义语法，下面的代码 8-2 给出一个泛型函数示例，以说明泛型变量在使用上的一些注意事项。

【代码 8-2】 entitySave 泛型函数的代码： ts002.ts

```
01    function entitySave<T>(entity: T): boolean {
02       let ret = false;
03       try {
04          console.log("save entity to db");
05          //save(entity);
06          ret = true;
07       }
08       catch (e) {
09          ret = false;
10          console.log(e);
```

```
11        }
12        finally {
13            return ret;
14        }
15    }
```

在代码 8-2 中，创建了一个名为 entitySave 的泛型函数，该函数接收一个泛型类型参数 T 作为实体，这个函数就是将不同的实体对象保存到数据库中进行持久化。如果保存成功就返回 true，否则返回 false。

在泛型函数 entitySave 中，传入的参数 entity 类型是 T。这个类型可以是班级实体，也可以是用户实体，还可以是其他基本类型，如字符串。在泛型函数内部，编译器并不知道实参传入的参数 entity 到底是什么类型，因此不能访问类型为 T 的参数中的属性和方法。

另外，可以使用类型参数（变量）T 作为函数参数类型的一部分，而非全部。例如，可以将参数的类型定义为 T[]，即泛型类型数组。数组这部分是确定的，数组元素类型 T 则是泛型类型。此时编译器可以识别这个 T[]参数是泛型类型的数组，因此可以调用数组本身的内置属性和方法。

类型变量一般用 T，但是也可以用其他字符，如 U。

8.3 详解泛型函数

泛型函数必须使用< >括起泛型类型参数 T，跟在函数名后面。泛型函数可以用一个通用的函数来处理不同的数据类型，从而提高代码的可重用性。代码 8-3 中给出泛型函数 echo 示例代码。

【代码 8-3】 泛型函数 echo 的示例代码： ts003.ts

```
01    function echo<T>(msg:T):T{
02        console.log(msg);
03        return msg;
04    }
```

在代码 8-3 中，定义了一个泛型函数 echo。它的类型参数是 T，可以代表任意类型，函数中有一个形参 msg 为 T 类型，返回值类型也是 T 类型。

其实可以把类型参数 T 看成是一个类型的占位符。我们在调用的时候才会给出类型参数 T 实际的类型是什么。一旦这个 T 确定类型了，那么参数 msg 的类型和返回值的类型也就确定了。此时，编译器就可以根据传入的实参 msg 的类型来进行代码智能提示或者静态类型检测，如图 8.1 所示。

```
1  function echo<T>(msg:T):T{
2      console.log(msg);
3      return msg;
4  }
5  let ret = echo("hello");
6  ret.
7      anchor   (method) String.anchor(name: string): string
8      Returns an <a> HTML anchor element and sets the name attr
9      big
10     blink
11     bold
12     charAt
13     charCodeAt
14     codePointAt
15     concat
16     endsWith
17     fixed
18     fontcolor
19     fontsize
20
```

图 8.1　泛型可以捕获实参类型进行智能提示

我们定义的泛型函数和普通函数声明一样，可以用函数名进行调用。不过和普通函数相比还存在一些区别。泛型函数除了需要传入所有的参数外，一般情况下还需要给定类型参数 T 的值才能调用。例如，调用泛型函数 echo 可以用代码 8-4 表示。

【代码 8-4】 调用泛型函数 echo 的示例代码： ts004.ts

```
01    let g = echo<string>("hello world");
02    console.log(typeof g);     //"string"
```

在代码 8-4 中，明确地将泛型参数 T 指定为 string，即<string>，这样返回值 msg 也就明确其类型了，也是 string。

根据代码 8-3 创建的泛型函数 echo 来看，T 的类型和参数 msg 的类型是一致的。因此，使用类型推断，编译器可以根据传入的参数自动为 T 指定类型，如代码 8-5 所示。

【代码 8-5】 调用泛型函数 echo 的示例代码： ts005.ts

```
01    let g = echo("hello world");
02    console.log(typeof g);     //"string"
```

在代码 8-5 中，并未显式地向尖括号< >内传入 string 类型，编译器根据传入的参数 msg 值为"hello world"来推断 T 是 string 类型。

虽然类型推断是一个很实用的工具，也能够使代码简短易读，但是建议要明确地传递类型参数，因为可能会存在比较复杂的函数，使得编译器未能正确地进行类型推断，从而导致错误。

前面提到，泛型函数内部泛型参数 T 只能当作一个 any 类型值来使用，并不能调用可能存在的方法或属性。如果通过类型断言，就可以打破这个限制了。代码 8-6 给出在泛型函数中使用类型断言的示例。

【代码 8-6】 泛型函数中使用类型断言的示例代码： ts006.ts

```
01    function echo<T>(msg: T): T{
02        if (typeof msg === "string") {
03            console.log((<string><unknown>msg).length);
04        }
05        else if (typeof msg === "number") {
06             console.log((<number><unknown>msg).toFixed(2));
07        }
08        else {
09            console.log(typeof msg);
10        }
11        return msg;
12    }
13    echo("222");        //3
14    echo(222);      // 222.00
```

在代码 8-6 中，02 行用 typeof 判断参数 msg 的类型是否为 string：如果是，就用类型断言(<string><unknown>msg)将其转为字符串类型，并调用 length 属性；如果不是字符串类型，05 行判断是否为数值类型，如果是数值类型，就用类型断言(<number><unknown>msg)将其转为数值类型，并调用 toFixed 方法。

(<string><unknown>msg)也可以写成(<string>msg)。

假设现在有一个学生管理信息系统，其中需要对学生和老师对象进行数据处理（增、删、改、查）。如果没有泛型，那么需要写两个数据处理的类来分别对学生实体和老师实体进行处理。借助泛型，可以用一个通用的数据处理方法对不同的实体进行数据处理。

8.4 详解泛型类

泛型类必须使用< >括起泛型类型参数 T，跟在类名后面。类是面向对象编程中一个非常重要的概念。类是现实问题的抽象，包含现实事物的主要属性和行为。

假设现在有一个简单的学生管理信息系统需要开发，通过做需求分析，我们梳理出这个系统主要有几个实体：学生、老师和课程。通过分析，我们明确了学生、老师和课程这几个实体的属性，并将其转成类（这里只是演示，并不是要罗列所有的属性和方法）。

学生实体有学号（XH，字符型）、姓名（name，字符型）和班级名称（clazz，字符型），学生类可用代码 8-7 来表示。

【代码 8-7】 学生类的示例代码：ts007.ts

```
01    class Student{
02       XH: string;
03       name: string;
04       clazz: string;
05       constructor(XH:string,name:string,clazz:string) {
06          this.XH = XH;
07          this.name = name;
08          this.clazz = clazz;
09       }
10    }
```

在代码 8-7 中，学号 XH、姓名 name 和班级 clazz 都是 string 类型，类中用 constructor 创建了构造方法，可以用来初始化属性值。

老师实体有工号（GH，字符型）和姓名（name，字符型），老师类可用代码 8-8 来表示。

【代码 8-8】 老师类的示例代码：ts008.ts

```
01    class Teacher{
02       GH: string;
03       name: string;
04       constructor(GH:string,name:string) {
05          this.GH = GH;
06          this.name = name;
07       }
08    }
```

在代码 8-8 中，工号 GH 和姓名 name 都是 string 类型，类中用 constructor 创建了构造方法，可以用来初始化属性值。

当前还有其他类，这里不再罗列。

作为一个管理系统，必须对学生和老师相关数据进行处理，一般来说就是增、删、改、查。如果没有泛型，那么需要写多个非常类似的数据处理类，分别对学生类实例和老师类实例进行处理。

基于泛型类和泛型接口，可以构建一个通用的后台数据操作类 GenericDAO。该类是泛型类，具体如代码 8-9 所示。

【代码 8-9】 数据操作泛型类示例代码：ts009.ts

```
01    interface IGeneric<T> {
02       arg: T;
03       save(arg: T): boolean;
04    }
05    class GenericDAO<T> implements IGeneric<T>{
06       arg: T;
```

```
07        save(arg: T): boolean {
08            let ret = false;
09            try {
10                console.log("save to db");
11                //save(arg)
12                ret = true;
13            }
14            catch (e) {
15                console.log(e);
16                ret = false;
17            }
18            finally {
19                return ret;
20            }
21        }
22    }
```

在代码 8-9 中，01~04 行定义了一个泛型接口 IGeneric<T>，在里面定义了一个类型为 T 的属性 arg 和一个形参类型为 T 返回布尔类型的方法 save。

05 行定义了一个泛型类 GenericDAO<T>，它实现了接口 IGeneric<T>。泛型类 GenericDAO<T>中的 save 方法有一个类型为 T 的参数 arg，在方法体中将 T 保存到数据库中，并返回布尔值。

泛型类 GenericDAO<T>作为通用的数据库操作类，可以用来对学生和老师等不同的数据进行操作。代码 8-10 给出示例代码。

【代码 8-10】 泛型类调用示例代码: ts010.ts

```
01    let student = new Student("0906", "Jack", "高三一班");
02    let teacher = new Teacher("T1008", "Smith");
03    let geDao = new GenericDAO<Student>();
04    let ret = geDao.save(student);
05    console.log(ret);
06    let geDao2 = new GenericDAO<Teacher>();
07    ret = geDao2.save(teacher);
08    console.log(ret);
```

类有静态部分和实例部分。泛型类指的是实例部分的类型，所以类的静态属性不能使用这个泛型类型。

8.5 详解泛型约束

泛型参数 T 类似于 any 类型，可以表示任意值。但是有些情况下，函数需要处理的数据有一定的约束，比如有一个泛型函数需要访问泛型参数 T 的 length 属性，并加 1。基于这种需求，必须对泛型参数 T 进行约束，也就是泛型约束。

泛型约束语法为：

```
T extends 接口或者类
```

为了直观地理解泛型约束的相关内涵，首先定义一个接口来明确约束条件。代码 8-11 给出一个用于约束泛型的接口 IGeneric，其中有一个属性 length。

【代码 8-11】 泛型约束接口示例代码： ts011.ts

```
01    interface IGeneric{
02        length: number;
03    }
```

创建一个泛型类 GenericAdd，此泛型类的 T 需要继承（extends）这个接口以实现泛型约束，如代码 8-12 所示。

【代码 8-12】 泛型约束类示例代码： ts012.ts

```
01    class GenericAdd<T extends IGeneric> {
02        arg: T;
03        add(arg: T): boolean {
04            this.arg = arg;
05            arg.length++;
06            return true;
07        }
08        getLength() {
09            return this.arg.length;
10        }
11    }
```

在代码 8-12 中，01 行用<T extends IGeneric>创建了一个带有约束的泛型类。泛型类型 T 必须有一个 length 属性，否则无法作为泛型类 GenericAdd 的参数，如代码 8-13 所示。

【代码 8-13】 泛型约束类示例代码： ts013.ts

```
01    class ObjLen{
02       length =2;
03       name = "obj";
04    }
05    let obj = new ObjLen();
```

```
06    let geDao = new GenericAdd<ObjLen>().add(obj);          //OK
07    let geDao2 = new GenericAdd<string>().add("hello");          //OK
08    //let geDao3 = new GenericAdd<number>();          //报错，没有 name 属性
```

在代码 8-13 中，定义了一个类 ObjLen，其中有一个 length 属性和一个 name 属性。05 行用 new ObjLen()构建了一个此类的实例 obj。06 行将类 ObjLen 作为 T 类型，实例 obj 作为 add 参数进行调用。07 行用 string 作为 T 类型，"hello"作为 add 参数。06 行和 07 行都可以正常运行，因为都符合接口的约束。08 行传入 number 作为类型 T，报错。

除了用接口作为泛型约束外，还可以用一个类型参数来约束另一个类型参数。 比如，现在想要用属性名从对象 obj 中获取属性，并且要确保这个属性存在于对象 obj 中，那么需要在这两个类型参数之间使用约束，如代码 8-14 所示。

【代码 8-14】 泛型约束之间约束示例代码: ts014.ts

```
01    //索引类型(Index types)
02    function getProperty<T,K extends keyof T>(obj: T, key: K) {
03        return obj[key];
04    }
05    let obj = { a: 1, b: 2, c: 3, d: 4 };
06    let x = getProperty(obj, "a");      // 1
07    let m =getProperty(obj, "m");       // 错误
```

在代码 8-14 中，02 行通过泛型和索引类型定义一个泛型函数，索引类型属于 TypeScript 中的高级类型。这里 keyof T 是索引类型查询操作符。对于任何类型 T，keyof T 的结果为 T 上已知的公共属性名的联合。K extends keyof T 约束了 K 是 T 的公共属性，因此 07 行访问 m 属性时报错。

8.6 小结

本章首先对泛型的概念以及泛型的优势做了一个简单的说明。泛型是类型的参数化，是类型安全且性能高的一种技术，泛型可以支持泛型函数、泛型接口和泛型类。其中，泛型还可以进行约束，从而更有针对性地对类型参数进行操作。

第 9 章 TypeScript声明文件与项目配置

前面用 8 章的篇幅对 TypeScript 语言的基本语法、流程控制语句、数组和元组、函数、常用工具以及面向对象等进行了系统的介绍。将这些知识点进行组合，就可以构建各种强大的应用程序。

在实战中，我们还必须解决一些问题，比如用 TypeScript 编写的库编译为 JavaScript 库时，如何供别人在 TypeScript 环境中使用，且能进行静态类型检测和代码智能提示。还有在编写 TypeScript 程序时，如何利用目前已有的大量 JavaScript 库来提高编程的效率。

现实中的项目，一般都是比较复杂的，文件分布在不同的文件夹中，必须对项目进行适度的配置来提高代码的可维护性和可读性。如果一个项目非常大，最好将一个大项目拆成若干小项目，从而降低单个项目的复杂度。

本章重点对 TypeScript 中的声明文件和项目配置进行阐述，从而解决类似 TypeScript 文件如何引入 jquery 库的问题，同时对项目的基本配置选项以及项目的相互引用进行介绍。通过本章的学习，可以让读者对 TypeScript 中的声明文件和项目配置有一个更加深刻的认识，为下一章的实战项目演练打下基础。

本章主要涉及的知识点有：

- 声明文件
- 项目配置
- 项目引用
- 三斜线指令

9.1 声明文件

TypeScript 作为 JavaScript 的超集，在开发过程中不可避免要引用第三方的 JavaScript 库。我们希望引入的第三方 JavaScript 库可以像 TypeScript 一样，能进行静态类型检测和代码智能提示。

为了解决这个问题，我们需要将这些 JavaScript 库中的函数和方法体进行移除，只保留需要对外导出的类型声明即可。这个类型声明就是声明文件，扩展名是 d.ts。声明文件可以描述

JavaScript 库的模块信息。通过引用这个声明文件，可以利用 TypeScript 的静态类型检查来为我们调用这些库服务。

一般来讲，根据当前库的使用方式不同，声明文件的编写方式也是不同的。在官网 https://www.tslang.cn/docs/handbook/declaration-files/templates.html 上给出了多种常见类型库的声明文件模板以供读者参考：

- global-modifying-module.d.ts
- global-plugin.d.ts
- global.d.ts
- module-class.d.ts
- module-function.d.ts
- module-plugin.d.ts
- module.d.ts

具体模板内容这里不再阐述，感兴趣的读者可以自行去官网学习。在 JavaScript 中一个库有很多使用方式，这就需要你编写合适的声明文件去匹配库的使用方式。这里限于篇幅，只介绍全局库和 CommonJS 库的声明文件编写方法。

9.1.1　全局库

全局库是指能在顶层全局对象 window 下访问的库，比如 jquery 库中$符号就是一个全局变量。无须导入任何模块，就可以用全局变量$来使用 jquery 库中的方法。全局库需要在 HTML 中用 script 标签进行引用。全局库的代码通常都十分简单。代码 9-1 给出一个简单的全局库 jTools.js。

【代码 9-1】　全局库 jTools.js 代码示例：jTools.js

```
01    (function(jTools) {
02        jTools.version = "1.0.0";
03        jTools.author = "jackwang";
04        function toString(obj) {
05            return JSON.stringify(obj);
06        }
07        function $(id) {
08            return document.getElementById(id);
09        }
10        jTools.toString = toString;
11        jTools.$ = $;
12    })(jTools = window.jTools || (window.jTools = {}));
```

假设需要在 TypeScript 文件中调用 jTools.js 中的方法，那么该如何编写声明文件呢？首先声明文件扩展名必须是 d.ts，因此这里可以将声明文件命名为 jTools.d.ts。在代码 9-1 中，可以分析出 jTools 对象是挂载在 window 下的，因此在浏览器环境中可以直接进行访问。jTools 对象中有一个 version 和 author 属性，且有两个方法 toString 和$。

虽然 tsc 编译器可以根据.ts 文件自动产生声明文件，但是往往效果不好，不能准确描述信息。因此，一般都要手动进行编写或用其他工具进行赋值生成后调整。

声明文件中的类型用 declare 关键字来声明，例如全局变量 jTool，就可以用 declare namespace jTools 来声明类型。另外，在声明文件中，想让 jTool.js 中的属性 version 和 author 不被修改，可以用 const 进行限定。

全局库中的属性和方法可以直接在命名空间声明 jTools 下定义，只需要给出签名即可，不要包含具体实现，这个和接口类似。代码 9-2 给出全局库 jTools.js 的声明文件。

【代码 9-2】 jTools.d.ts 代码示例：jTools.d.ts

```
01    /**
02     * 全局库 jTools.js
03     */
04    declare namespace jTools {
05        const version: string;
06        const author: string;
07        function toString(obj:any):string;
08        /**
09         * 根据 ID 获取 DOM 元素
10         * @param id DomID 注意不带#
11         */
12        function $(id:string):any;
13    }
```

声明文件会被编译器解析并识别，如果想在智能提示的时候给出关于库和库中方法的 API 说明，就可以在声明文件中加入文档注释。当在 TypeScript 编写代码的时候，这些声明文件就能很好地给我们进行静态类型检查和 API 说明，如图 9.1 所示。

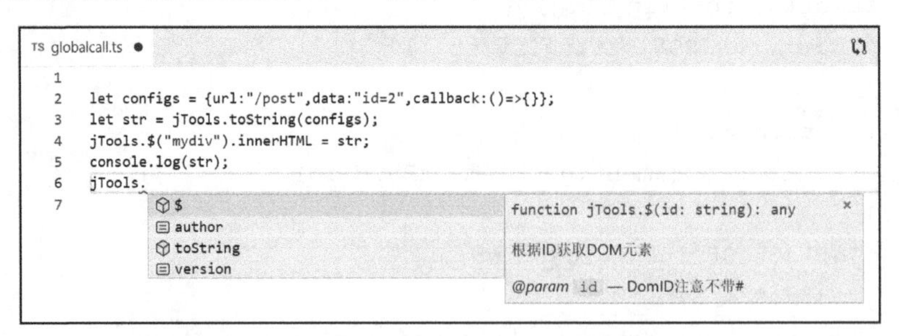

图 9.1 jTools.d.ts 声明文件智能提示界面

如果不给出 jTool 的声明文件，而直接调用 jTool 中的方法，编译器会提示无法找到 jTool 对象的错误。

在书写全局库声明文件时，虽然允许在全局作用域里定义多个类型，但是为了防止命名冲突，不建议直接在全局作用域中定义类型，而是使用库定义的全局变量名来声明命名空间类型。

为了验证声明文件是否可以正常工作，新建了一个 globalcall.ts 文件来调用 jTools 中的方法。globalcall.ts 文件如代码 9-3 所示。

【代码 9-3】 globalcall.ts 代码示例：globalcall.ts

```
01    let configs = {url:"/post",data:"id=2"};
02    let str = jTools.toString(configs);
03    jTools.$("mydiv").innerHTML = str;
04    console.log(str);
```

从代码 9-3 可以看出，我们并未通过 import 关键字导入相关模块，可以直接使用 jTool 库中的方法。然后可以先用 tsc 命令将 globalcall.ts 文件编译为 globalcall.js 备用。

全局库发布到浏览器中，需要新建一个 index.html 文件，在其中通过 script 标签先引入全局库 jTool.js，然后引入 globalcall.js 文件。代码 9-4 给出调用全局库的 HTML 文件内容。

【代码 9-4】 index.html 代码示例：index.html

```
01    <!DOCTYPE html>
02    <html lang="en">
03    <head>
04       <meta charset="UTF-8">
05       <meta name="viewport" content="width=device-width, initial-scale=1.0">
06       <meta http-equiv="X-UA-Compatible" content="ie=edge">
07       <title>global</title>
08    </head>
09    <body>
10       <div id="mydiv"></div>
11       <script src="../mydefs/jTools.js"></script>
12       <script src="globalcall.js"></script>
13    </body>
14    </html>
```

直接通过浏览器打开 index.html，会显示如下内容，如图 9.2 所示。

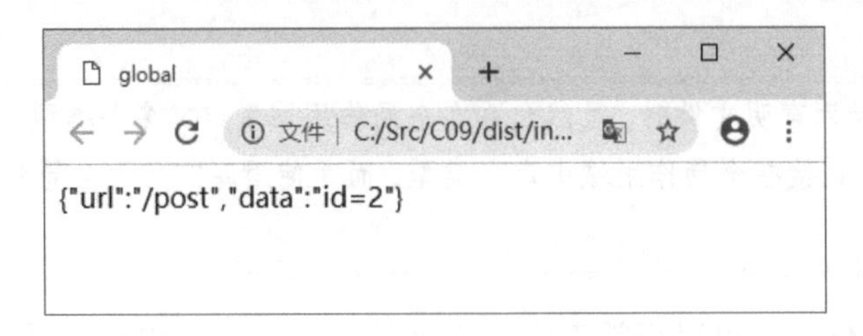

图 9.2　index.html 运行界面

9.1.2　模块化库

这里以 CommonJS 为例，CommonJS 是 Node 采用的模块加载机制。现在有一个 jYd.js 库，是用 CommonJS 规范编写的，jYd 对象用 exports 导出。代码 9-5 给出 jYd.js 的库文件代码。

【代码 9-5】 jYd.js 的库文件代码示例：jYd.js

```
01  "use strict";
02  Object.defineProperty(exports, "__esModule", { value: true });
03  var jYd;
04  (function (jYd) {
05      var ajax;
06      (function (ajax) {
07          function post(data) {
08              console.log("post data...");
09              console.log(JSON.stringify(data));
10              if (typeof data.callback === "function") {
11                  data.callback({ code: 1, msg: "", data: {} });
12              }
13              return "ok";
14          }
15          ajax.post = post;
16          function get(data) {
17              console.log("get data...");
18              console.log(JSON.stringify(data));
19              if (typeof data.callback === "function") {
20                  data.callback({ code: 1, msg: "", data: {} });
21              }
22              return "ok";
23          }
24          ajax.get = get;
25      })(ajax = jYd.ajax || (jYd.ajax = {}));
26      var dom;
27      (function (dom) {
```

```
28          function getById(ele) {
29              return document.getElementById(ele);
30          }
31          dom.getById = getById;
32      })(dom = jYd.dom || (jYd.dom = {}));
33  })(jYd = exports.jYd || (exports.jYd = {}));
```

jYd.js 库中模拟了“命名空间”的用法，其中 jYd.dom 和 jYd.ajax 对象下分别定义了一些方法。为了在 TypeScript 文件中能够使用 jYd.js 库，需要定义一个 jYd.d.ts 的声明文件。代码 9-6 给出 jYd.js 的声明文件内容。

【代码 9-6】 jYd.d.ts 声明文件代码示例：jYd.d.ts

```
01  /**
02   * jYd 自定义函数
03   */
04  export declare namespace jYd{
05      interface IAjaxData{
06          url:string;
07          data:string;
08          callback:(e:any)=>any;
09      }
10      /**
11       * ajax 工具
12       */
13      namespace ajax{
14          /**
15           * 发送 ajax post 请求
16           * @param data post 数据
17           */
18           function post(data:IAjaxData):string;
19          /**
20           * 发送 ajax get 请求
21           * @param data get 数据
22           */
23           function get(data:IAjaxData):string;
24      }
25      namespace dom{
26          function getById(ele:string):any
27      }
28  }
```

在代码 9-6 中，declare namespace jYd 之前用了一个关键字 export，这个关键字表示该库是一个模块化库。因此使用的时候需要用 import 进行导入。将 js 库文件和声明文件名保持一致是非常重要的，在.ts 文件中 import 的文件实际上是声明文件，到了运行时却要调用.js 文件，如果名字不同，那么运行时会找不到对应的模块文件。新建一个 main.ts 来调用 jYd.js 库中的方法。代码 9-7 给出 main.ts 文件的内容。

【代码 9-7】 main.ts 文件的内容代码：main.ts

```
01    import { jYd } from "../mydefs/jYd";
02    let data :jYd.IAjaxData = {url:"/get",data:"a=2&b=2",callback:function(e)
      {console.log(e)}};
03    jYd.ajax.post(data);
```

在代码 9-7 中，用 import { jYd } from "../mydefs/jYd" 导入模块。注意，在编译阶段，"../mydefs/jYd"实际上是"../mydefs/jYd.d.ts"；到运行阶段，"../mydefs/jYd"实际上表示的是"../mydefs/jYd.js" 。当在 main.ts 中进行编码的时候，我们可以看出声明文件能够正常工作，能给出 jYd 库中定义的方法提示，如图 9.3 所示。

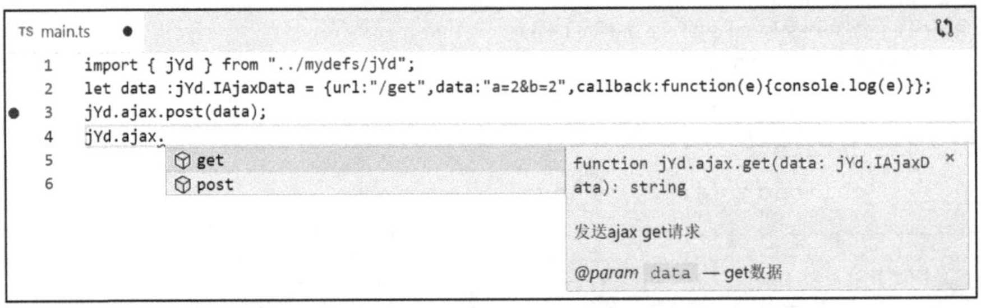

```
TS main.ts  ●
1  import { jYd } from "../mydefs/jYd";
2  let data :jYd.IAjaxData = {url:"/get",data:"a=2&b=2",callback:function(e){console.log(e)}};
3  jYd.ajax.post(data);
4  jYd.ajax.
5          get         function jYd.ajax.get(data: jYd.IAjaxData): string
6          post        发送ajax get请求
                       @param data — get数据
```

图 9.3 模块库 jYd.d.ts 声明文件智能提示界面

由于 CommonJS 规范的库文件可以被 NodeJS 直接运行，这里将 tsconfig.json 文件中的 tsc 编译器选项中的 "module"设置为 "commonjs"。代码 9-8 给出 tsconfig.json 文件的内容。关于 tsconfig.json 中各配置的作用，将在项目配置一节详细说明。

【代码 9-8】 tsconfig.json 文件的内容：tsconfig.json

```
01    {
02        "compilerOptions": {
03            "module": "commonjs",
04            "traceResolution": true,
05            "moduleResolution": "node",
06            "target": "es5",
07            "noImplicitAny": false,
08            "sourceMap": true,
09            "outDir": "dist",
10            "rootDir": "src",
11            "declaration": false,
12            "removeComments": true
13        }
14    }
```

为了更加方便地运行代码，在 package.json 文件中定义一个启动配置。代码 9-9 给出 package.json 文件的内容。

【代码 9-9】 package.json 文件的内容：package.json

```
01  {
02      "version": "0.2.0",
03      "configurations": [
04          {
05              "type": "node",
06              "request": "launch",
07              "name": "Launch Program",
08              "program": "${workspaceFolder}\\dist\\main.js",
09              "preLaunchTask": "tsc: build - tsconfig.json",
10          }
11      ]
12  }
```

至此，就可以在 Visual Studio Code 调试面板中进行调试运行了，运行结果如图 9.4 所示。

图 9.4 模块库 jYd.js 在 NodeJS 环境中的运行界面

我们大致了解了声明文件是如何定义以及如何工作的，也许有人会有疑问，定义声明文件感觉比较麻烦，例如想用第三方库（如 jQuery），里面有成千上万行的代码，自己编写声明文件会非常吃力。

其实，常用库的声明文件在社区早就有人维护好了，我们只需要引入即可。下面介绍如何在 TypeScript 中引入 jquery 库。

在 TypeScript 2.0 以后，获取、使用和查找声明文件变得十分容易。我们只需要简单的几步即可完成相关库声明文件的导入工作。

当前使用的 TypeScript 版本是 3.3，获取类型声明文件只需要使用 npm 命名直接安装即可。获取 jquery 库的声明文件命令为：

```
npm install --save @types/jquery
```

大多数情况下，类型声明包的名字总是与它们在 npm 上的包的名字相同，但是有@types/前缀，例如 lodash 库的类型为@types/lodash。当成功安装 jquery 库时，我们在项目目录下会找到如图 9.5 所示的目录结构。

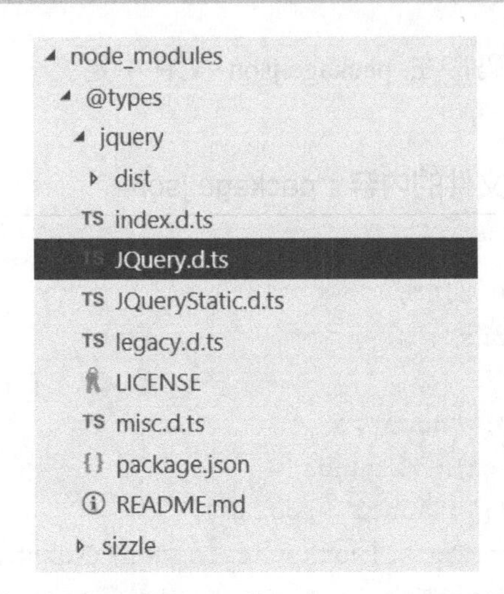

图 9.5 npm 安装@types/jquery 声明文件后的目录界面

下载完成后，就可以直接在 TypeScript 文件里使用 jquery 库。不论是在模块里还是全局代码里都可以调用。新建一个 jquerycall.ts 文件，然后就可以在里面调用 jquery 库相关 API 了，如图 9.6 所示。

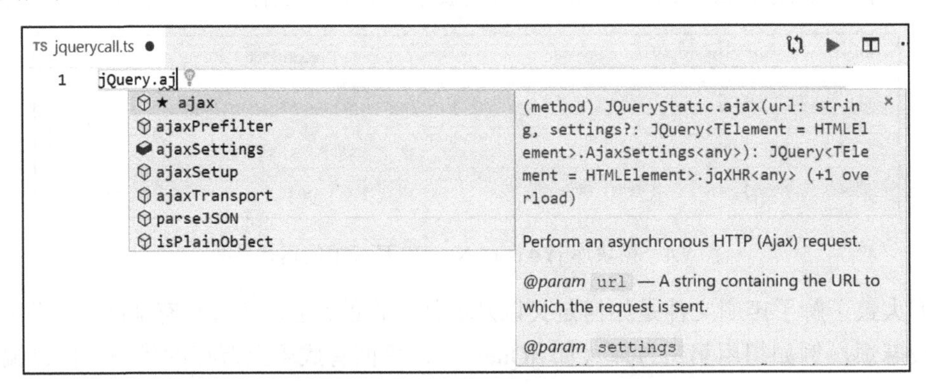

图 9.6 jquery 声明文件智能提示界面

新建一个 jquerycall.ts 文件，主要功能是将一个文本值显示到 DOM ID 为 mydiv 的元素上。代码 9-10 给出 jquerycall.ts 文件的内容。

【代码 9-10】 jquerycall.ts 文件的内容：jquerycall.ts

```
01    let msg: string = "hello world!";
02    $("#mydiv").html(msg);
```

将 jquerycall.ts 文件编译成 jquerycall.js，然后新建一个 index2.html，用来运行 jquerycall.js，由于 jQuery 是一个全局库，因此首先需要在 html 里面引入 jQuery.js 文件，然后引入 jquerycall.js。index2.html 的内容如代码 9-11 所示。

【代码 9-11】 index2.html 文件的内容：index2.html

```
01    <!DOCTYPE html>
02    <html lang="en">
```

```
03    <head>
04        <meta charset="UTF-8">
05        <meta name="viewport" content="width=device-width, initial-scale=1.0">
06        <meta http-equiv="X-UA-Compatible" content="ie=edge">
07        <title>jquery</title>
08    </head>
09    <body>
10        <div id="mydiv"></div>
11        <script src="https://cdn.bootcss.com/jquery/3.3.1/jquery.min.js">
      </script>
12        <script src="jquerycall.js"></script>
13    </body>
14    </html>
```

在浏览器中运行，结果如图 9.7 所示。

图 9.7　index2 运行界面

也可以将自己写的库声明文件发布到 DefinitelyTyped，这样就可以让他人使用了。

9.2 项目配置

项目文件一般都存在一个单独的目录里，TypeScript 编译器命令 tsc 如何在不带任何参数的情况下，会在执行此命令所在的目录开始查找配置文件 tsconfig.json，如果找到就用此配置文件中的相关配置对项目进行解析和编译。

如果一个目录中存在一个 tsconfig.json 文件，就意味着这个目录是 TypeScript 项目的根目录。tsconfig.json 文件中指定了用来编译项目的编译选项和文件解析等配置。一个 TypeScript 项目通常都是用 tsc 命令解析项目配置文件 tsconfig.json 来编译的。

当调用 tsc 命令而不带任何输入文件的情况下，编译器会从当前目录开始去查找 tsconfig.json 文件，如果没有找到就会逐级向上搜索父目录。如果调用 tsc 命令并指定了输入文件时，tsconfig.json 文件会被忽略。

关于 tsconfig.json 的完整配置描述信息，可以参考 http://json.schemastore.org/tsconfig 进行查看。代码 9-12 给出一个 tsconfig.json 配置示例。

【代码 9-12】 tsconfig.json 项目配置示例代码：tsconfig.json

```
01  {
02      "compilerOptions": {
03          "module": "commonjs",
04          "noImplicitAny": true,
05          "removeComments": true,
06          "sourceMap": true
07      },
08      "files":["file.ts"],
09      "include": [
10          "src/**/*"
11      ],
12      "exclude": [
13          "node_modules"
14      ],
15      "references": [{
16          "path": "../common"
17      }],
18      "compileOnSave":false,
19      "extends":"./config/base.json",
20      "typeAcquisition":{
21          "enable":false,
22          "include":[],
23          "exclude":[],
24      }
25  }
```

代码 9-12 只是一个示例，在 tsconfig.json 项目配置中，顶级属性有 compilerOptions、files、include、exclude、references、compileOnSave、extends 和 typeAcquisition。其中，compilerOptions 是编译器的编译选项，其中涉及大量的配置子项目。如果 compilerOptions 不提供任何配置，那么编译器会使用编译配置项的默认值。常用的 compilerOptions 可以参考编译器选项列表，如表 9.1 所示。

表 9.1 常用 tsc 编译器选项

选项	类型	默认值	描述
--allowJs	boolean	false	允许编译 JavaScript 文件
--allowUnreachableCode	boolean	false	不报告执行不到的代码错误
--allowUnusedLabels	boolean	false	不报告未使用的标签错误
--alwaysStrict	boolean	false	以严格模式解析并为源文件生成 "use strict"

（续表）

选项	类型	默认值	描述
--baseUrl	string	false	解析非相对模块名的基准目录。查看模块解析文档了解详情
--checkJs	boolean	false	在 .js 文件中报告错误，与--allowJs 配合使用
--declaration	boolean	false	生成相应的.d.ts 文件
--declarationDir	string	false	生成声明文件的输出路径
--diagnostics	boolean	false	显示诊断信息
--emitDecoratorMetadata	boolean	false	给装饰器声明加上设计类型元数据
--experimentalDecorators	boolean	false	启用实验性的 ES 装饰器
--extendedDiagnostics	boolean	false	显示详细的诊断信息
--init			初始化 tsconfig.json 文件
--module	string	"es6"或"commonjs"	指定生成模块系统。当 target 配置为 es6 时，默认为 es6，否则默认为 commonjs
--moduleResolution	string	classic 或 node	决定如何处理模块。当 module 选项为 "amd"、"system"或"es6"时默认为"classic"，否则默认为"node"
--noEmitOnError	boolean	false	报错时不生成输出文件
--noErrorTruncation	boolean	false	不截断错误消息
--noFallthroughCasesInSwitch	boolean	false	报告 switch 语句的 fallthrough 错误
--noImplicitAny	boolean	false	在表达式和声明上有隐含的 any 类型时报错
--noImplicitReturns	boolean	false	不是函数的所有返回路径都有返回值时报错
--noImplicitThis	boolean	false	当 this 表达式的值为 any 类型的时候，生成一个错误
--noImplicitUseStrict	boolean	false	模块输出中不包含 "use strict"指令
--noResolve	boolean	false	不把 /// <reference>或模块导入的文件加到编译文件列表
--noStrictGenericChecks	boolean	false	禁止在函数类型里对泛型签名进行严格检查
--noUnusedLocals	boolean	false	若有未使用的局部变量则抛错
--noUnusedParameters	boolean	false	若有未使用的参数则抛错
--outDir	string		重定向输出目录
--outFile	string		将输出文件合并为一个文件。合并的顺序是根据传入编译器的文件顺序和 ///<reference>以及 import 的文件顺序决定的
--preserveConstEnums	boolean	false	保留 const 和 enum 声明
--project	string		编译指定目录下的项目。这个目录应该包含一个 tsconfig.json 文件来管理编译
--removeComments	boolean	false	删除所有注释，除了以 /!*开头的版权信息
--skipLibCheck	boolean	false	忽略所有声明文件（ *.d.ts）的类型检查
--sourceMap	boolean	false	生成相应的 .map 文件

（续表）

选项	类型	默认值	描述
--sourceRoot	string		指定 TypeScript 源文件的路径，以便调试器行定位
--strict	boolean	false	启用所有严格类型检查选项
--strictFunctionTypes	boolean	false	禁用函数参数双向协变检查
--strictPropertyInitialization	boolean	false	确保类的非 undefined 属性已经在构造函数里初始化。若要令此选项生效，需要同时启用--strictNullChecks
--strictNullChecks	boolean	false	在严格的 null 检查模式下， null 和 undefined 值不包含在任何类型里，只允许用它们自己和 any 来赋值（有个例外， undefined 可以赋值到 void）
--suppressImplicitAnyIndexErrors	boolean	false	阻止 --noImplicitAny 对缺少索引签名的索引对象报错
--target	string	"ES3"	指定 ECMAScript 目标版本 "ES3"（默认）、"ES5"、"ES6"/"ES2015"、"ES2016"、"ES2017"或 "ESNext"
--traceResolution	boolean	false	生成模块解析日志信息
--types	string[]		要包含的类型声明文件名列表
--typeRoots	string[]		要包含的类型声明文件路径列表

编译选项之间有的是有依赖关系的，例如仅当提供了选项--inlineSourceMap 或选项--sourceMap 时，才能使用选项 sourceRoot，只有--module 配置为 'amd' 和'system' 时才支持用--outFile 配置来将多个文件输出为单个文件。

files 属性指定一个包含相对或绝对路径的文件列表。include 和 exclude 属性指定一个文件 glob 匹配模式列表。支持的 glob 通配符有：

- *：匹配 0 或多个字符（不包括目录分隔符）。
- ?：匹配一个任意字符（不包括目录分隔符）。
- **/：递归匹配任意子目录。

如果一个 glob 模式里的某部分只包含*或.*，那么仅有支持的文件扩展名类型被包含在内，比如默认的.ts、.tsx 和.d.ts，如果 allowJs 设置为 true，就包含.js 和.jsx。

如果 tsconfig.json 中不存在 files 或 include 属性，则编译器默认包含目录和子目录中的所有 TypeScript 文件（.ts, .d.ts 和 .tsx），但 exclude 指定的文件除外。如果 allowJs 选项被设置成 true，那么 JS 文件（.js 和.jsx）也会被包含进来。如果指定 files 属性，那么编译器只包含 files 配置的那些文件和 include 指定的文件。

exclude 属性指定要从编译中排除的文件列表。exclude 属性只影响通过 include 属性包含的文件，而不影响 files 属性。使用 outDir 编译选项指定的目录下的文件永远会被编译器排除，除非你明确地使用 files 将其包含进来。

glob 匹配模式需要 TypeScript 2.0 版及以上版本。tsconfig.json 文件可以是一个空文件，那么所有默认的文件都会以默认配置选项编译。

如果没有特殊指定，exclude 默认情况下会排除 node_modules、bower_components、jspm_packages 和 outDir 目录。

任何被 files 或 include 指定的文件所引用的文件也会被包含进来。例如，A.ts 引用了 B.ts，因此 B.ts 不能被排除，除非引用它的 A.ts 在 exclude 列表中。

在命令行上 tsc 如果指定了编译选项，那么会覆盖在 tsconfig.json 文件里的相应配置选项。默认情况下，所有可见的@types 包会在编译阶段被项目自动包含进来。换句话说，node_modules/@types 文件夹下以及子文件夹下的所有@types 包都是可见的。

另外，项目配置文件 tsconfig.json 可以利用 extends 属性从另一个配置文件里继承配置，为多项目配置提供了便利。

extends 属性的值是一个字符串，包含指向另一个要继承的 json 配置文件的路径。如果一个 tsconfig.json 文件中使用了继承配置（继承 configs/base.json），那么这个 configs/base.json 中的配置会先被加载，再加载继承文件 tsconfig.json 中的配置，如果二者有同属性的配置，那么继承文件 tsconfig.json 里的配置会覆盖原 configs/base.json 文件的配置。如果发现配置文件循环引用，则会报错。代码 9-13 给出一个 tsconfig.json 继承 configs/base.json 配置的示例。

【代码 9-13】 tsconfig.json 继承配置示例代码：tsconfigExtend.json

```
01    //configs/base.json:
02    {
03      "compilerOptions": {
04        "noImplicitAny": true,
05        "strictNullChecks": true
06      }
07    }
08    //tsconfig.json:
09    {
10      "extends": "./configs/base",
11      "files": [
12        "main.ts",
13        "supplemental.ts"
14      ]
15    }
```

在代码 9-13 中有两个文件：一个是项目的 tsconfig.json 配置文件；另一个是 configs 目录下的 base.json 配置文件。第 10 行用"extends": "./configs/base"语句实现了 tsconfig.json 继承 configs/base.json 配置。

配置文件里的相对路径在解析时相对于它所在的文件，因此如果一个配置文件 tsconfig.json 继承了另一个配置文件 base.json，那么被继承的配置文件中使用的相对路径必须小心，因为它是相对 base.json 文件所在的目录，而不是 tsconfig.json。

9.3 项目引用

项目引用（project references）是 TypeScript 3.0 版本中新引入的一个特征，这也是官方给 TypeScript 3.0 开发的最重大的功能之一。在项目实战中，一个项目可能非常复杂，我们需要对项目代码进行分层。在 C#中，可以在一个解决方案中构建很多项目，各个项目之间可以互相引用，我们可以对单个项目进行编辑和编译。

项目引用允许 TypeScript 项目依赖于其他 TypeScript 项目，也就是通过 tsconfig.json 文件引用其他 tsconfig.json 文件。指定这些项目依赖项可以更容易地将项目代码拆分为更小的子项目，从而降低复杂度。

项目引用为编译器提供了一种理解构建顺序和输出结构的方法。这意味着更快的编译速度，并支持跨项目导航、编辑和重构。由于 TypeScript 3.0 及以上版本奠定了项目引用的基础并公开项目引用的 API，因此任何构建工具都能够实现项目引用的功能。

TypeScript 3.0 及以上版本可以用 tsc 命名的新构建模式，即--build 参数，它与项目引用协同工作可以加速 TypeScript 项目的构建。tsconfig.json 的顶层属性 references 是一个数组，可以用来指定要引用的项目。references 中的 path 属性可以指向包含 tsconfig.json 文件的目录，或者直接指向项目配置文件本身。由于 references 是数组，因此可以用来指定多个项目引用。

当用 references 引用一个项目时，导入引用项目中的模块时实际加载的是模块生成的声明文件（.d.ts）。如果引用的项目生成一个 outFile 文件，那么这个输出文件对应的声明文件对于当前项目是可见的。

当将一个大项目拆分成多个子项目后，会显著地提升类型检查和编译的速度，减少编辑器的内存占用，还会改善程序在逻辑上进行分组。

引用的项目必须启用新的 composite 设置。这个选项用于帮助 TypeScript 快速确定引用工程的输出文件位置。

若启用 composite 编译选项，对于 rootDir 配置而言，如果没有明确指定，则默认为包含 tsconfig 文件的目录。所有的实现文件必须匹配到某个 include 模式或在 files 数组里列出。如果违反了这个限制，tsc 会提示有些文件未指定。启用 composite 编译选项必须同时开启 declaration 选项，即将 declaration 选项设置为 true。

如果启用--declarationMap 编译器选项，就提供对 declaration source maps 的支持（d.ts.map 和 js.map）。在某些编辑器（如 Visual Studio Code）上，可以使用诸如跳转到定义、重命名以及跨工程编辑文件等编辑器高级特性。

在 tsconfig.json 中使用 references 引用其他项目时，可以和 path 一起使用的是 prepend 选项，用来启用前置某个依赖的输出，如下所示。

```
01    "references": [ {
02        "path": "../common",
```

```
03        "prepend": true
04    }]
```

启用 prepend 选项会将项目的输出添加到当前工程的输出之前。它对.js 文件和.d.ts 文件以及 source map 文件同样有效。但是要注意，prepend 选项不能在重复引用一个项目时启用，比如项目 A 引用项目 B 和项目 C，而项目 B 和项目 C 都引用项目 D，则 A 中会出现重复的 D，从而导致错误。

最后，目前在 TypeScript 3.0 及以上版本中，项目支持增量构建。我们可以用 tsc 命令和--build 参数一起进行增量构建。运行 tsc --build（也可以简写 tsc -b）会执行如下操作：

第一步，找到所有引用的工程。

第二步，检查它们是否为最新版本，不是最新的情况下才会增量构建。

第三步，按顺序构建非最新版本的工程。

--build 必须是 tsc 的第一个参数。

tsc -b 项目构建命令可以指定多个配置文件地址，和 tsc -p 命令一样，如果配置文件名为 tsconfig.json，那么文件名可以省略。tsc -b 项目构建命令示例如下：

```
01    > tsc -b        #当前目录 tsconfig.json 构建项目
02    > tsc -b src    #src 目录中 tsconfig.json 构建项目
03    > tsc -b my.tsconfig.json src # src 目录 tsconfig.json 和当前目录 my.tsconfig.
      json 构建项目
```

不需要担心命令行上指定的文件顺序，tsc 会根据需要重新进行排序，被依赖的项会优先构建。tsc -b 还支持其他一些选项：

- --verbose：打印详细的日志（可以与其他标记一起使用）。
- --dry：显示将要执行的操作但是并不真正进行这些操作。
- --clean：删除指定工程的输出（可与--dry 一起使用，但不能和--verbose 一起使用）。
- --force：把所有工程当作非最新版本对待。
- --watch：观察模式（可以与--verbose 一起使用）。

项目引用中的一个最佳实践是：由一个类似解决方案的 tsconfig.json 文件用于引用所有的子工程。这样在 TypeScript 项目的顶级根目录下，可以简单地运行 tsc -b 来构建所有的项目，因为在顶级根目录下的 tsconfig.json 文件中列出了所有的子工程。其实如果想查看详细的构建日志，可以用--verbose 命令参数，如图 9.8 所示。

```
PS C:\Src\C0903> tsc  -b  --verbose --force  .\tsconfig.json
[22:53:49] Projects in this build:
    * common/tsconfig.json
    * server/tsconfig.json
    * client/tsconfig.json
    * tsconfig.json
```

图 9.8　tsc -b --verbose 打印详细的构建顺序界面

9.4 三斜线指令

三斜线指令是包含单个 XML 标签的单行注释。注释的内容会作为编译器指令使用。三斜线指令只能放在文件的最顶端。一个三斜线指令的前面只能出现单行或多行注释，包括其他的三斜线指令。如果它们出现在一个语句或声明之后，那么三斜线会被当作普通的单行注释，并且不具有特殊的含义。三斜线指令的基本语法如下：

```
/// 指令
```

当使用--out 或--outFile 时，它也可以作为调整输出内容顺序的一种方法。文件在输出文件内容中的位置与经过预处理后的输入顺序一致。编译器会对输入文件进行预处理来解析所有三斜线引用指令。在这个过程中，额外的文件会加到编译过程中。

在这个过程中，项目中的特定文件按指定的顺序进行预处理。 在一个文件被加入列表前，它包含的所有三斜线引用都要被处理。一个三斜线引用路径是相对于包含它的文件而言的。

引用不存在的文件会报错。 一个文件用三斜线指令引用自己会报错。

如果指定了--noResolve 编译选项，那么三斜线引用会被忽略；它们不会增加新文件，也不会改变给定文件的顺序。

三斜线指令主要有以下几种：

- /// <reference path="..." />

/// <reference path="..." />指令是三斜线指令中最常见的一种，用于声明文件间的依赖。三斜线引用告诉编译器在编译过程中要引入的额外文件。

- /// <reference types="..." />

/// <reference types="..."/>指令用来声明依赖关系，表明对某个包的依赖。对这些包的名字的解析与在 import 语句里对模块名的解析类似。可以简单地把三斜线类型引用指令当作 import 声明的包。例如，把///<reference types="node"/>引入到声明文件，表明这个文件使用了@types/node/index.d.ts 里面声明的名字，并且这个包需要在编译阶段与声明文件一起被包含进来。

仅当在我们需要写一个 d.ts 文件时才使用这个指令。对于那些在编译阶段生成的声明文件，编译器会自动添加/// <reference types="..." />。当且仅当结果文件中使用了引用的包里的声明时才会在生成的声明文件里添加/// <reference types="..." />语句。

- /// <reference no-default-lib="true"/>

/// <reference no-default-lib="true"/>指令把一个文件标记成默认库。你会在 lib.d.ts 文件和它不同的变体的顶端看到这个注释。这个指令告诉编译器在编译过程中不要包含这个默认库

（比如 lib.d.ts）。这与在命令行上使用 --noLib 相似。

当传递了--skipDefaultLibCheck 时，编译器只会忽略检查带有/// <reference no-default-lib="true"/>的文件。

- /// <amd-module />

/// <amd-module />指令允许给编译器传入一个可选的模块名，默认情况下生成的 AMD 模块都是匿名的。但是，当一些工具需要处理生成的模块时会产生问题。

目前/// <amd-module />指令已被废弃，使用 import "模块名";语句来代替。

- /// <amd-dependency path="x" />

/// <amd-dependency path="x" />指令可以让编译器识别一个非 TypeScript 模块依赖项作为目标模块 require 调用的一部分。该指令还可以带一个可选的 name 属性来传入一个可选名字。

9.5 小结

本章主要对 TypeScript 中的声明文件、项目配置和项目引用以及三斜线指令进行介绍。声明文件中只给出相关变量、函数和类等的签名，并不包含具体实现。TypeScript 可以利用声明文件来进行静态类型检查和代码智能提示。项目配置的编译选项比较多，可以通过配置来实现各种自定义的编译需求。

在 TypeScript 3.0 及以上版本中，新增了项目引用的功能，可以更好地进行项目拆分以及加快项目构建速度。项目的增量构建更是一个强大的功能。三斜线指令可以作为编译器指令使用，reference 三斜线指令主要用来确定依赖关系。

第 10 章
实战：使用TypeScript+Node创建列表APP

本章将综合前 9 章的知识点，用实战项目的方式从零开始构建一个简单的列表 APP。通过本章的学习，可以让读者掌握 TypeScript 项目的基本构建步骤，更好地让读者将 TypeScript 中的基础知识点有机地整合起来，进而融会贯通。

目前随着网络的发展和手机硬件的不断升级，很多传统的应用都在不断地往移动端进行转移。目前手机端 APP 的开发方式主要有原生 APP 开发、H5 APP 开发和混合 APP 开发。原生 APP 用户体验往往比较好，而且可以很好地访问手机硬件，功能强大，操作更流畅，但是开发周期长、成本高。H5 开发的 APP 由于其跨平台的特征，可以提高开发效率、缩短开发周期并降低成本。混合 APP 重点解决基于 H5 的 APP 应用不流畅和体验不好的问题。可以借助混合 APP 应用引擎提供的 Native 交互能力，让 H5 开发的 APP 应用基本接近原生 APP 的效果。本章的项目不涉及硬件，因此可以利用 H5 来开发列表 APP。

本章主要涉及的知识点有：

- 项目构建的基本步骤及项目配置
- APP 前端 UI 设计和开发过程
- APP 后端设计和开发过程
- H5 APP 的打包和发布过程

10.1 创建项目

H5 开发 APP 其实就是一个 Web 应用，只是 UI 要更好地适配移动端。另外，考虑到速度等问题，要尽量使用轻量级的 JS 库。本项目可以分为前端 UI Client 和后端服务 Server 两个子项目。

构建项目的时候，首先我们需要对项目目录结构进行梳理和设计，这对于后期的项目维护和升级都是非常有好处的。项目的整体逻辑架构如图 10.1 所示。

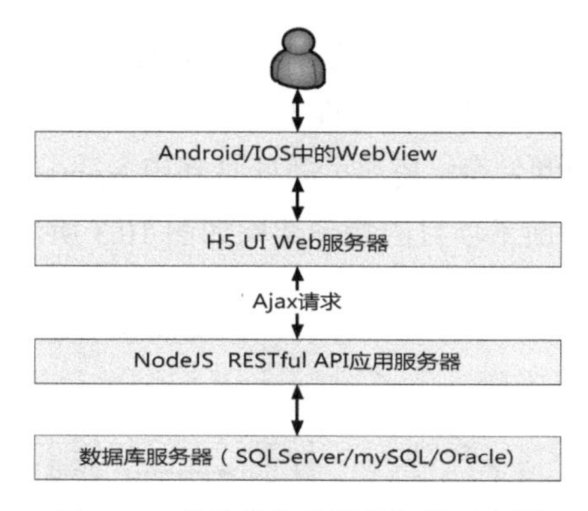

图 10.1　项目的整体逻辑架构示意图

从图 10.1 可以看出，整个列表 APP 项目可以从逻辑上分成 4 层。此项目是用 H5 开发的应用 APP，虽然用户可以直接利用手机浏览器访问这个 APP，但是需要每次输入网址并不方便。因此，一般来说，需要用原生技术开发一个 H5 容器，其实就是封装一个 WebView 的控件来定位到 H5 UI Web 服务器的网址上。

WebView 本身也提供了 JS 和原生函数的交互功能，因此，H5 开发的应用也是可以访问一定的硬件接口的。

一般来说，H5 UI 和后台的 API 服务都是一个 Web 项目，作为整体进行部署，这样也不会出现跨域访问的问题。本项目将 H5 UI 和后台的 API 服务分开，既可以部署到一台服务器，也可以部署到多台不同的服务器上。

为了提高性能和安全性，数据库服务器和 Web 服务器都部署在不同的服务器上。由于 Web 服务器会暴露端口到互联网上，容易遭受外部攻击，但是最有价值的是数据，因此需要对数据库服务器进行重点保护和隔离。

将项目进行合理拆分，一方面可以降低单个项目的复杂度，另一方面可以将项目分层部署，提高应用的并发访问能力。

一般来说，项目根据用户量和并发量等，设计的架构也是不一样的。项目的分层设计和部署的好处就是可以根据应用程序的预估访问量等因素将项目部署到一台物理机上，也可以部署到不同的物理机上，甚至可以利用负载均衡（硬件和软件）技术来将同一个层部署到多个物理机上。

如果应用人数比较少，或者用于前提开发和测试，就可以将项目整体部署到一台物理机上，如图 10.2 所示。

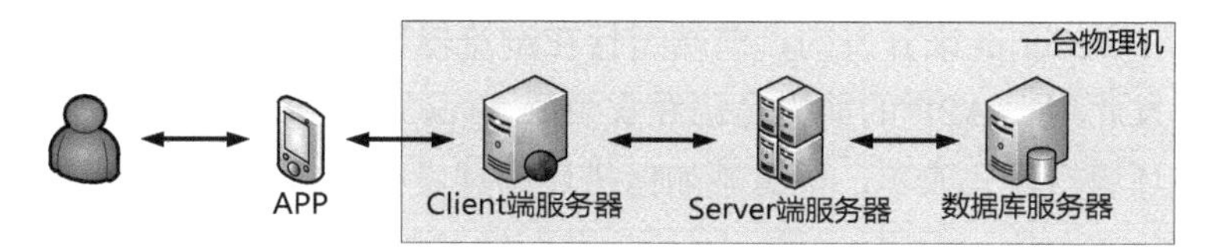

图 10.2　开发阶段项目的物理架构示意图

如果要正式上线，一般可以用 3 台物理机分别部署 H5 UI Web 服务器、RESTful API 应用服务器和数据库服务器。对于访问量比较大的情况，可以利用服务器集群的方式来分摊单台服务器的压力，从而提高整体的并发量，最简单的就是利用 Nginx 来进行请求的自动路由，从而达到负载均衡的目的。负载均衡下项目的物理架构如图 10.3 所示。

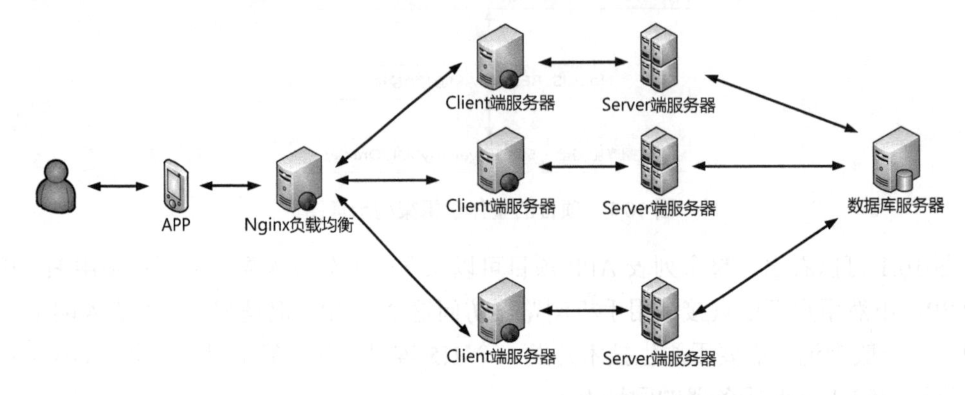

图 10.3　负载均衡下项目的物理架构示意图

项目的目录结构应该符合整体项目的架构设计。这里首先创建一个文件夹 my-list-app 作为列表 APP 的解决方案目录，也就是顶级根目录。然后用 Visual Studio Code 打开此目录，并构建如图 10.4 所示的项目目录结构。

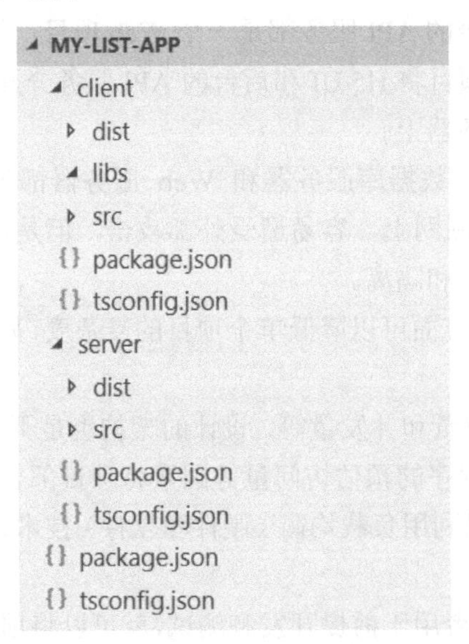

图 10.4　项目初始目录结构图

本项目是用 TypeScript 来开发的，前端运行在浏览器环境中，后台服务运行在 NodeJS 环境中。因此，开发此列表 APP 的前提是已经安装好 TypeScript 开发所需要的基础环境。这里假设已经将开发环境搭建完成了，不清楚如何搭建的读者可以参考第 1 章中安装 TypeScript 相关章节的内容。

从图 10.4 可以看出，my-list-app（在 Visual Studio Code 中显示为大写）是一个解决方案目录，其中有一个 tsconfig.json，作为解决方案的配置文件。顶级根目录下有一个表示前端的项目文件夹 client 和一个表示后端服务的项目文件夹 server。

client 和 server 文件夹里面都包含一个 tsconfig.json，作为子项目的项目配置文件。client 和 server 文件夹里都有一个 src 目录，表示存放的 TypeScript 文件；dist 目录存放 src 中.ts 文件生成的相关.js 文件。client 中有一个 libs 文件夹，用于存放一些外部的 js 库，例如 jquery。

10.2 配置 tsconfig.json

由于本项目可拆分成 client 和 server 两个子项目，因此在配置 tsconfig.json 的时候需要对各个子项目分别进行配置。配置 server 项目中的 tsconfig.json 文件，具体内容如代码 10-1 所示。

【代码 10-1】 server 项目中的 tsconfig.json 文件示例：tsconfig.json

```
01    {
02        "compilerOptions": {
03            "module": "commonjs",
04            "target": "es5",
05            "noImplicitAny": true,
06            "removeComments": true,
07            "sourceRoot": "src",
08            "outDir": "dist",
09            "sourceMap": true
10        },
11        "include": [
12            "src/**/*"
13        ],
14        "exclude": [
15            "node_modules"
16        ]
17    }
```

在代码 10-1 中，通过 include 属性将项目包含的目录限定在 src 目录下，同时排除 node_modules 目录，这样可以提高加载速度。"outDir": "dist"表示源码输出的目录为 dist 目录，"sourceRoot": "src"表示让调试器到 src 目录中寻找 TypeScript 文件。"module": "commonjs"表示模块系统采用 CommonJS，即 NodeJS 可以识别的模块机制。"target": "es5"表示模块代码生成的 JS 规范为 ES5。配置 sourceMap 为 true 以方便调试。

默认情况下，在 Visual Studio Code 中设置"compileOnSave": true 无效。

其次，配置 client 项目中的 tsconfig.json 文件，具体内容如代码 10-2 所示。

【代码 10-2】 client 项目中的 tsconfig.json 文件示例：tsconfig.json

```
01  {
02      "compilerOptions": {
03          "module": "amd",
04          "target": "es5",
05          "noImplicitAny": true,
06          "removeComments": true,
07          "sourceRoot": "src",
08          "outDir": "dist",
09          "sourceMap": true
10      },
11      "include": [
12          "src/**/*"
13      ],
14      "exclude": [
15          "node_modules","dist","libs"
16      ]
17  }
```

在 client 项目中，同样将 src 目录中的源码编译到 dist 目录中。配置 sourceMap 为 true 方便调试。

在代码 10-2 中，我们将"module"设置为"amd"，这样更适合于浏览器环境。

根目录中的 tsconfig.json 设置为空，不用特别设置。启动解决方案中的 client 和 server 两个项目，不仅仅是项目编译的问题，还涉及启动相关服务的功能，我们用其他方式来处理。

10.3 列表 APP 的前端设计与开发

软件开发也需要有工程管理的思想，一般会有一个项目整体计划，基本涵盖项目立项到项目验收的全过程。软件项目一般要从立项开始，经过软件范围界定、需求分析、软件的总体结构设计、功能模块设计、软件编码和调试，直到上线试运行以及验收完成。

这里只对列表 APP 应用的设计和开发进行说明。由于列表 APP 可分成 client 和 server 两个部分，我们先对列表 APP 的前端进行设计和开发。本项目的范围就界定在实现一个简单的便笺列表 APP，用户登录后，可以查看、新增和编辑自己添加的便笺。便签可以按照已完成的和未完成的分别进行查看。

一般来说，公司都会由一个 UI 工程师专门给出设计图，然后转由开发进行实现。这里就不过多纠结 UI 美观度的问题了，更多的是从功能实现的角度来阐述。在软件开发过程中，为了提升沟通的效果，往往需求分析师会将需求用原型工具进行绘制，这样和客户、软件开发人员进行沟通的时候很具体，也更容易理解。

为了简化复杂度，我们的列表 APP 只包含核心的功能：登录、主界面、便签管理。

1. 登录

登录界面给出示意图，如图 10.5 所示。

登录界面主要是由用户名和密码控件构成的，当输入完成后，单击“登录”按钮即可登录。

2. APP 主界面

主界面一般有一个轮播的区域，可以用来显示一些宣传的标语或者新闻图片内容。菜单区域是一个 9 宫格，这里将列表 APP 只作为主界面中的一个模块来实现，这样的好处是，后续可以再添加新的功能模块。APP 主界面如图 10.6 所示。

图 10.5　APP 登录示意图

图 10.6　APP 主界面示意图

3. 便签列表管理

当通过主界面的便签列表进入子页面时，默认先是一个便签的列表，只显示未完成状态的便签，如图 10.7 所示。

对于已经完成的便签，可以通过切换进行查看。同时可以通过底部工具栏的“新建”按钮新建便签，如图 10.8 所示。

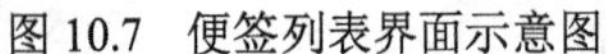
图 10.7　便签列表界面示意图

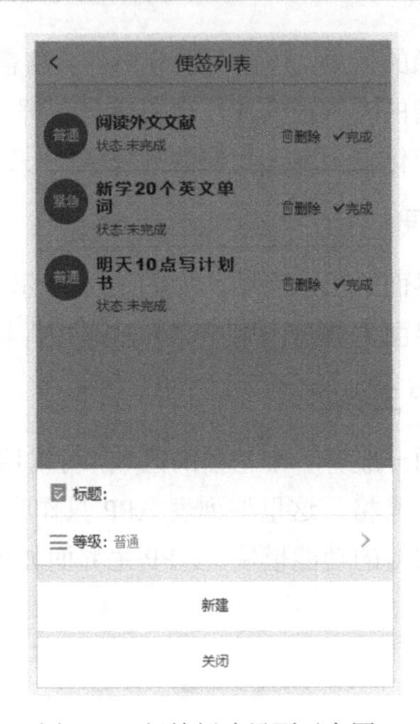

图 10.8　便签新建界面示意图

其他一些前端 UI 设计图这里就不再给出了。下面重点介绍一下为了开发出这些 UI 界面如何进行编码。

首先在 client 中新建一个 views 目录，然后新建一个 index.html 文件用作首页。我们将其他类似登录、列表管理等界面放于 views 目录中。最终的 client 目录结构如图 10.9 所示。

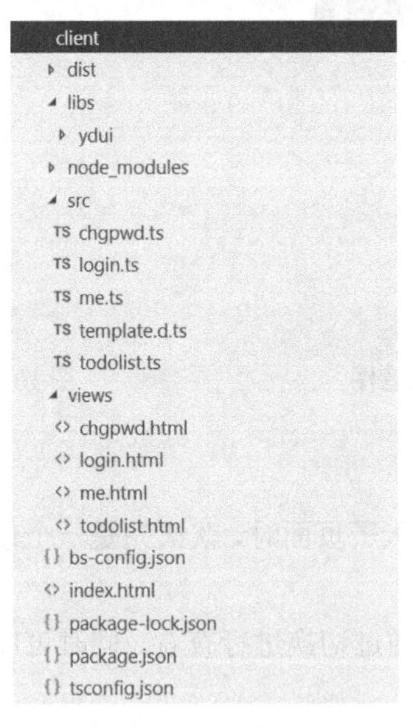

图 10.9　client 整体目录结构图

从图 10.9 中可以看出，views 里面的文件和 src 目录中的文件是对应的，也就是一个*.html 对应一个*.ts 。这里的前端 H5 UI 库依赖于 YDUI 和 jQuery （YDUI 也依赖于 jQuery），html 中的脚本引入的是*.ts 生成的位于 dist 里面的*.js 文件。

由于项目的很多包都要依赖于 npm，因此 client 项目中需要一个 package.json 文件。另外，为了能够进行更好的热更新预览，这里需要安装 lite-server 包，用 bs-config.json 文件作为启动配置。

如果要在 TypeScript 项目中使用 jQuery，就需要安装其声明文件，可以通过 npm install @types/jquery 进行安装。

以登录为例，登录页面是 views 文件夹中的 login.html。页面的具体内容可以参考本书配套的代码。其中，login.html 里面引入的脚本如下所示。

```
01    <script src="/libs/ydui/js/jquery2.1.4.min.js"></script>
02    <script src="/libs/ydui/js/ydui.js"></script>
03    <script src="/libs/ydui/js/ydui.flexible.js"></script>
04    <script src="/dist/login.js"></script>
```

注意，04 行中的/dist/login.js 实际就是 src 目录中的 login.ts 生成的 JS 文件。login.ts 内容如代码 10-3 所示。

【代码 10-3】 登录 login.ts 文件示例：login.ts

```
01   namespace jYd {
02      let API_BASE ="http://localhost:8088";
03      export function login(uname: string, upwd: string,callback:(data:any,
    status:any)=>void) {
04          $.post(API_BASE+"/login",{
05              uname:uname,
06              upwd: upwd
07              },
08              callback
09          );
10      }
11   }
12   $(document).ready(function() {
13       $('#btnLogin').click(function() {
14           let uid = $("#txtuid").val();
15           let upwd = $("#txtpwd").val();
16           jYd.login(<string>uid,<string>upwd,function(data,status){
17               if(data.succss===1){
18                   localStorage.setItem("token",data.data);
19                   window.location.href="/index.html";
20               }
21               else{
22                   console.log(data.message);
23               }
```

```
24            });
25        })
26    });
```

在代码 10-3 中，大量地使用了 jquery 库中的 API，02 行声明了一个 API_BASE 地址，此为 Server 端的 API 服务地址。注意，端口为 8088。01 到 11 行声明了一个 jYd 命名空间，其中对外暴露一个函数 login，接受两个字符类型的参数（一个表示用户名，一个表示用户密码），同时接受一个回调函数 callback。函数 login 用 ajax 中的 post 方法向服务器发送请求。

如果服务器端成功响应，那么返回的结果中 data.succss 为 1，失败为 0。同时 data 还有一个 message 属性，可以提供后台提供的消息。表 10.1 给出 Client 端主要页面的名称和说明。

表 10.1　client 页面说明

HTML 页面	说明	src 对应的 TS 文件	dist 对应的 JS 文件
views/login.html	APP 登录页面	login.ts	login.js
index.html	APP 主界面页面		
views/me.html	单击主界面的“关于我”对应的页面，可以查看登录用户的信息和修改密码	me.ts	me.js
views/chgpwd.html	修改密码	chgpwd.ts	chgpwd.js
views/todolist.html	便签列表页面，也是实现便签增、删、改、查功能的核心页面	todolist.ts	todolist.js
src/template.d.ts	ts 文件需要用到的 JS 库的声明文件		

声明文件 template.d.ts 如代码 10-4 所示。

【代码 10-4】 template.d.ts 代码示例：template.d.ts

```
01    declare function template(id:string,list:any):any;
02    declare namespace YDUI{
03        namespace dialog{
04            function alert(msg:string):void;
05        }
06    }
07    //jquery 扩展方法声明
08    declare interface JQuery<TElement = HTMLElement>{
09         actionSheet(action:string):void;
10    }
```

在代码 10-4 中，主要声明了一个 JS 模板引擎 arttemplate 库中的 template 方法、一个 YDUI.dialog.alert 方法和一个 jQuery 扩展方法 actionSheet。这几个 JS 方法会在 TypeScript 文件中使用。如果不提供此声明文件，就不能调用，否则会报错。

其中，todolist.ts 是本 APP 的核心，里面定义了便签增、删、改、查的 API 请求。下面分别对几个核心功能进行说明。首先介绍一下列表的查询函数 getList，函数的实现部分如代码 10-5 所示。

【代码 10-5】 查询列表函数 getList 代码示例：todolist.ts

```
01  export function getList(userid: string, isdone: string, callback: (data:
    any, status: any) => void) {
02      $.post(API_BASE + "/query", {
03          table: "t002",
04          where: "userid=@userid and isdone=@isdone",
05          params: JSON.stringify([
06              { "name": "userid", value: userid },
07              { "name": "isdone", value: isdone }
08          ]),
09          order: "addtime desc"
10      },
11          callback
12      );
13  }
```

在代码 10-5 中，查询的时候需要提供两个文本类型的参数和一个回调函数。由于不同人创建的便签列表是隔离的，因此必须根据当前用户的 ID 来对便签列表进行过滤查询。另外，由于可以分开查询已完成和未完成的列表，因此可以用第二个参数 isdone 来限定。从 02 行可以看出，后台查询服务的 API 为/query。查询成功后通过回调函数 callback 中的第一个参数即可获取相关后台提供的数据。

为了构建一些通用的服务，这里将查询参数进行了后台封装，从前台可以传入一些构成 SQL 的部件，后台服务会解析前台参数来构建 SQL。

Web 应用中首先要注意的安全问题就是 SQL 注入问题。因此实际项目中应该对前台的参数进行验证和过滤，从而防止 SQL 注入导致的信息外泄或者其他安全问题。

其次介绍一下列表的删除函数 deleteList，函数的实现部分如代码 10-6 所示。

【代码 10-6】 删除列表函数 deleteList 代码示例：todolist.ts

```
01  export function deleteList(id: string, callback: (data: any, status: any)
    => void) {
02      $.post(API_BASE + "/delete", {
03          table: "t002",
04          where: "id=@id",
05          params: JSON.stringify([{ "name": "id", value: id }])
06      },
07          callback
08      );
09  }
```

在代码 10-6 中，deleteList 函数需要一个文本类型的列表 ID 参数和一个回调函数。03 行中的 table 属性只是一个索引，不是真实的表名。where 属性设为 id=@id，本身用 SQL 的占位符是一种防止 SQL 注入的常用方式，而不是用字符串拼接构建 SQL。

where 属性的值本身就是一个合法 SQL 的一部分，因此这里最容易进行 SQL 注入，比如用 id=@id or 1=1 就可能把所有数据删除。因此实战中，这个 where 部分传值中不允许有空格，or ,-- drop 等危险字符。

再次介绍一下列表的编辑函数 editList，函数的实现部分如代码 10-7 所示。

【代码 10-7】 编辑函数 editList 代码示例：todolist.ts

```
01    export function editList(data: string, callback: (data: any, status: any)
      => void) {
02        $.post(API_BASE + "/update", {
03            table: "t002",
04            key: "id",
05            params: data
06        },
07            callback
08        );
09    }
```

在代码 10-6 中，需要修改的值以键值对的方式转成文本传递给 editList 中的第一个参数即可。04 行表示当前操作的表的主键字段为 id。

最后介绍一下列表的新建函数 newList，函数的实现部分如代码 10-8 所示。

【代码 10-8】 编辑函数 newList 代码示例：todolist.ts

```
01    export function newList(title: string, type: string, userid: string,
02         callback: (data: any, status: any) => void) {
03        $.post(API_BASE + "/insert", {
04            table: "t002",
05            params: JSON.stringify([
06                { "name": "title", value: title },
07                { "name": "type", value: type },
08                { "name": "userid", value: userid }
09            ])
10        },
11            callback
12        );
13    }
```

至此，列表管理中的核心函数就介绍完了。关于这些请求的后台服务将在下一节中进行介绍。

前台 UI 可以独立运行，开发的时候我们用 lite-server 提供服务。lite-server 工具可以搭建本地服务器，它的优势在于搭建迅速，只需要安装 npm 包即可。另外，它使用 BrowserSync 监测文件变化，实现热更新，可自动刷新页面；最后可配置多种选项，如默认端口及默认文件夹等。下面给出 client 项目 lite-server 的 bs-config.json 配置文件内容，如代码 10-9 所示。

【代码 10-9】 bs-config.json 配置示例：bs-config.json

```
01    {
02        "port": 8000,
03        "files": ["./**/*.{html,htm,css,js}"],
04        "server": { "baseDir": "./" }
05    }
```

代码 10-9 给出了默认端口是 8000，监控根目录中扩展名为 html、htm、css.js 文件的变化，并适时刷新页面。

10.4 列表 APP 的服务端设计与开发

服务端采用 NodeJS 作为运行环境。NodeJS 配合 Express 可以快速搭建 RESTful API 服务。因此首先需要安装相关的依赖库，如 express、body-parser 和 SQL Server 数据库驱动 mssql。安装的命令如下：

```
npm install -D express body-parser mssql
```

服务器端由于需要用到 md5 加密算法以及生成 GUID 的功能，因此还需要安装 crypto 和 node-uuid 包。

在编码过程中，对于调用 node 和其他库中的 API，会需要安装对应的声明文件，否则会报错。例如，安装 node 声明文件为 npm i @types/node。

以前 node 中的 express 框架每次修改代码之后都需要重新运行 npm start 才能看到更改后的效果，非常不方便。Server 端中引入 nodemon 包，实现不用重启也能自动更新的目的。最终的 package.json 文件核心内容如图 10.10 所示。

最终的 Server 端目录结构如图 10.11 所示。

```
"scripts": {
    "tsc": "tsc",
    "start-server": "node ./dist/main.js",
    "start": "nodemon ./dist/main.js"
},
"author": "jackwang",
"license": "ISC",
"dependencies": {
    "@types/express": "^4.16.1",
    "@types/mssql": "^4.0.13",
    "@types/node": "^11.12.1",
    "@types/node-uuid": "0.0.28",
    "body-parser": "^1.18.3",
    "crypto": "^1.0.1",
    "express": "^4.16.4",
    "mssql": "^5.0.5",
    "node-uuid": "^1.4.8",
    "nodemon": "^1.18.10"
}
```

图 10.10　Server 端 package.json 截图

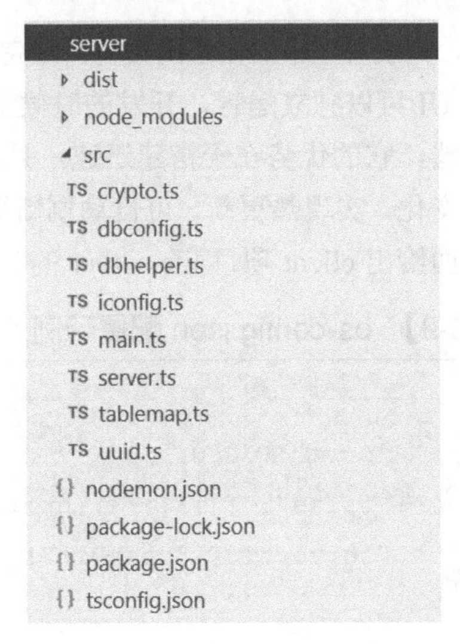

图 10.11　Server 端目录结构图

Server 端目录结构中各主要文件的说明如表 10.2 所示。

表 10.2　Server 端主要文件说明

TypeScript 文件	说明
src/main.ts	服务端入口文件，启动后台服务
src/crypto.ts	md5 加密函数，用于对数据库密码进行加密
src/dbconfig.ts	数据库连接信息配置文件
src/iconfig.ts	定义数据库连接配置的接口文件
src/uuid.ts	生成 UUID 作为主键 ID 值
src/tablemap.ts	表名映射文件，如 t001 表示 hr_user
src/dbhelper.ts	数据库访问帮助类
src/server.ts	后台服务的核心文件，主要定义各 API 的实现

首先介绍一下后台服务的入口函数 main.ts，具体内容如代码 10-10 所示。

【代码 10-10】 入口文件 main.ts 示例：main.ts

```
01    import { app as nodeServer } from "./server";
02    var server = nodeServer.listen(8088, function () {
03        console.log("server is started");
04    });
```

代码 10-10 导入了 server.ts 文件中定义的 app 对象，这里重命名 nodeServer。02 行给出服务器端服务的端口为 8088。启动后打印一条消息。

server.ts 是后台服务的核心文件，在这个文件中提供了几个供外部调用的 API。代码 10-11 给出 server.ts 的一段内容。

【代码 10-11】 server.ts 文件的部分代码示例：server.ts

```
01    //require 需要安装@types/node
```

```
02    import express = require("express");
03    import { tableMap } from "./tablemap";
04    import { dbHelper } from "./dbhelper";
05    import { dbconfig } from "./dbconfig";
06    import { cryptPwd } from "./crypto";
07    import { getUUID } from "./uuid";
08    export var app = express();
09    const bodyParser = require('body-parser');
10    // parse application/x-www-form-urlencoded
11    app.use(bodyParser.urlencoded({ extended: false }));
12    // parse application/json
13    app.use(bodyParser.json());
14    //设置允许跨域访问该服务
15    app.all('*', function (req, res, next) {
16        res.header('Access-Control-Allow-Origin', '*');
17        res.header('Access-Control-Allow-Headers', 'Content-Type');
18        res.header('Access-Control-Allow-Methods', '*');
19        res.header('Content-Type', 'application/json;charset=utf-8');
20        next();
21    });
22    app.get('/', function (req, res, next) {
23        res.json({ message: 'Hello API' });
24    });
```

在代码 10-11 中，首先需要导入一些库，其中 body-parser 主要用来解析前台传过来的 body 数据。默认情况下，express 不能很好地获取前台 ajax post 过来的数据。14~21 行主要设置了运行跨域访问的配置，由于其前台端运行的服务端口和 Server 端不同，因此涉及跨域问题。

用 import 载入的模块可以享用强类型检查，以及代码自动补全和预编译检查等。用 var 则不行。

server.ts 中 app 对象定义了多个 API 服务。下面给出一个/query API 的功能代码，如代码 10-12 所示。

【代码 10-12】 query API 的功能代码示例：server.ts

```
01    app.post("/query", function (req, res, next) {
02        try {
03            console.log(req);
04            //获取表名
05            let table = tableMap[req.body.table];
06            if (table === undefined) {
07                res.json({ succss: 0, message: 'table 未注册' });
08            }
```

```
09          else {
10              let sql = "select * from " + table + " where " + req.body.where;
11              if(req.body.order){
12                  sql += " order by " + req.body.order;
13              }
14              console.log(sql);
15              let db = new dbHelper();
16              //params[0][name]:"uid"
17              let params = JSON.parse(req.body.params);
18              console.log(params);
19              db.runSql(sql, params, function (err, ret) {
20                  if (err) {
21                      res.json({ succss: 0, message: err.message });
22                  }
23                  else {
24                      res.json({ succss: 1, message: '成功', data: ret.
    recordset });
25                  }
26              });
27          }
28      }
29      catch (e) {
30          res.json({ succss: 0, message: e.message });
31      }
32  });
```

在代码 10-12 中，app.post 方法的第一个参数表示 API 服务的路径，第二个是请求该路径后进行调用的函数。该函数中有三个参数 req、res、next。其中，req 对象中可以获取前台请求的相关内容，res 对象是响应对象，可以利用 res.json 向客户端响应 JSON 数据。

第 15 行的 dbHelper 类在 dbhelper.ts 中定义，默认构造函数可以加载 dbconfig.ts 中的配置来初始化数据库连接池对象。05 行通过一个映射将前台传入的 table 参数换成真实的数据库名。这种索引写法默认是不支持的，必须特殊处理才能正确运行。这个特殊处理可以在 tablemap.ts 文件中得到体现。代码 10-13 给出 tablemap.ts 文件内容。

【代码 10-13】 tablemap.ts 文件代码示例：tablemap.ts

```
01  export const tableMap:ITableMap ={
02      "t001":"hr_user",
03      "t002":"todos"
04  }
05  interface ITableMap{
06      [key:string]:string;
07  }
```

代码 10-13 中的 05~07 行定义的接口中实现了文本索引的功能。

dbhelper.ts 文件中定义了最基础的数据库访问 API。代码 10-14 给出 dbhelper.ts 文件的具体内容。

【代码 10-14】 dbhelper.ts 文件代码示例：dbhelper.ts

```
01  import { dbconfig } from "./dbconfig";
02  import { IConfig } from "./iconfig";
03  import sql = require("mssql");
04  export class dbHelper {
05     private config: IConfig;
06     constructor(config?: IConfig) {
07        if (config === undefined) {
08           this.config =dbconfig;
09        }
10        else {
11           this.config = config;
12        }
13     }
14     public runSql(_sql: string, params: any, func: (err: any, ret: any)
    => void) {
15        let pool = new sql.ConnectionPool(this.config, function (err) {
16           if (err) {
17              func (err,null);
18              pool.close();
19           }
20           else {
21              let q = new sql.Request(pool);
22              if(params){
23                 for (let item of params) {
24                    q.input(item.name, item.value);
25                 }
26              }
27              q.query(_sql).then(function (records) {
28                 func(null, records);
29                 pool.close();
30              }).catch(function (err) {
31                 func(err, null);
32                 pool.close();
33              });
34           }
35        });
36     };
37  }
```

NodeJS 和 JavaScript 类似，本身的调用都是异步的，如果处理不当，可能获取不到值。后台数据处理工作比较耗时，等到数据处理完成后，必须进行回调处理。

mssql 库本身也是支持 Promise 方式和 async await 方式进行函数调用的。这里不再阐述，感兴趣的可以去网上自行学习。最后介绍一下数据库表的设计，本示例项目非常简单，就两张表，如图 10.12 所示。

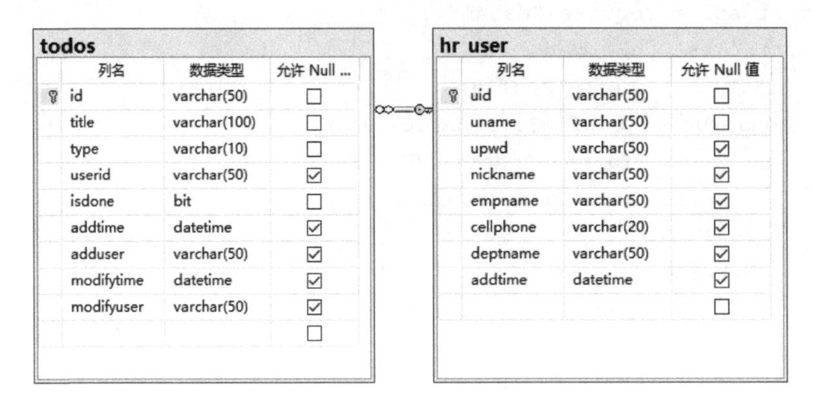

图 10.12　数据库 list_db 关系图

10.5 编译和启动服务器

上面介绍了 APP 项目中前端 client 子项目和服务端 server 子项目的基本设计和相关代码。本节将重点介绍一下如何编译项目和启动服务器服务。

首先配置一下启动配置文件 launch.json 并新建一个任务 tasks.json，列表 APP 的项目目录结构如图 10.13 所示。

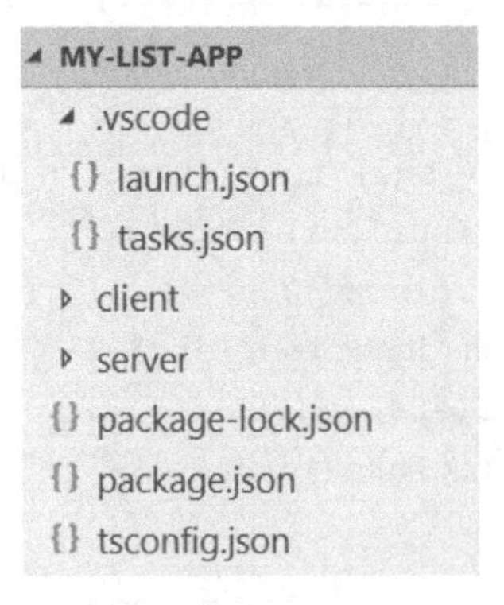

图 10.13　列表 APP 项目目录结构图

launch.json 启动配置文件可以设置如何启动项目。代码 10-15 给出 launch.json 文件的具体内容。

【代码 10-15】 launch.json 启动配置文件代码示例：launch.json

```
01  {
02      "version": "0.2.0",
03      "configurations": [
04          {
05              "type": "node",
06              "request": "launch",
07              "name": "server",
08              "program": "${workspaceFolder}/server/dist/main.js",
09              "preLaunchTask": "tsc_server",
10              "outFiles": [
11                  "${workspaceFolder}/**/*.js"
12              ]
13          },
14          {
15              "type": "node",
16              "request": "launch",
17              "name": "client",
18              "preLaunchTask": "start_client",
19              "outFiles": [
20                  "${workspaceFolder}/**/*.js"
21              ]
22          }
23      ],
24      "compounds": [
25          {
26              "name": "debug solution",
27              "configurations": [
28                  "server","client"
29              ]
30          }
31      ]
32  }
```

有了这个配置文件后，我们就可以在 Visual Studio Code 的调试面板中进行启动项的选择，如图 10.14 所示。

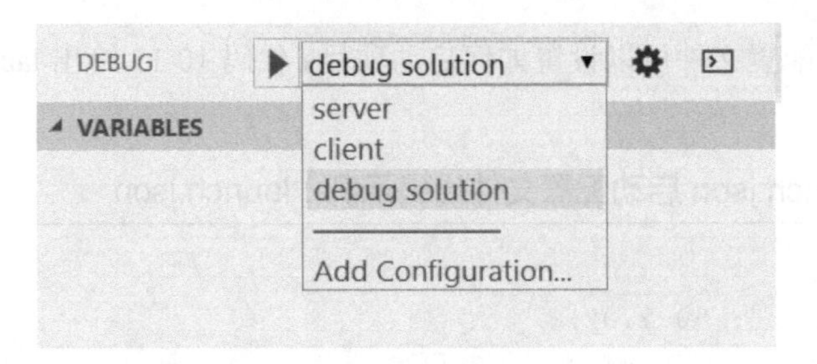

图 10.14　VS Code 调试面板启动项截图

在代码 10-15 中，前两个启动项配置中有一个 preLaunchTask 属性配置，可以用来配置启动的前置任务。项目启动时，一般先要用 tsc 命令对项目文件进行编译，再调用相应的命令来启动服务。

tasks.json 是配置任务的文件，具体的内容如代码 10-16 所示。

【代码 10-16】 tasks.json 文件代码示例：tasks.json

```
01  {
02      "version": "2.0.0",
03      "tasks": [
04          {
05              "type": "npm",
06              "script": "tsc",
07              "label": "tsc_server",
08              "path": "server/",
09              "problemMatcher": []
10          },
11          {
12              "type": "npm",
13              "script": "tsc",
14              "label": "tsc_client",
15              "path": "client/",
16              "problemMatcher": []
17          },
18          {
19              "type": "npm",
20              "script": "start",
21              "label": "start_client",
22              "path": "client/",
23              "problemMatcher": [],
24              "dependsOn":[
```

```
25                    "tsc_client"
26                ]
27            },
28        ]
29    }
```

在代码 10-16 中，配置了 3 组 npm 类型的任务，06 行的"script": "tsc"配置表示要运行 npm run tsc，而这个 tsc 名称是在 server/package.json 中定义的，也就是要执行 tsc 命令编译 server 子项目的文件。

类似的，11~17 行定义了 client 子项目用 tsc 命令编译文件的任务。18~27 行定义了调用 client/package.json 中的 start 脚本命令，也就是要启动 lite-server 服务，但是用 dependsOn 来说明它依赖于标签 label 为 tsc_client 的任务，也就是 11~17 行定义的任务。

至此，在 Visual Studio Code 中直接选择 debug solution 启动配置项即可将客户端 client 和服务端 server 启动好。成功启动后，界面如图 10.15 所示。

```
JS server.js  ×
70                      le + " where " + req.body.where;
71                if (req.body.order) {
72                    sql += " order by " + req.body.order;
73                }
74                console.log(sql);
75                var db = new dbhelper_1.dbHelper();
76                var params = JSON.parse(req.body.params);
77                console.log(params);
78                db.runSql(sql, params, function (err, ret) {
79                    if (err) {
80                        res.json({ succss: 0, message: err.message });
81                    }
82                    else {
83                        res.json({ succss: 1, message: '成功', data: ret.recordset });
84                    }
85                });
86            }
87        }
88        catch (e) {
89            res.json({ succss: 0, message: e.message });
90        }
```

图 10.15　列表 APP 启动调试截图

从图 10.15 可以看出，调试工具条右侧有一个下拉列表，可以选择 server 和 client。debug solution 是一个 compounds 组合启动项，可以同时启动多个启动项。

H5 开发 APP 应用，前期可以在桌面浏览器中进行测试，但是有些细节方面和手机浏览器还是有差异的。另外，苹果手机用的 safari 浏览器对 JS 的支持和 chrome 也是有差异的。

10.6 运行 APP 项目

其实正式运行此 APP 还需要用 Android Studio 或 Xcode 分别构建一个 Android 版和 IOS 版的 APP 原生容器，用来加载此 H5 的页面。这里关于如何构建容器就不再赘述了。我们这里直接采用在手机浏览器上运行。

一般来说，正式的项目需要发布到服务器上运行。这里在本地计算机上模拟这个过程。首先将 Client 端的文件复制出来，可以把 node_modules 文件夹删除，如图 10.16 所示。

这里用 IIS Web 服务器新建一个 ListAppWeb 网址，端口号最好用 80，因为此端口一般来说是默认开通的，其他端口可能需要额外配置才能访问，如图 10.17 所示。

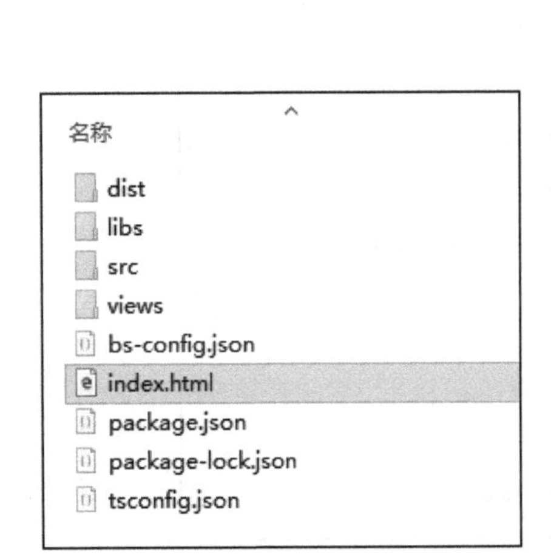

图 10.16 client 项目发布目录截图

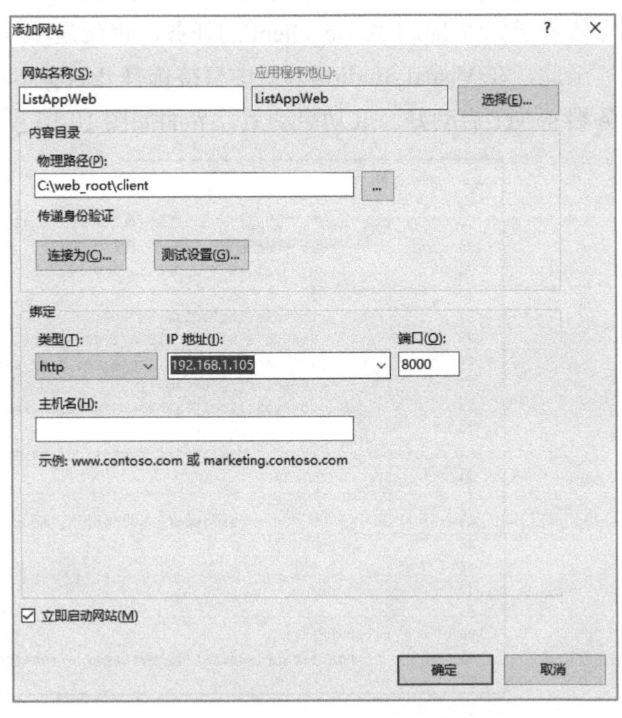

图 10.17 client 项目 IIS 网址新建截图

由于 client 只是 Web UI，列表 APP 要想运行还需要开始 Server 端服务。这里在项目根目录中创建一个批处理文件 start_server.bat，并编辑里面的内容，如图 10.18 所示。

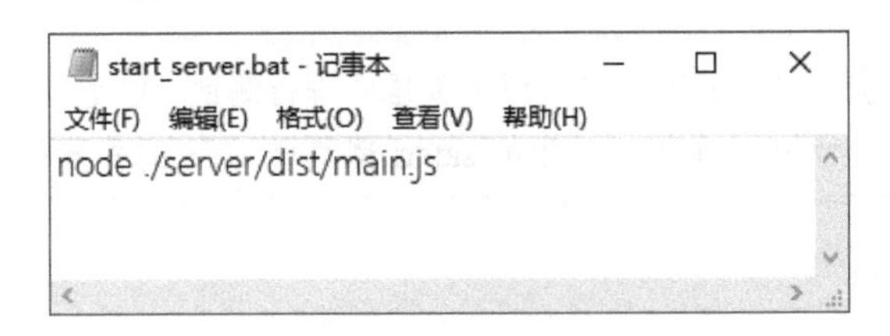

图 10.18 server 项目启动批处理截图

双击运行 start_server.bat 文件时，会出现如图 10.19 所示的启动界面。

```
C:\WINDOWS\system32\cmd.exe
C:\Src\charpter10\my-list-app>node ./server/dist/main.js
server is started
IncomingMessage {
  _readableState:
   ReadableState {
     objectMode: false,
     highWaterMark: 16384,
     buffer: BufferList { head: null, tail: null, length: 0 },
     length: 0,
     pipes: null,
     pipesCount: 0,
     flowing: true,
     ended: true,
     endEmitted: true,
     reading: false,
     sync: false,
     needReadable: false,
     emittedReadable: false,
     readableListening: false,
     resumeScheduled: false,
     destroyed: false,
     defaultEncoding: 'utf8',
     awaitDrain: 0,
     readingMore: false,
```

图 10.19　server 项目启动成功截图

为了方便网址输入，可以将 http://192.168.1.105 生成二维码，然后用手机浏览器扫描二维码，运行 APP。登录成功后，主界面如图 10.20 左图所示，点击【关于我】则出现详细界面，如图 10.20 右图所示。

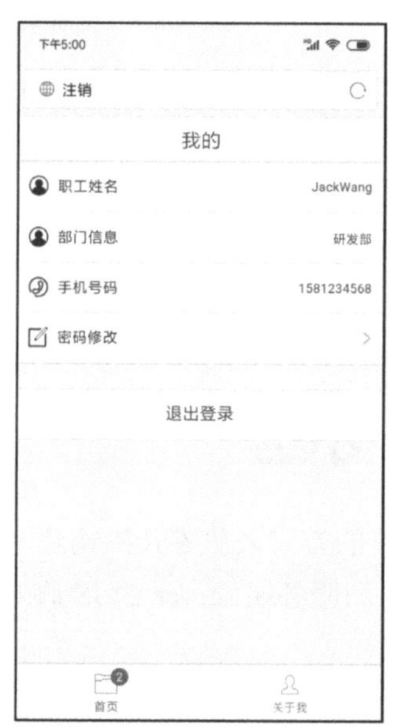

图 10.20　列表 APP 主界面和关于我界面图

我们单击【便签列表】，则跳转到便签列表界面，默认显示未完成的列表，可以点击【完成】将其状态修改为已完成。当然也可以对不需要的列表进行删除。点击底部的【新建】按钮，弹出新建面板，可新增列表。单击列表区域，弹出列表编辑界面，如图 10.21 所示。

图 10.21　便签列表和新建列表界面图

至此，我们就用一个简单的列表 APP 实战项目将 TypeScript 如何构建应用的主要过程进行了演练。针对简单的应用，往往还体现不出 TypeScript 语言相对于 JavaScript 语言的优势，或者你还会觉得比 JavaScript 还麻烦。当构建一个大型项目时，就能更好地体现 TypeScript 的优势了。

10.7 小结

本章用实战项目的方式来从零开始构建一个简单的列表 APP。列表 APP 采用 TypeScript 进行项目前端 client 和服务端 server 的 JS 脚本开发。

附 录

◂TypeScript JSX介绍▸

JSX 是一种嵌入式的、类似 XML 的语法，可以被转换成合法的 JavaScript（尽管转换的语义是依据不同的实现而定的）。JSX 因 React 框架而流行，但也存在其他的实现。TypeScript 支持内嵌、类型检查以及将 JSX 直接编译为 JavaScript 的功能。

这里主要涉及的知识点有：

- JSX 的基本用法
- as 操作符
- 类型检查
- 嵌入的表达式
- React 整合

这里并不深入介绍 JSX 的语法。

f.1 基本用法

如果要在 TypeScript 项目中使用 JSX，那么必须首先启用编译器的 jsx 选项，然后使用 JSX 的文件扩展名为.tsx。这是两个必须条件。

TypeScript 具有 3 种 JSX 模式，如表 f.1 所示。

表 f.1 JSX 模式

模式	输入	输出	输出文件扩展名
preserve	<div />	<div />	.jsx
react	<div />	React.createElement("div")	.js
react-native	<div />	<div />	.js

- preserve：在 preserve 模式下，生成代码中会保留 JSX 以供后续的转换操作使用，输出文件的扩展名是.jsx。
- react：react 模式会生成 React.createElement，在使用前不需要再进行转换操作了，输

出文件的扩展名为.js。

- react-native: react-native 相当于 preserve，它也保留了所有的 JSX，但是输出文件的扩展名是.js。

这 3 种模式只在代码生成阶段起作用，类型检查并不受影响。

可以通过在命令行里使用--jsx 标记或 tsconfig.json 里的选项来指定模式。

f.2 as 操作符

之前的章节介绍过，类型断言可以对 TypeScript 中的类型进行某种转换。它的语法有两种：一个是 as 操作符；另一个是用尖括号<>。类型断言示例如下：

```
let man= <person>obj;
//或者
let man = obj as person;
```

这里断言 obj 变量是 person 类型的。在 TypeScript 中，使用尖括号< >来表示类型断言，与 JSX 语法中类似 XML 的标签相冲突。因此，为了在解析的时候不会出现歧义，TypeScript 在.tsx 文件里禁用尖括号< >的类型断言。如果需要使用类型断言，就只能选择另一个类型断言操作符，即 as 操作符。

as 操作符在.ts 和.tsx 里都可用，并且与尖括号类型断言是等价的。

f.3 类型检查

为了理解 JSX 的类型检查，首先必须理解固有元素（intrinsic elements）和基于值的元素（value-based elements）二者之间的区别。假设有这样一个 JSX 表达式<expr />，其中 expr 可能是引用环境自带的某些元素（比如，在 DOM 环境里的 div 或 span 标签），也可能是我们自定义的组件标签。

对于 React 而言，固有元素会生成如 React.createElement("div") 的字符串，但我们自定义的组件却不会生成。

传入 JSX 元素里的属性类型的查找方式不同。固有元素属性本身就支持，然而自定义的组件会自己去指定它们具有哪个属性。

TypeScript 使用与 React 相同的规范来区别它们。固有元素总是以一个小写字母开头，基于值的元素总是以一个大写字母开头。

1. 固有元素

固有元素使用特殊的接口 JSX.IntrinsicElements 来查找。默认情况下，若这个接口没有明确指定，则不对固有元素进行类型检查。如果这个接口存在，那么固有元素的名字需要在 JSX.IntrinsicElements 接口的属性里注册。代码 f-1 给出固有元素使用接口 JSX.IntrinsicElements 进行属性注册的示例。

【代码 f-1】 JSX.IntrinsicElements 接口属性注册示例代码: gy.tsx

```
01    declare global {
02        namespace JSX {
03            interface IntrinsicElements {
04                mydiv: any;
05                mybar: any;
06            }
07        }
08    }
09    <mydiv/> //正确
10    <mybar/> //错误
```

在代码 f-1 中，01 行声明了一个 global 对象，02 行定义了一个命名空间 JSX，在此 JSX 命名空间下对接口 IntrinsicElements 的属性进行定义。04~05 行分别定义了一个类型为 any 的 mydiv 和 bar 属性。

因此，09 行中的<mydiv/>是没有语法错误的，但是<mybar/>在语法检查的时候会报错，因为它没在 JSX.IntrinsicElements 接口里定义。

可以在接口 JSX.IntrinsicElements 上指定一个用来捕获所有字符串索引的属性定义，这样就可以匹配任何属性，如代码 f-2 所示。

【代码 f-2】 JSX.IntrinsicElements 接口通用属性注册示例代码: gy2.tsx

```
01    declare global {
02        namespace JSX {
03            interface IntrinsicElements {
04                [elemName: string]: any;
05            }
06        }
07    }
08    <bar1/>
```

在代码 f-2 中，04 行指定了用来捕获所有字符串索引的属性定义，即[elemName: string]:

any，这样 08 行的<bar1/>也可以被识别，不会报语法错误。

2. 基于值的元素

基于值的元素会简单地在它所在的作用域里按标识符查找。目前有两种方式可以定义基于值的元素：一种是无状态函数组件（Stateless Functional Component）；另一种是类组件（Class Component）。由于这两种基于值的元素在 JSX 表达式里无法区分，因此 TypeScript 首先会尝试将表达式作为无状态函数组件进行解析。如果解析成功，那么 TypeScript 就完成了表达式到其声明的解析操作。如果解析失败，那么 TypeScript 会继续尝试以类组件的形式进行解析。如果依旧失败，那么将输出一个错误。

无状态函数组件被定义成 JavaScript 函数，它的第一个参数是 props 对象。TypeScript 会强制将返回值赋给 JSX.Element。代码 f-3 给出无状态函数组件示例。

【代码 f-3】 无状态函数组件示例代码: sfc.tsx

```
01    interface MyProp {
02        name: string;
03        X: number;
04        Y: number;
05    }
06    declare function MyComponent(prop: {
07        name: string, x: number
08    }): JSX.Element;
09    function MyComponentProp(prop: MyProp) {
10        return <MyComponent name={prop.name} x={prop.X} />;
11    }
```

由于无状态函数组件是简单的 JavaScript 函数，因此我们可以利用函数重载来定义无状态函数组件。

我们也可以定义类组件的类型，即类组件。类组件中有两个新的术语：元素类的类型和元素实例的类型。假设现在有一个语句<Expr />，那么元素类的类型为 Expr。代码 f-4 给出一个类组件示例。

【代码 f-4】 类组件示例代码: classComponent.tsx

```
01    class MyClassComponent {
02        render() { }
03    }
04    // 使用构造签名
05    var myComponent = new MyClassComponent();
06    // 元素类的类型 => MyClassComponent
07    // 元素实例的类型 => { render: () => void }
```

在代码 f-4 中，MyClassComponent 是 ES6 的类，那么类类型就是类的构造函数和静态部分。如果 MyClassComponent 是一个工厂函数，那么类类型为这个函数。

类组件的实例类型由类构造器或调用工厂函数的返回值确定。在 ES6 类的情况下，实例类型为这个类的实例类型，如果类类型是工厂函数，那么实例类型为这个函数返回值类型。

元素的实例类型必须赋值给 JSX.ElementClass，否则会抛出一个错误。

属性类型检查的第一步是确定元素属性类型。对于固有元素，就是 JSX.IntrinsicElements 属性的类型。代码 f-5 给出一个类组件示例。

【代码 f-5】 属性类型检查示例代码: mydivComponent.tsx

```
01  declare namespace JSX {
02      interface IntrinsicElements {
03          mydiv: { requiredProp: string; optionalProp?: number }
04      }
05  }
06  <mydiv requiredProp="bar" />;       // 正确
07  <mydiv requiredProp="bar" optionalProp={31} />;        //数值用{} 正确
08  <mydiv requiredProp="bar" optionalProp=31 />;     //错误
09  <mydiv />;     // 错误, 缺少 requiredProp
10  <mydiv requiredProp={21} />;            // 错误, requiredProp 应该是字符串
11  <mydiv requiredProp="bar" unknownProp />; // 错误, unknownProp 不存在
12  <mydiv requiredProp="bar" data-prop />;//正确,data-prop 不是一个合法的标识符
```

其中，03 行 mydiv 的元素属性类型为{ requiredProp: string; optionalProp?: number }。元素属性类型用于 JSX 里进行属性的类型检查，支持可选属性和必需属性。

如果一个属性名不是合法的 JS 标识符（像 data-*属性），即使它没有出现在元素属性类型里，也不会当作一个错误。

从 TypeScript 2.3 开始，引入了 children 类型检查。children 是元素属性类型的一个特殊属性，子 JSXExpression 将会被插入到属性里。它与使用 JSX.ElementAttributesProperty 来决定 prop 名类似，可以利用 JSX.ElementChildrenAttribute 来决定 children 名。代码 f-6 给出了子孙类型检查示例。

【代码 f-6】 子孙类型检查示例代码：childComponent.tsx

```
01  interface PropsType {
02      children: JSX.Element
03      name: string
04  }
05  class Component extends React.Component<PropsType, {}> {
06      render() {
07          return (
08              <h2>
```

```
09                {this.props.children}
10            </h2>
11        )
12    }
13 }
14 //必须有属性 name
15 <Component name="jack"><h1>Hello World</h1></Component>
16 // 错误: children 不能是 JSX.Element 数组
17 //<Component name="jack"><h1>Hello World</h1><h2>Hello World</h2>
   </Component>
18 // 错误: children 不是 JSX.Element,不能是文本
19 //<Component name="jack">Hello World</Component>
```

若不特殊指定子孙的类型，则将使用 React typings 里的默认类型。默认 JSX 表达式结果的类型为 any。

f.4 嵌入的表达式

JSX 允许使用{ }标签来内嵌表达式，如下所示。

```
01  var a = <div>
02      {['foo', 'bar'].map(function (i) { return <span>{i}</span>; })}
03  </div>
```

JSX 本身也是一个表达式。在编译后，JSX 表达式会变成普通的 JavaScript 对象。可以在 if 语句或 for 循环中使用 JSX，也可以将它赋值给变量，作为参数接收并在函数中返回 JSX。

f.5 TypeScript+React 整合

TypeScript 中使用 JSX，就要用到 React，那么 TypeScript 如何和 React 结合在一起使用呢？首先新建一个文件夹 appendix，作为项目根目录，如下所示。

```
appendix
├── dist
├── src
|   ├── components
└── tsconfig.json
```

TypeScript 文件会放在 src 文件夹里，通过 TypeScript 编译器编译，然后经 webpack 处理，最后生成一个 bundle.js 文件放在 dist 目录下。我们自定义的组件将会放在 src/components 文件

夹下。首先用如下命名初始化项目：

```
npm init
```

此命令会生成一个 package.json 文件。首先确保已经安装了 webpack，具体执行如下命令（全局安装）：

```
npm install -g webpack
```

或者本地安装 webpack 也可以，命令如下：

```
npm install --save-dev  webpack
```

webpack 工具可以将你的所有代码及其依赖文件捆绑成一个单独的.js 文件。现在添加 React、React-DOM 以及它们的声明文件到 package.json 文件里作为依赖。可执行如下命令安装依赖：

```
npm install --save react react-dom
npm install --save @types/react  @types/react-dom
```

使用@types/前缀表示我们额外要获取 React 和 React-DOM 的声明文件。通常当你导入"react"这样的路径时，它会查看 react 包；然而，并不是所有的包都包含了声明文件，所以 TypeScript 还会查看@types/react 包。

接下来，需要添加开发时的依赖 awesome-typescript-loader 和 source-map-loader，命令如下：

```
npm install --save-dev  typescript
npm install --save-dev awesome-typescript-loader
npm install --save-dev source-map-loader
```

这些依赖会让 TypeScript 和 webpack 在一起良好地工作。其中，awesome-typescript-loader 可以让 webpack 使用 TypeScript 的标准配置文件 tsconfig.json 编译 TypeScript 代码。source-map-loader 使用 TypeScript 输出的 sourcemap 文件来告诉 webpack 何时生成自己的 sourcemaps。这就允许在调试最终生成的文件时就好像在调试 TypeScript 源码一样。

编辑 tsconfig.json 文件，它包含了输入文件列表以及编译选项。tsconfig.json 内容如下：

```
01  {
02      "compilerOptions": {
03          "outDir": "./dist/",
04          "sourceMap": true,
05          "noImplicitAny": true,
06          "module": "commonjs",
07          "target": "es5",
08          "jsx": "react" //指定 jsx 模式
09      },
10      "include": [
```

```
11          "./src/**/*"
12      ],
13      "exclude": [
14          "./node_modules"
15      ]
16  }
```

下面使用 React 写一段 TypeScript 代码。首先，在 src/components 目录下创建一个名为 Hello.tsx 的文件，代码如代码 f-7 所示。

【代码 f-7】 Hello React 控件示例代码: Hello.tsx

```
01  import * as React from "react";
02  export interface HelloProps {
03      compiler: string;
04      framework: string;
05  }
06  export class Hello extends React.Component<HelloProps, {}> {
07      render() {
08          return <h1>Hello from {this.props.compiler} and {this.props.
    framework}!</h1>;
09      }
10  }
```

接下来，在 src 下创建 index.tsx 文件，代码如代码 f-8 所示。

【代码 f-8】 index.tsx 示例代码: index.tsx

```
01  import * as React from "react";
02  import * as ReactDOM from "react-dom";
03  import { Hello } from "./components/Hello";
04  ReactDOM.render(<Hello compiler="TypeScript" framework="React" />,
05      document.getElementById("example")
06  );
```

在代码 f-8 中，仅仅将 Hello 组件导入 index.tsx。

不同于 "react"或"react-dom"，我们使用 Hello.tsx 的相对路径，这很重要。如果不这样做，TypeScript 只会尝试在 node_modules 文件夹里查找。

我们还需要一个页面来显示 Hello 组件。在根目录下创建一个名为 index.html 的文件，其内容如代码 f-9 所示。

【代码 f-9】 index.html 示例代码: index.html

```
01  <!DOCTYPE html>
02  <html>
```

```
03    <head>
04        <meta charset="UTF-8" />
05        <title>Hello React!</title>
06    </head>
07    <body>
08        <div id="example"></div>
09        <!-- react 依赖包 -->
10        <script src="./node_modules/react/umd/react.development.js"></script>
11        <script src="./node_modules/react-dom/umd/react-dom.development.
js"></script>
12        <!-- 打包文件 -->
13        <script src="./dist/bundle.js"></script>
14    </body>
15    </html>
```

需要注意一点，我们是从 node_modules 引入的文件。React 和 React-DOM 的 npm 包里包含了独立的.js 文件，可以在页面中引入。 当然最好将它们复制到其他目录中，或者从 CDN 上引用。在工程根目录下创建一个 webpack.config.js 文件用于打包，具体内容如代码 f-10 所示。

【代码 f-10】 webpack 配置文件示例代码: webpack.config.js

```
01    module.exports = {
02        entry: "./src/index.tsx",
03        output: {
04            filename: "bundle.js",
05            path: __dirname + "/dist"
06        },
07        // 调试需要
08        devtool: "source-map",
09        resolve: {
10            //添加 '.ts' and '.tsx' 扩展,从而运行解析
11            extensions: [".ts", ".tsx", ".js", ".json"]
12        },
13        module: {
14            rules: [
15                // '.ts' 或 '.tsx' 扩展文件将被处理
16                {
17                    test: /\.tsx?$/,
18                    loader: "awesome-typescript-loader"
19                },
20                // 所有的'.js'被预处理
21                {
22                    enforce: "pre",
23                    test: /\.js$/,
```

```
24                  loader: "source-map-loader"
25              }
26          ]
27      },
28      externals: {
29          "react": "React",
30          "react-dom": "ReactDOM"
31      }
32  };
```

读者可能对 externals 属性有所疑惑。我们想要避免把所有的 React 都放到一个文件里，因为会增加编译时间并且浏览器还能够缓存没有发生改变的库文件。

理想情况下，我们只需要在浏览器里引入 React 模块，但是大部分浏览器还没有支持模块。因此，大部分代码库会把自己包裹在一个单独的全局变量内，如 jQuery，这叫作“命名空间”模式。webpack 允许我们继续使用通过这种方式写的代码库。通过设置 "react": "React"，webpack 会神奇地将所有对"react"的导入转换成从 React 全局变量中加载。

最后编辑 package.json，具体内容如代码 f-11 所示。

【代码 f-11】 package.json 配置示例代码: package.json

```
01  {
02      "name": "appendix",
03      "version": "1.0.0",
04      "description": "",
05      "main": "index.js",
06      "scripts": {
07          "test": "echo \"Error: no test specified\" && exit 1",
08          "webpack": "webpack"
09      },
10      "author": "jackwang",
11      "license": "ISC",
12      "devDependencies": {
13          "awesome-typescript-loader": "^5.2.1",
14          "source-map-loader": "^0.2.4",
15          "typescript": "^3.3.3333",
16          "webpack": "^4.29.6",
17          "webpack-cli": "^3.3.0"
18      },
19      "dependencies": {
20          "@types/react": "^16.8.8",
21          "@types/react-dom": "^16.8.2",
22          "react": "^16.8.4",
23          "react-dom": "^16.8.4"
24      }
```

```
25    }
```

在 Visual Studio Code 的命令行中运行如下命令，对项目进行打包：

```
npm run webpack
```

成功执行后，用浏览器就可以预览 index.html 页面了，如图 f.1 所示。

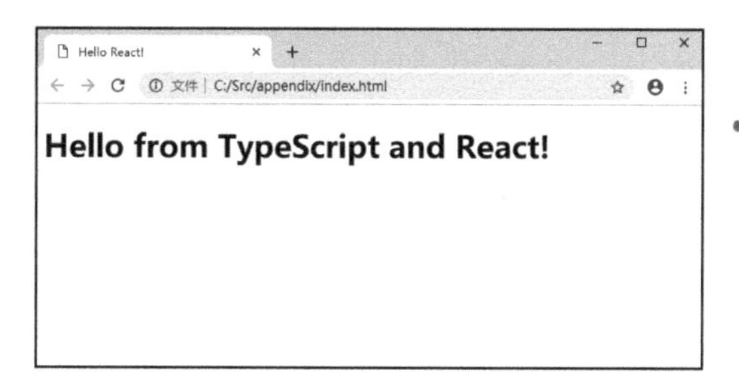

图 f.1　index.html 运行界面